MANUEL

DU

DISTILLATEUR.

MANUEL COMPLET

THÉORIQUE ET PRATIQUE

DU DISTILLATEUR

LIQUORISTE,

OU

TRAITÉ DE LA DISTILLATION

EN GÉNÉRAL;

SUIVI DE L'ART DE FABRIQUER LES LIQUEURS A PEU DE
FRAIS, ET D'APRÈS LES MEILLEURS PROCÉDÉS;

PAR M. LEBEAUD.

DEUXIÈME ÉDITION,

Revue, corrigée et augmentée.

PARIS,

RORET, LIBRAIRE, RUE HAUTEFEUILLE,

AU COIN DE CELLE DU BATTOIR.

1827.

AVANT-PROPOS.

On a beaucoup écrit sur l'art de fabriquer les liqueurs de table, et cependant on éprouve encore le besoin d'un bon traité sur cet art aussi utile qu'agréable.

La plupart des écrits de ce genre ne sont que des recueils de recettes dans lesquels les principes généraux sont, sinon tout-à-fait oubliés, du moins extrêmement négligés. Il ne suffit pourtant pas, pour faire une bonne liqueur, de savoir quels ingrédiens entrent dans sa composition; il est encore plus essentiel de connaître la manière la plus avantageuse de les employer, et surtout de savoir proportionner convenablement les doses, connaissances que l'expérience et le goût peuvent seuls donner.

Aussi la plupart de ces ouvrages sont-ils regardés avec raison comme peu propres à faire faire le moindre progrès à l'art qui nous occupe. Le Manuel que je publie aujourd'hui atteindra-t-il mieux ce but ?

Persuadé, comme je le suis, qu'il est impossible de fixer les bases d'une recette d'une manière tellement invariable qu'elle ne soit susceptible d'une foule de modifications que mille circonstances particulières peuvent nécessiter, je me suis attaché spécialement à exposer le plus clairement possible les préceptes généraux de la distillation, et ceux des diverses opérations qui constituent l'art du liquoriste. J'y ai joint les recettes dont j'ai été le plus à même de reconnaître la bonté.

Les principes généraux sur la distillation et la fermentation ont été puisés en grande partie dans l'excellent Traité de M. Dubrunfaut, et dans celui de M. Lenormand. Quant à la confection proprement dite des liqueurs, j'avoue avec plaisir que j'ai puisé d'utiles notions dans les entretiens d'un artiste estimable, M. Boudet-Guéland, qui, depuis longues années, s'est acquis dans son art une réputation méritée.

MANUEL

DU

DISTILLATEUR.

PREMIÈRE PARTIE.

CHAPITRE PREMIER.

APPAREILS DISTILLATOIRES.

Des Fourneaux.

Iʟ ne faut pas croire que le meilleur procédé de construction des fourneaux soit une question purement économique : elle n'est pas moins intéressante sous le rapport de la qualité des produits ; car il est incontestable que le succès d'une opération dépend beaucoup de la manière dont le coup de feu a été dirigé et conduit.

Produire à moindres frais le plus de chaleur possible ; tirer de celle-ci le parti le plus avantageux en n'en perdant que la portion que l'on ne peut se dispenser de sacrifier ; la distribuer d'une manière uniforme sur tous les points de la surface à chauffer : telles sont les principales indications que l'on doit s'attacher à remplir, dans la forme et les dimensions à donner aux fourneaux.

Ce serait ici le cas de jeter un coup-d'œil sur la théorie de la chaleur et sur les propriétés de l'air considéré comme agent de la combustion. Mais, sans nous arrêter à des dissertations qui sortiraient du cadre de ce manuel, disons qu'un fourneau construit sur de bons principes doit dépenser peu de combustible, consommer beaucoup d'air, conserver la chaleur, permettre de régulariser l'action du feu avec facilité; et passons de suite à l'examen des diverses parties de cet appareil, et des principes sur lesquels chacune d'elles doit être construite.

Le cendrier sert principalement à fournir l'air destiné à activer la combustion; sa forme ainsi que sa capacité sont à peu près indifférentes, pourvu qu'il soit assez spacieux pour n'être pas encombré par les cendres, et qu'il soit fait d'ailleurs de manière à pouvoir s'ouvrir et se fermer à volonté selon que l'on veut exciter ou ralentir la combustion. Cette pièce est essentielle dans les fourneaux à houille, parce que ce combustible ne brûle qu'à l'aide d'un fort courant d'air; mais elle est à peu près inutile dans les fourneaux où l'on brûle du bois.

La grille tient le combustible suspendu, afin que l'air puisse le traverser en tout sens, sans quoi la combustion se ferait lentement et sans uniformité. Le nombre, la grosseur et l'écartement des barreaux doivent être proportionnés à la nature du combustible et aux dimensions du fourneau; ils sont ordinairement mobiles, afin que l'on puisse les renouveler au besoin sans être obligé de démonter le foyer. Il convient que la grille soit de la même largeur que cette dernière partie, et que les intervalles des barreaux forment au moins un quart de la surface totale de la grille.

Le *foyer* est l'espace compris entre le fond de la chaudière et la grille, espace dans lequel la chaleur vient s'amasser pour être répartie ensuite sur tous les points de la surface à chauffer. Pour que cette indication soit parfaitement remplie, il faut que le foyer ait une capacité suffisante : trop bas, il ne recevrait pas la quantité d'air nécessaire pour donner à la flamme toute l'énergie possible ; trop élevé, la flamme ne frappant pas assez directement le fond de la chaudière, une portion importante de la chaleur se perdrait par la cheminée.

Il faut que toute la chaleur soit dirigée contre le fond de la chaudière ; c'est pourquoi il convient que le foyer, par sa partie supérieure, l'embrasse exactement et en entier, et qu'il aille en diminuant en forme de cul-de-lampe vers sa partie inférieure, afin que la chaleur rayonnante soit refletée de bas en haut et que d'ailleurs le combustible ne soit pas disséminé.

Quand un fourneau n'a pas un bon tirage, le feu languit, le combustible se consume lentement presque en pure perte ; l'opération traîne en longueur, souffre sous tous les rapports, devient infiniment plus dispendieuse, et ne donne pas les mêmes résultats.

On cherche à obvier à ces inconvéniens si graves dans une fabrication quelconque, en ménageant un fort courant d'air entre la porte du foyer et l'ouverture de la cheminée : on a soin pour cela d'opposer ces deux ouvertures, de les faire de dimensions égales, et de donner au corps de la cheminée le plus de hauteur possible : les fourneaux modernes ont même un double tirage,

c'est-à-dire deux ouvertures de cheminées placées sur les côtés : cette disposition concentre la
flamme au milieu du foyer au lieu de la pousser
vers la cheminée. La porte des foyers à bois doit
être garnie d'une petite tirette qui fera l'office de
soufflet et dispensera du cendrier.

Afin de mettre la chaudière en contact avec la
chaleur par le plus grand nombre de points possible, on avait imaginé de laisser entre elle et les
parois du fourneau un espace vide de quelques
pouces ; mais ce moyen, peu efficace d'ailleurs,
ne remédiait pas à la perte énorme occasionnée
par la flamme que le courant d'air entraîne en
pure perte dans la cheminée. M. le comte Chaptal
est le premier qui ait fait sentir tout l'avantage
d'un procédé de construction, déjà connu il est
vrai, mais pas assez répandu avant lui.

Ce procédé consiste à changer la direction
droite des tuyaux de cheminées ordinaires, pour
les faire tourner un certain nombre de fois en
spirale autour de la chaudière. Il est évident
que par ce moyen, toute la flamme que l'on
perdait par la cheminée, *lèche* immédiatement
tout le tour de la chaudière depuis son fond jusqu'au niveau du liquide qu'elle renferme, et
que l'air ne s'échappe lui-même qu'après s'être
dépouillé d'une portion considérable de chaleur
qu'il entraînait.

Après avoir ainsi parcouru la moitié ou les
deux tiers en hauteur de la chaudière, le conduit
se coude pour aller se perdre dans un corps de
cheminée ordinaire. On peut ajouter à celui-ci
une tirette de tôle, ou mieux encore, une soupape à clef qui servira conjointement avec la
porte du cendrier à régulariser l'action du feu.

Mais il est essentiel de remarquer ici que la

dernière spirale de la cheminée doit toujours se terminer un peu au-dessous du niveau le plus bas auquel la liqueur peut descendre sur la fin de l'opération. Sans cette précaution, toute la partie de la chaudière qui se trouverait au-dessus de cette hauteur, en contact avec la flamme, serait exposée à être brûlée.

Quelque bonne que soit cette construction, elle ne peut pas prévenir la perte d'une portion encore considérable d'air chaud qui s'échappe par la cheminée. Mais cette perte est indispensable pour déterminer le tirage ; car plus on parviendrait à refroidir l'air de la cheminée, plus il aurait de peine à s'élever ; moins il tendrait par conséquent à attirer celui du dehors.

Afin de rendre les fourneaux plus propres à conserver la chaleur, on les construit avec des briques *très réfractaires*, liées au mortier d'argile et de tannée. Cette construction a le double avantage d'acquérir au feu beaucoup de liant et de tenacité, et de se laisser pénétrer très difficilement par la chaleur : pour plus de sûreté, on revêt le tout d'un fort massif de maçonnerie, dans lequel la chaudière se trouve elle-même enfoncée jusqu'au couvercle pour n'être pas frappée par l'air extérieur.

Comme les spirales de la cheminée finiraient par être encombrées de suie, on les nettoie de temps à autre au moyen d'ouvertures pratiquées de distance en distance en dehors de ce conduit, et que l'on tient habituellement fermées.

Chauffage des Fourneaux.

Le choix du combustible et la manière de l'employer, ne sont pas moins intéressans que la construction des fourneaux : à prix égal, on doit choisir celui qui doit donner la chaleur la plus forte, la plus durable, et faire le plus d'usage ; la houille réunissant toutes ces qualités à un haut degré, est préférée dans les arts partout où son extrême rareté et la difficulté des transports ne la rendent pas beaucoup plus dispendieuse que le bois.

La houille carbonisée, connue sous le nom de *cook*, ayant été purgée d'une énorme quantité de matières sulfureuses et bitumineuses, est plus agréable pour les usages du foyer, en ce qu'elle donne beaucoup moins d'odeur et une fumée moins épaisse. Mais elle a perdu en même temps beaucoup de ses propriétés calorifiques, et serait d'un mauvais usage pour alimenter les fourneaux.

Le bois s'embrase bien plus promptement que la houille et n'exige pas un aussi fort courant d'air ; il produit une flamme plus vive, mais une chaleur moins forte, et passe très rapidement. Il est en conséquence plus dispendieux sous le rapport de la consommation, plus dispendieux sous celui de la main-d'œuvre, puisqu'un fourneau chauffé au bois a besoin d'être alimenté à chaque instant : enfin, il est plus difficile de gouverner le feu d'une manière uniforme, avec du bois qu'avec du charbon.

Quelle que soit la nature du combustible que l'on emploie, il y a de l'avantage à ne pas l'épargner dans la première charge ; car lorsqu'un fourneau a été bien garni une première fois, il suffit de remplacer de temps à autre le combustible consommé, et seulement en quantité suffisante pour entretenir le même degré de chaleur. Il arrive même un moment où les parois du fourneau sont assez échauffées pour qu'il devienne inutile d'ajouter de nouveau combustible ; on se contente alors de fermer toutes les issues du foyer afin de conserver la chaleur jusqu'à la fin de l'opération.

Dans les fourneaux à bois, la grille est remplacée avantageusement par un âtre, et la porte du foyer suffit pour établir le courant d'air : le cendrier garni de sa grille ne servirait ici qu'à augmenter, sans profit, la dépense de combustible. On doit avoir soin seulement de ne pas poser le bois à plat sur l'âtre, afin que l'air de la porte circule entre les morceaux ; de faire la première charge avec quelques bûches fendues ; de fermer la porte, et de tenir la tirette ouverte jusqu'à ce que le bois soit bien embrasé : on pourra alors la fermer si le fourneau est bien échauffé.

Il est bon de remarquer que le bois le plus dur et qui n'a pas séjourné dans l'eau produit le meilleur chauffage. Le bois fendu faisant infiniment moins d'usage que le rondin, on ne doit s'en servir que pour allumer le feu.

Pour chauffer à la houille, il faut d'abord placer sur la grille quelques petits morceaux de bois fendu et très sec, et la charger complétement avec des morceaux de houille de moyenne grosseur, point trop entassés afin que l'air y circule librement ; débarrasser le cendrier s'il est encombré, et en tenir la porte entièrement ouverte ainsi que la soupape de la cheminée. Dès que le feu sera bien allumé, on y jetera de temps en temps une pelletée de houille concassée et mouillée, en ayant à chaque fois l'attention de répandre uniformément le combustible sur toute la surface de la grille ; et lorsque l'on jugera pouvoir abandonner le feu à lui-même, on fer-

mera d'abord la porte du cendrier, et un peu
plus tard, la clef de la cheminée.

Beaucoup de personnes entourent tout de suite
leur bois d'une forte charge d'escarbille mouillée,
ramènent celle des bords dans le centre à mesure
qu'elle s'embrase, et la remplacent par la nouvelle, que l'on range ainsi toujours circulaire-
ment autour du foyer. Les cendres servent
ordinairement à alimenter le fourneau dans les
rectifications et autres opérations qui ne demandent pas un feu vif.

L'eau que l'on ajoute ici à la houille a pour
effet, non de modérer la production de la chaleur comme on pourrait le croire, mais de l'augmenter. Cette eau se vaporise aussitôt, se décompose, et les gaz qui en résultent concourent
chacun isolément au but proposé : l'oxigène regardé comme le principe de la combustion, se
fixant dans le combustible, le fait brûler plus
rapidement; tandis que l'hydrogène, ou *air in-*
flammable, devient lui-même un nouveau combustible.

De l'Alambic et des diverses parties de cet appareil.

Cet instrument, dont tout le monde connaît
l'usage, a reçu un grand nombre de modifications dans sa forme, depuis son invention, dont
l'époque paraît remonter aux Arabes. Ces changemens successifs n'ont été que des perfection-
nemens apportés dans sa construction; et l'alambic, quels que soient sa forme et le nombre des
pièces qui le composent, est aujourd'hui comme
autrefois, essentiellement formé de deux parties
principales, destinées, l'une à réduire le liquide

en vapeurs, et l'autre à recueillir ces mêmes vapeurs.

La première de ces deux parties est une chaudière un peu plus haute que large de fond, et dont le diamètre va en diminuant un peu depuis le bas jusqu'en haut : son orifice est garni d'un collet ou rebord de cuivre, élevé de quelques lignes à quelques pouces selon la grandeur de l'appareil, et sur lequel s'emboîte le chapiteau.

Celui-ci est un couvercle en calotte, fortement bombé afin d'offrir plus d'espace aux vapeurs qui s'élèvent. Il est percé au centre, d'une large ouverture à laquelle est soudée un tuyau de même métal, qui se recourbe en diminuant insensiblement de calibre et donne issue aux vapeurs. Ce tuyau est souvent placé de côté et en plan incliné ; mais l'autre disposition paraît préférable, en ce que les vapeurs enfilent plus directement le tuyau pour se porter au-dehors.

On a cherché bien souvent à économiser les frais de fabrication et augmenter la qualité des produits, en donnant successivement à la chaudière les formes que l'on croyait les plus convenables. Aux chaudières extrêmement profondes d'autrefois ont succédé des chaudières plus ou moins plates, tantôt rondes, tantôt en baignoires, et présentant beaucoup plus de surface que de profondeur, ce qui hâtait singulièrement la vaporisation.

Chacune de ces méthodes offrant des avantages et des inconvéniens, on a adopté un juste milieu en donnant aux chaudières à peu près autant de diamètre que de profondeur ; disposition qui a tout à la fois l'avantage de donner une surface d'évaporation suffisante, et de soumettre

le liquide à un degré de température convenable
à la perfection des produits.

La chaudière est en cuivre, étamé ou non ; elle
est percée un peu au-dessous du collet, d'une
petite ouverture garnie d'un bout de tuyau
connu sous le nom de tuyau de *cohobation* ; ce
tuyau se ferme avec un bouchon de liége ou un
tampon de bois garni de filasse, et sert, soit à
remplir la chaudière sans enlever le chapiteau,
soit à un autre usage dont il sera parlé plus bas.
Un tuyau de *décharge* placé dans la partie la
plus basse du fond, et fermé par un robinet,
sert à vider et nettoyer la chaudière lorsqu'elle
est placée à demeure.

L'épaisseur des parois de la chaudière est à peu
près indifférente, surtout lorsqu'elles sont sou-
tenues par un revêtement de maçonnerie ; mais
il n'en est pas de même de celle du fond. Si on
le fait trop épais, il retarde d'autant la transmis-
sion de la chaleur ; trop mince, il ne peut résister long-temps à l'action simultanée du feu et de
la pression qu'il supporte, et expose d'ailleurs
le liquide à un coup de feu trop fort. On ne peut
néanmoins prendre d'autres règles à cet égard,
que les dimensions de l'appareil et la qualité du
cuivre.

Le fond de la chaudière est ordinairement
bombé en dedans, afin de présenter plus de surface à l'action du feu.

Le chapiteau est également en cuivre dans les
grands appareils ; mais le plus souvent en étain
fin dans les petits. Autrefois, il était séparé de
la chaudière par un étranglement qui, loin d'a-
voir aucune utilité réelle, nuisait beaucoup à
l'ascension des vapeurs : ses parois se terminaient
inférieurement en gouttière pour recueillir les

vapeurs condensées et les porter dans le bec du chapiteau. Sa calotte était enfin entourée d'un rebord élevé, à peu près dans la forme de nos *fours de campagne*, et auquel on donnait le nom de *réfrigérant*.

Cette pièce était pleine d'eau que l'on avait grand soin de tenir à une basse température afin de rafraîchir les vapeurs, et de leur faire perdre, disait-on, le goût de feu. Le résultat de cette pratique par laquelle on croyait améliorer sensiblement la qualité des produits, était de condenser brusquement les vapeurs; de les faire retomber en gouttelettes le long des parois du chapiteau dans la gouttière destinée à les recevoir; mais en même temps, une grande partie de ces vapeurs condensées et refroidies, tombaient dans la chaudière et prolongeaient l'opération sans aucune utilité.

Aujourd'hui on s'attache à leur ménager une issue large et facile afin qu'elles séjournent moins-long-temps dans l'appareil, et on ne les condense que lorsqu'elles en sont sorties. Si l'on ne donnait pas au tuyau du chapiteau la largeur nécessaire, ces vapeurs ne pouvant toutes s'échapper au moment même de leur formation, s'entasseraient dans l'appareil, ralentiraient l'ébullition en comprimant la surface du liquide, et recevraient d'ailleurs un coup de feu trop prolongé qui nuirait à leur bonne qualité.

Le *serpentin* est la deuxième partie de l'appareil distillatoire. C'est un long tube de métal recourbé plusieurs fois sur lui-même en forme de spirales, qui s'ajuste à l'extrémité du bec du chapiteau; il sert, comme il a été dit plus haut, à condenser les vapeurs. Pour cela, il est plongé dans une cuve remplie d'eau que l'on a soin de rafraîchir au moyen d'un tuyau en entonnoir qui plonge perpendiculairement jusqu'au fond de la cuve ; l'eau devenant plus légère à mesure qu'elle s'échauffe, on introduit successivement dans le bas de la cuve par le tuyau dont il s'agit, de l'eau fraîche qui force la plus chaude à s'élever jusqu'au bord de ce réservoir pour s'échapper par un tuyau de trop plein, jusqu'à ce qu'elle-même soit à son tour déplacée. Cette manière de rafraîchir est la meilleure, en ce que l'eau froide ne se mêle pas avec la chaude, et que le fond de la cuve se trouvant toujours à une température très inférieure, la liqueur tombe dans le récipient au degré de température voulu pour l'épreuve, si l'on a la facilité d'introduire un courant continuel d'eau froide dans la cuve du serpentin.

Les vapeurs se condensant d'autant plus promptement qu'elles trouvent plus de surfaces réfrigérantes, on donne au serpentin la plus grande longueur possible, soit en multipliant le nombre des spirales qu'il décrit sur lui-même, soit en leur donnant une grande étendue, et l'on proportionne son calibre à la quantité de vapeurs que peut fournir l'appareil.

Les substances distillées à feu nu sont exposées à brûler ou à contracter un goût désagréable ; en sorte que lorsque l'on veut distiller des substances délicates dont le parfum pourrait être altéré par l'action directe du feu ou qui sont très sujettes à brûler, on emploie le *bain-marie*.

C'est une *cucurbite* ou chaudière d'étain plus petite que celle de l'alambic, dans laquelle elle s'emboîte en entier, de manière à ce que son fond et ses parois soient isolés de toutes parts et qu'elle en ferme hermétiquement l'embouchure au moyen d'un collet légèrement saillant qui repose sur les bords de la grande chaudière.

On place dans la cucurbite les matières à distiller, on la coiffe avec le chapiteau, qui n'a plus aucune communication avec l'intérieur de la chaudière ou bain-marie, et l'on remplit celle-ci d'eau qui, à mesure qu'elle s'échauffe, transmet à la cucurbite la chaleur qu'elle reçoit elle-même.

Or, l'eau pure ne pouvant, à quelque feu que ce soit, s'élever à plus de quatre-vingts degrés, il s'ensuit que le fond de la cucurbite reçoit une chaleur bien moindre que celle du foyer : on pourrait néanmoins pousser la chaleur de l'eau devenue ici corps chauffant, au-delà de quatre-vingts degrés, en mettant en même temps dans la chaudière quelques poignées de sel, qui retardant l'ébullition, force l'eau à prendre plus de chaleur.

Les vapeurs qui s'élèvent de la cucurbite se rendent directement du chapiteau dans le serpentin, et celles de l'eau en ébullition dans le bain n'ayant plus d'issue feraient sauter l'appareil si l'on ne débouchait un peu le tuyau de cohobation. Ce conduit sert en outre à verser de l'eau bouillante dans la chaudière pour remplacer à mesure celle qui se perd en vapeurs.

Il est à remarquer dans la distillation au bain-marie des liqueurs spiritueuses, que l'eau ne bout pas tant que l'opération est dans sa force ; mais à mesure que l'esprit s'épuise, on entend un frémissement toujours croissant dans la chaudière ; et lorsque l'eau bout à gros bouillons, on est assuré qu'il ne reste plus une parcelle d'esprit dans la cucurbite.

Il n'est pas rigoureusement nécessaire, quoique l'on en dise, que les diverses pièces d'un alambic de cuivre soient étamées : il y a plus, cette précaution à l'égard du serpentin pourrait devenir dangereuse en portant à négliger les soins de la propreté la plus scrupuleuse, dans la confiance où l'on serait que l'étamage suffit pour prévenir la formation du vert-de-gris.

Néanmoins, comme il est constant que les chaudières les mieux entretenues donnent un petit goût de cuivre, il est bon de les recouvrir d'une forte couche d'étain fin : mais étamées ou non, le moyen de prévenir ce mauvais goût et les inconvéniens souvent plus graves du vert-de-gris, est de nettoyer parfaitement toutes les pièces de l'appareil après s'en être servi, et de les essuyer avec soin.

Loin d'attacher au chapiteau autant d'importance qu'autrefois, on le remplace généralement dans les appareils des bouilleurs par un couvercle presque plat, et surmonté d'un tuyau recourbé qu'enfilent immédiatement les vapeurs. Mais les liquoristes, tenant plus à la délicatesse des produits qu'à la promptitude des opérations, conservent encore le chapiteau.

On se sert aussi quelquefois, dans la distillation des plantes à feu nu, d'une sorte de double fond, formé d'un grillage en fil de fer ou d'une plaque de cuivre ou d'étain criblée de trous : cette pièce placée dans la chaudière à quelques lignes au-dessus de son fond, sert à retenir les portions des plantes et les empêche de brûler.

Du Lutage des jointures.

Les diverses parties de l'appareil que nous venons de décrire s'unissant entre elles par des jointures plus ou moins exactes, mais jamais assez pour fermer entièrement le passage aux vapeurs, celles-ci s'échapperaient en abondance par cette issue si l'on n'avait la précaution de la leur interdire; précaution d'autant plus important, que cette perte occasionnerait un déchet très majeur, tant sous le rapport de la quantité du produit, que sous celui de la qualité; d'un autre côté, les vapeurs alcooliques ainsi répandues dans l'atmosphère, exposées à s'enflammer au moindre contact de la flamme du foyer ou de toute autre que l'on viendrait à leur présenter accidentellement, pourraient donner lieu à des accidens très graves. L'économie et la sûreté prescrivent donc également de luter avec soin.

Cette opération consiste à envelopper exactement les jointures de l'appareil, notamment celles du chapiteau et du serpentin, avec des bandelettes enduites d'un lut convenable; la jointure du récipient reste ordinairement libre, à cause de la nécessité où l'on est de le lever souvent dans le cours d'une opération, soit pour le changer soit pour examiner la qualité du produit; d'ailleurs les vapeurs qui viennent de traverser le serpentin ne conservant plus, si l'on a eu la précaution de rafraîchir convenablement, ne conservant plus, dis-je, assez de calorique pour rester à l'état aériforme, ne pourraient s'échapper par cette jointure, tout au plus qu'en quantité presque imperceptible.

Quel que soit le lut que l'on choisisse parmi le grand nombre de ceux employés à cet usage, il faut essentiellement qu'il soit de nature à ne pas se laisser pénétrer par les vapeurs, insoluble à l'eau comme à l'alcool, qu'il ait la tenacité nécessaire, sèche promptement, et ne puisse ni se ramollir ni se gercer ou s'éclater par l'effet de la chaleur. Ces propriétés se rencontrent à divers degrés dans toutes les compositions de ce genre où l'on fait entrer des substances alcalines et les blancs d'œufs, le sang ou toute autre substance abondante en albumine (1). Telles sont notamment les préparations suivantes :

La chaux éteinte, délayée en consistance d'une pâte molle et bien homogène, avec des blancs d'œufs. Ce lut, qui est excellent, a l'inconvénient de se grumeler et de sécher trop promptement, si l'on n'a pas la précaution de délayer les blancs d'œufs avec quelques gouttes d'eau avant d'y ajouter la chaux.

La chaux délayée avec le lait caillé ou le sang de bœuf ; les cendres de bois neuf et le sang.

Le lut gras, composé avec l'argile ou la chaux et l'huile de lin cuite avec de la litharge ; cette composition très usitée autrefois, l'est beaucoup moins aujourd'hui que les précédentes.

On se sert aussi quelquefois de la colle de farine, avec ou sans addition de chaux, ainsi que de diverses autres substances analogues ; mais la chaux pétrie avec le blanc d'œuf ou le fromage frais paraît mériter la préférence sur tous les autres luts : ce qui précède suffira d'ailleurs pour indiquer, selon les circonstances, celui dont on doit faire choix et la manière de le préparer.

---

(1) Substance animale, visqueuse ; très abondante dans le blanc d'œuf, la partie séreuse du sang, du lait, et les autres fluides animaux.

CHAPITRE II.

DE LA DISTILLATION EN GÉNÉRAL.

Théorie de la Distillation.

LA distillation consiste à extraire les principes les plus subtils des corps, en leur appliquant un dégré de température assez fort pour les réduire en vapeurs, que l'on recueille soigneusement après les avoir condensées par le froid.

Ce phénomène est très simple en apparence, puisque nous voyons tous les jours un liquide quelconque placé sur le feu, se réduire en vapeurs et se répandre sous cette forme dans l'atmosphère, ou se condenser contre le couvercle du vase : mais il tient à d'autres phénomènes physico-chimiques de l'ordre le plus élevé, qui ne permettraient pas de renfermer dans un cadre aussi resserré que celui-ci, une théorie même incomplète de la distillation ; tâchons cependant d'en donner une idée.

La chaleur est l'agent indispensable de la distillation, puisqu'elle seule peut isoler les principes des corps en volatilisant successivement les plus légers. Si tous ces principes avaient la même affinité entre eux, la même pesanteur spécifique, il est évident que loin de se séparer, de se volatiliser isolément à diverses températures, ils se vaporiseraient tous en même temps, et la liqueur passerait intacte dans le récipient : or le contraire a constamment lieu.

En effet, l'eau bout à quatre-vingts degrés,

et l'esprit pur de quarante-quatre degrés, bout à soixante-deux; mais il est reconnu en physique, que lorsqu'un liquide quelconque est arrivé à l'ébullition, il est impossible d'élever sa température au-dessus du degré nécessaire pour le faire arriver à cet état (1). Si l'on continue à le chauffer, ses principes se désunissent; les plus légers se volatilisent et entraînent toute la chaleur qu'il ne peut retenir : en sorte que plus on pousse de chaleur à travers le liquide, si l'on peut s'exprimer ainsi, plus les vapeurs sont abondantes.

Si l'on fait l'application de ces phénomènes à un composé d'esprit et d'eau, à du vin en un mot, il résultera que ce liquide bouillira à une température intermédiaire entre soixante-deux et quatre-vingts degrés, d'autant moins éloignée de soixante-deux qu'il contiendra plus d'esprit. Il se vaporisera à soixante-douze degrés par exemple du thermomètre de Réaumur, et ne parviendrait jamais à une température plus élevée, si en se vaporisant il ne perdait son alcool et ne se rapprochait de la nature de l'eau à mesure que l'opération avance; au point que ce même vin réduit à l'état de vinasse, pourra arriver à quatre-vingts degrés de chaleur par la perte totale de son esprit.

La vapeur ne peut à son tour prendre plus de chaleur que le liquide qui l'a fournie; mais elle

---

(1) On parvient néanmoins à pousser l'eau à une température beaucoup plus élevée en la faisant chauffer dans des vases hermétiquement fermés, d'où la vapeur ne pouvant s'échapper, elle comprime fortement le liquide et empêche l'ébullition. C'est sur ce principe que sont construites la marmite à papin, et les auto-claves, qui n'en sont qu'une modification.

a besoin de toute cette chaleur pour rester à l'état aériforme, sinon elle retourne à celui d'eau bouillante qu'elle avait auparavant ; en un mot, elle se condense. Ainsi, l'eau ayant besoin de quatre-vingts degrés pour se vaporiser complétement, ses vapeurs se condenseront dès qu'on leur enlevera un peu de cette température, tandis que l'esprit pur ne sera ramené à l'état liquide que par une température inférieure à soixante-deux degrés.

C'est d'après ce principe, que dans les appareils perfectionnés, on parvient à déflegmer les vapeurs immédiatement après leur formation, en leur faisant traverser, avant de se rendre dans le serpentin, un condensateur plongé dans une température constante de soixante-dix degrés ; température sous laquelle les vapeurs aqueuses se condensent et sont ramenées dans la chaudière, tandis que cette chaleur, étant plus que suffisante pour maintenir les vapeurs alcooliques à l'état aériforme, celles-ci continuent leur marche, et arrivent dans le serpentin dépouillées des premières.

Dans l'art qui fait le sujet de ce manuel, le but essentiel de la distillation est de débarrasser, le plus possible, l'esprit, des principes plus fixes avec lesquels il est allié, ou de lui associer certains arômes. Dans d'autres circonstances, ce sont ces arômes qu'il s'agit d'extraire des substances odorantes pour pouvoir ensuite les employer de telle manière, et leur donner en quelque sorte telle forme que l'on voudra. Quelquefois enfin, les principes que l'on a besoin d'extraire ne sont ni les plus volatils, ni cependant les plus lourds. J'examinerai successivement ces divers modes d'opérations en tant qu'ils se rattacheront à mon sujet.

Distillation du Vin.

Après avoir rempli de vin, aux trois quarts, la chaudière de l'alambic, on la coiffe de son chapiteau; on adapte le serpentin au bec de celui-ci, on lute les jointures avec du papier gris et de la colle de farine, ou avec des bandes de toile et un mélange de blanc d'œuf et de chaux; on remplit d'eau la cuve du serpentin, on place le vase destiné à servir de récipient, et l'on allume le feu, que l'on pousse d'abord un peu vivement jusqu'à ce que le vin soit en pleine ébullition.

Dès que la chaleur se propage, l'air contenu dans le liquide froid et dans les parties libres de l'appareil, se dilate prodigieusement et acquiert une force d'expansion telle, qu'il ferait promptement explosion s'il ne pouvait sortir par le bec inférieur du serpentin, ou se faire jour à travers les jointures. Cet air est bientôt remplacé par les premières vapeurs.

Aussitôt que le vin commence à bouillir, les vapeurs s'élèvent en abondance et viennent se réunir dans le chapiteau.

Là, se trouvant d'abord en contact avec un corps moins chaud qu'elles, soit que le chapiteau soit recouvert d'eau froide, soit qu'il soit refroidi par l'air seul, les premières vapeurs perdent le degré de température nécessaire pour les retenir à l'état aériforme; elles se condensent en gouttelettes le long des parois du chapiteau, et retombent en partie dans la chaudière, ou coulent dans le serpentin si le chapiteau est à rigole.

Mais les vapeurs ne pouvant se refroidir contre les parois du chapiteau sans lui communiquer la chaleur qu'elles perdent, il arrive un moment où il est lui-même assez chaud pour leur conserver leur état aériforme, à moins que l'on ait soin de le rafraîchir comme autrefois, en renouvelant l'eau du réfrigérant.

Lorsque cet instant est arrivé, les vapeurs qui ne trouvent plus à se condenser, étant constamment poussées par les nouvelles vapeurs qui se forment sans interruption, enfilent directement le bec du chapiteau, surtout s'il est placé au sommet de la calotte comme dans les appareils modernes, et passent en nature dans le serpentin, où elles subissent le changement d'état qu'elles éprouvaient dans le chapiteau au commencement de l'opération.

L'eau qui entoure le serpentin s'échauffant en proportion de la masse de vapeurs qu'elle refroidit, il faut avoir soin de la renouveler de temps à autre, tant pour éviter de perdre une portion de vapeurs alcooliques qui pourraient n'avoir pas été condensées, que pour leur faire perdre le goût de feu, et surtout pour obtenir le produit au degré de température le plus bas possible.

Si l'on négligeait de plonger le serpentin dans l'eau ou qu'il n'offrît pas d'ailleurs à l'air une surface assez étendue, toutes les parties de l'appareil contractant bientôt une haute température, les vapeurs n'étant plus condensées deviendraient tellement abondantes, qu'elles s'échapperaient par toutes les jointures ou feraient éclater les vaisseaux. D'ailleurs, le degré trop élevé de température auquel elles seraient exposées, en altérerait singulièrement l'arôme et le goût.

D'après les données que l'on a sur les pesanteurs spécifiques de l'alcool et de l'eau, et sur le degré de température nécessaire à la vaporisation de chacun de ces liquides en particulier, il semblerait que dans la distillation dont il s'agit, le produit des premières vapeurs devrait être de l'esprit le plus pur possible : mais il n'en est pas ainsi, attendu que le mélange de l'esprit avec l'eau est si intime, que l'on ne peut séparer le premier sans lui donner une chaleur suffisante pour vaporiser une portion de celle-ci. De là vient que les vins très riches en esprit fournissent des vapeurs plus alcooliques, bouillent à une température plus basse, et qu'il faut une chaleur plus forte pour obtenir des produits moins spiritueux à mesure que le vin s'épuise.

Il coule donc d'abord une petite quantité d'eau-de-vie faible et peu savoureuse, que l'on rejette dans la chaudière. Celle qui lui succède est la meilleure sous tous les rapports ; on la désigne sous le nom d'eau-de-vie première, pour la distinguer de celle qui vient ensuite. La quantité et la force de cette eau-de-vie première, dépendent essentiellement de la richesse du vin et de la manière dont le feu a été conduit.

Mais comme l'alcool se sépare d'autant plus difficilement du vin qu'il y est moins abondant, à mesure que l'opération avance, le produit devient plus faible, et il arrive un moment où il ne marque plus que dix à douze degrés au pèse-liqueur, signe évident que l'esprit est totalement épuisé. On enlève alors le récipient, on étouffe le feu, on fait couler *la vinasse*, on nettoie la chaudière ; et l'on remplit de suite, si l'on veut faire une nouvelle *chauffe* ou distillation, en terme de bouilleurs.

On profite ordinairement du moment où l'eau-de-vie est prête à cesser de faire *preuve de Hollande*, ou *preuve d'huile*, c'est-à-dire de donner dix-neuf ou vingt-deux degré à l'aréomètre, pour *couper à la serpente.* On appelle ainsi mettre de côté toute l'eau-de-vie première.

Cette eau-de-vie réservée paraît devoir à une portion assez considérable de l'huile essentielle du vin qu'elle entraîne avec elle, ce bouquet agréable qui ne se retrouve pas dans les autres produits, parce que cette huile plus pesante que l'alcool ne peut s'élever avec lui dans les premiers instans de la distillation, et que sur la fin, elle commence à être dénaturée par l'action prolongée du feu.

Aussi, ces eaux-de-vie fines sont à peu près les seules que l'on répande en nature dans le commerce, par rapport à leur parfum qu'il est essentiel de conserver. Quant aux autres, les négocians trouvent plus d'avantage à les convertir en $\frac{1}{8}$ pour économiser les frais de transports et de futailles qui sont considérables.

Lorsqu'on distille des vins de médiocre qualité sous le rapport du produit, on est peu dans l'usage de couper à la serpente, et l'on distille en une seule fois toute la liqueur alcoolique pour la redistiller ensuite et la convertir en $\frac{1}{6}$; mais lorsque l'on fabrique des eaux-de-vie de choix, dont le degré de bonté peut aisément compenser les frais de futailles et de transport, on ne met ordinairement en $\frac{1}{6}$ que les *petites eaux*, ou seconds produits.

Il ne faut pas perdre de vue ce qui a été dit ailleurs, de l'influence de la température sur le degré des eaux-de-vie; car il est évident que si le produit que l'on veut éprouver, marquait plus de dix degrés au thermomètre de Réaumur en sortant du serpentin, il faudrait tenir compte du surcroît de température dans l'évaluation du titre, en comptant un degré en moins de l'aréomètre pour cinq degrés en plus du thermomètre, afin d'obtenir un résultat exact.

Les eaux-de-vie retiennent toujours plus ou moins l'arôme et le goût des substances qui les ont fournies ; de là ce goût de terroir au moyen duquel un amateur distinguera aisément, quelque bien fabriquée qu'elle puisse avoir été, l'eau-de-vie d'un canton de celle d'un autre, et la qualité de raisin dont elle a été extraite ; de là encore, cette saveur particulière des eaux-de-vie de marcs, de grains, de fécule, etc., qui empêche que l'on ne confonde ces eaux-de-vie entre elles ou avec celle du vin.

D'un autre côté, les vaisseaux distillatoires sont sujets à imprimer aux liqueurs distillées, deux vices qui en altèrent quelquefois beaucoup la valeur : l'un est une certaine âpreté connue sous le nom de *goût de feu* ou *d'alambic*, mais qui se perd presque toujours avec le temps, et que l'on peut d'ailleurs prévenir en grande partie avec un peu de soin.

L'autre est le goût *d'empyreume* ou de brûlé, saveur détestable, produite par une portion quelquefois très minime de matière qui a attaché au fond de la chaudière, et qui, en brûlant, a donné lieu, par une suite de combinaisons chimiques, à la décomposition de quelques parcelles de cuivre. Aussi plusieurs chimistes ne balancent-ils pas à regarder comme un poison violent toute liqueur frappée du goût d'empyreume. (1)

Il existe un moyen facile de conserver à vo-

---

(1) L'empyreume peut encore provenir d'une portion d'huiles pesantes, qui, après s'être élevées par la force de la distillation, retombent, par leur pesanteur, et brûlent contre les parois de la chaudière.

lonté, ou d'atténuer jusqu'à un certain point, dans les liqueurs distillées, le goût qu'elles ont retenu, selon que ce goût est agréable ou repoussant. Il suffit, dans le premier cas, de les retirer au plus bas titre voulu, en forçant un peu le feu afin de faire monter une plus grande quantité du principe odorant. Par la même raison, il suffit de retirer au plus haut titre possible les liqueurs que l'on veut dépouiller de leur goût.

On remarque en effet, que les liqueurs aromatiques perdent beaucoup par une nouvelle distillation. Il est aisé d'ailleurs de se convaincre que l'eau-de-vie la plus délicate, la plus savoureuse, rectifiée à un degré supérieur et ramenée ensuite avec de l'eau à sa preuve naturelle, n'a plus du tout le même goût ni le même parfum.

Ces vérités sont bien connues et mises chaque jour à profit par nos distillateurs de marcs, de fécules, etc., qui convertissent la plupart de leurs produits en $\frac{1}{6}$, et les coupent avec du $\frac{1}{6}$ de vin, qui achève de masquer le peu de goût que le premier peut avoir retenu.

Deux autres procédés ont été conseillés par Beaumé pour dissiper promptement le goût de feu des eaux-de-vie ; l'un est de les exposer pendant quelques jours au soleil dans un flacon bien bouché, et rempli aux deux tiers ou aux trois quarts au plus ; l'autre, diamétralement opposé, est de les frapper fortement de froid : celui-ci réussit parfaitement bien.

Observations pratiques sur la distillation.

Le feu demande à être conduit avec beaucoup de prudence dès que les vapeurs commencent à s'élever. Si on le pousse trop fort, on fait monter beaucoup de vapeurs aqueuses : on obtient alors un produit d'autant plus faible, et d'ailleurs beaucoup plus exposé à sentir le feu et l'empyreume. Si on le laisse tomber, l'opération languit, et l'on a d'un autre côté à craindre que le mouvement d'ébullition venant à cesser, la liqueur ne brûle pour peu qu'elle soit trouble et épaisse.

On obviera à tous les accidens en ouvrant ou en fermant à propos les portes et tirettes du fourneau et de la cheminée, d'après ce qui a été dit en parlant du chauffage des fourneaux, et en examinant de temps en temps la force du filet qui coule dans le récipient, pour régler son feu d'après la grosseur du filet et la nature du produit que l'on veut avoir. Il est bon de remarquer que plus on gouvernera la chaleur sagement, plus on retirera d'eau-de-vie première.

Lorsqu'on distille à trop grand feu des liquides sujets à boursoufler, ou même que l'on a trop rempli la chaudière, il arrive quelquefois que l'alambic *gosille ;* c'est-à-dire, que la liqueur débordant dans le chapiteau, gagne le serpentin. On est alors forcé de verser le contenu du récipient dans la chaudière et de recommencer l'opération ; les produits perdent beaucoup de leur parfum.

Divers moyens ont été proposés pour empêcher que les liqueurs troubles et épaisses que l'on distille en cet état ne brûlent. Celui qui paraît le plus sûr, est de les agiter jusqu'à ce qu'elles commencent à bouillir et de ne placer le chapiteau qu'alors. Ce moyen est bon, parce que dès que l'ébullition se déclare, il se fait dans la liqueur un mouvement perpétuel qui ne permet pas aux molécules pesantes de se précipiter ; mais il est incommode et fait perdre une portion des premières vapeurs.

Quand on veut distiller des liqueurs mélangées de matières solides, on fait usage de chaudières ayant un double fond mobile et criblé de petits trous, qui sert à retenir les substances solides et sujettes à brûler. Je me suis servi avec succès pour les appareils de moyenne grandeur, d'une sorte de chausse en toile métallique suspendue au milieu de la chaudière, et dans laquelle on verse les substances à distiller.

On est dispensé de toutes ces précautions lorsque l'on distille au bain-marie ; mais ce procédé assez fréquemment employé en petit dans nos laboratoires, n'est pas praticable dans les grandes opérations, non plus que le bain de sable. (Ce procédé ne diffère du premier, qu'en ce que plaçant entre le foyer et le fond de l'appareil, du sable au lieu d'eau, on peut donner un plus haut degré de chaleur.)

De la Rectification.

La rectification consiste à redistiller le produit d'une première distillation pour en recueillir comme la première fois les parties les plus subtiles, et achever de les dépouiller ; ces deux opérations sont donc identiques et reposent sur la même théorie.

Ainsi, par exemple, pour convertir autrefois l'eau-de-vie en esprit de vin, on la soumettait de nouveau à l'alambic : la liqueur infiniment plus riche en esprit que le vin qui l'avait fournie, se vaporisait à une température bien moindre que lui et fournissait des vapeurs bien plus alcooliques : il restait dans le fond de la cucurbite une liqueur aqueuse, fade, conservant une légère odeur d'eau-de-vie, mais sans spirituosité.

Le produit de cette première rectification n'étant pas parfaitement déflegmé, on le redistillait successivement autant de fois qu'il le fallait pour obtenir enfin le dernier produit au titre voulu : il restait chaque fois un peu de flegmes dans la cucurbite.

Les nouveaux appareils perfectionnés permettant pour la plupart, de tirer d'une seule opération de l'eau-de-vie à divers titres, on n'a plus que rarement recours à la rectification dans les fabriques montées en grand : mais l'on se sert encore fréquemment de ce moyen, soit pour déflegmer une liqueur spiritueuse ou adoucir son parfum, soit pour dépouiller les eaux-de-vie de leur mauvais goût d'après les principes exposés dans le courant de ce chapitre.

Dans ce dernier cas, quel que soit le titre de la liqueur, on la coupe avec au moins partie égale d'eau ; on la distille jusqu'au titre voulu, on jette le résidu comme inutile, et l'on recommence l'opération en coupant chaque fois la liqueur rectifiée avec de l'eau, jusqu'à ce qu'on la juge suffisamment dépouillée.

L'eau que l'on ajoute à chaque nouvelle distillation permet de retirer la quantité de liqueur que l'on veut, si l'on ne tient pas à l'avoir à un titre supérieur : elle délaie d'ailleurs l'huile essentielle dont le goût se fait sentir, l'isole de l'alcool, et empêche tout à la fois qu'elle ne s'élève avec lui, ou ne brûle au fond du vaisseau. Il est évident que lorsque l'on repasse à l'alambic une eau-de-vie plus ou moins forte, on n'agit pas autrement que si l'on distillait un vin très riche. Il en résulte seulement que la liqueur contenant à chaque nouvelle distillation beaucoup plus d'esprit, bout à un degré de température d'autant moindre, et donne des vapeurs d'autant plus alcooliques.

On parviendrait par ce procédé à rendre potables les plus mauvaises eaux-de-vie de marc, si l'augmentation de qualité pouvait compenser les frais de main-d'œuvre ; mais loin de pouvoir leur donner ce bouquet des bonnes eaux-de-vie de vin, on acheverait au contraire de leur enlever le peu qu'elles auraient pu en retenir. On a aussi recours au même moyen pour adoucir certaines eaux-de-vie auxquelles une surabondance d'acide donne un goût rude et piquant.

Les liquoristes, parfumeurs, et autres artistes qui ont besoin d'avoir des liqueurs d'un parfum très suave, ont encore recours à la rectification soit au bain-marie, soit au bain de sable dans des alambics de verre, rarement à feu nu, afin de fondre et combiner plus intimement les divers arômes et d'adoucir ceux qui seraient trop prononcés.

Lorsque l'on prépare une liqueur aromatique quelconque avec l'intention de la rectifier, on a soin de la charger un peu en arôme, afin de compenser la perte de celui que la rectification lui enlevera. On est en outre quelquefois obligé de la couper avec de l'eau, surtout si l'on veut la retirer au même titre et en même quantité.

CHAPITRE III.

DISTILLATION DES DIVERSES SUBSTANCES PROPRES A FOURNIR DE L'EAU-DE-VIE.

Des substances les plus aptes à la fermentation.

Nous avons pris dans le chapitre précédent la distillation du vin pour servir d'exemple à l'application des principes généraux de l'art, parce que ce liquide a été pendant long-temps à peu près le seul employé à cet usage, et que c'est encore aujourd'hui celui de tous ceux de ce genre dont les produits sont le plus recherchés ; cependant, le nombre des substances propres à être converties en alcool ou eau-de-vie est infiniment plus considérable, puisqu'il comprend toutes celles qui sont susceptibles de subir la fermentation vineuse, et l'on verra dans l'un des chapitres suivans combien ces substances sont nombreuses, puisque la plupart de celles que fournit le règne végétal se trouvent dans ce cas.

A la vérité, beaucoup de végétaux ou portions de végétaux, fourniraient si peu d'alcool ou exigeraient des manipulations si multipliées, que le produit ne paierait pas les frais, et il n'entre pas dans le cadre d'un ouvrage de la nature de celui-ci d'en parler ; mais il en est d'autres, et le nombre en est encore considérable, sur lesquelles l'art du distillateur peut s'exercer avec avantage, surtout dans les campagnes où l'on ne trouve pas toujours l'emploi de certaines récoltes, c'est de celles-là seulement que nous nous occuperons dans le cours de ce chapitre ; renvoyant aux traités complets sur la matière pour celles qui intéressent moins l'économie domestique que les curieux et les savans.

Les substances les plus ferment scibles après le raisin, et les plus avantageuses à la distillation, tant sous le rapport de l'abondance du produit que sous celui de la qualité, sont les cerises, prunes et autres fruits ou portions de végétaux contenant beaucoup de sucre ; le miel, les mélasses ; et dans un autre ordre la pomme de terre en nature ou sa fécule ; les graines céréales, les légumineuses, les marrons, en un mot tous les végétaux farineux c'est-à-dire riches en fécules.

Distillation des fruits et autres végétaux sucrés.

Les fruits les plus propres à fournir de l'eau-de-vie, sont les cerises, prunes, groseilles, pommes, poires ; en général tous ceux qui sont sucrés, juteux et dont le bas prix ne permet pas d'en tirer un emploi plus avantageux. Après les avoir préalablement disposés de la manière la plus convenable, en se conformant à ce qui sera dit plus loin sur la fermentation en général et en particulier sur les vins de fruits considérés comme vins de liqueurs, on saisit le point où la fermentation vineuse est parvenue à son terme, pour distiller, et on se comporte du reste comme si l'on opérait sur du vin de raisin.

La plupart des fruits que l'on destine à la distillation, n'ont besoin d'autre préparation que d'être écrasés le plus exactement possible, délayés dans suffisante quantité d'eau s'il est nécessaire, et mis en cuve avec ou sans addition d'un peu de levain ; quant aux végétaux moins succulens, on en extrait le jus à l'aide d'une forte décoction, moyen en général assez défectueux. Les sucs que l'on recueille naturellement, tels que ceux de l'érable, du bouleau, du frêne, n'ont besoin que d'être étendus s'ils sont trop riches. Ils fournissent une eau-de-vie de très bonne qualité, et en assez grande quantité pour permettre de se livrer à ce genre de spéculation dans les pays où ces arbres abondent.

Le suc exprimé de la betterave entre facilement en fermentation et donne beaucoup d'eau-de-vie ; mais l'on a plus d'avantage à retirer d'abord le sucre de ce végétal et à ne distiller que les mélasses. Enfin nous ne ferons que citer pour mémoire au nombre des végétaux sucrés, les jeunes tiges de maïs, de roseau ; les bourgeons de tilleul, de frêne ; les racines de chiendent, et une foule d'autres analogues, dont on peut, il est vrai, retirer de l'eau-de-vie plus ou moins bonne, mais en si petite quantité que l'on n'en retirerait aucun avantage.

Les eaux-de-vie dont il s'agit dans cet article, conservent toujours plus ou moins le goût du fruit dont elles sont tirées, ce qui les rend fort agréables à boire quand elles sont fabriquées avec soin. L'amande des fruits à noyaux, notamment celle de la prune, fournit à la distillation beaucoup d'acide prussique qui donne à l'eau de-vie ce bouquet particulier qui distingue celles de ce genre de fruits, mais qui leur communique en même temps des propriétés très vénéneuses. Il serait donc prudent, ou de séparer ces fruits de leurs noyaux avant de les mettre en fermentation, ou au moins de ne pas distiller le marc si l'on destine l'eau-de-vie à être bue : dans tous les cas, il ne faut pas casser les noyaux ainsi que l'on a coutume de le faire dans les pays où l'on se livre à ce genre de fabrication.

L'eau-de-vie de cerises, connue sous le nom de kirschen-wasser, formant à elle seule une branche importante d'industrie, on lui consacrera un article particulier à la suite des liqueurs de table, liqueurs parmi lesquelles elle tient un rang distingué.

Le plus modeste agriculteur, à plus forte raison tout propriétaire d'une exploitation rurale d'une certaine importance, trouveraient dans la distillation un moyen avantageux d'utiliser une foule de produits agricoles, qui souvent restent sans emploi ou sont abandonnés aux bestiaux surtout dans les campagnes éloignées des lieux de consommation ; et cela sans embarras, sans autre dépense que celle d'un peu de combustible et de l'achat d'un appareil simple. Les cerises, les groseilles, les fruits tombés des arbres, ceux du mûrier, de la ronce, de l'aube-épine, de l'arbousier, et beaucoup d'autres qui sont la pâture des oiseaux ou pourrissent sur terre, recueillis avec soin, écrasés et mis en fermentation pêlemêle ou séparément, fourniraient une quantité assez abondante pour couvrir amplement les frais de travail, d'une eau-de-vie médiocre il est vrai, attendu le peu de soin avec lequel elle serait généralement fabriquée, mais qui néanmoins trouverait sa place dans le commerce ou dans une foule d'usages domestiques ; c'est un objet sur lequel on ne saurait trop appeler l'attention des habitans de la campagne.

Les vins de fruits déposent au fond des vases de fermentation des résidus plus ou moins abondans, qui retiennent une quantité d'alcool assez importante pour qu'il soit avantageux de l'en retirer. C'est pourquoi on est assez dans l'usage de distiller les liqueurs troubles, en se servant du double fond afin d'éviter que les matières ne brûlent. Comme malgré cette précaution, l'eau-de-vie obtenue de cette manière contracte toujours un mauvais goût plus ou moins prononcé, il vaut mieux ne soumettre à l'alambic que des liqueurs parfaitement soutirées, sauf à distiller séparément les marcs étendus dans suffisante quantité d'eau quand l'on opère assez en grand. Cette remarque s'applique à toutes les liqueurs fermentées, et notamment à celles de grains et de fécules, qui sont plus sujettes que toutes autres à s'attacher.

Distillation du miel et des mélasses.

Les mélasses de raffineries contiennent une grande quantité de sucre incristallisable, mais très susceptible d'être converti en alcool après avoir subi la fermentation. Il suffit pour cela de les délayer avec de l'eau presque tiède, en quantité suffisante pour amener le mélange à ne plus marquer qu'environ 6° à l'aréomètre; d'ajouter un peu de levain et de distiller la liqueur à l'ordinaire quand la fermentation sera parvenue au point convenable (voyez *Fermentation*) : le miel se traite de la même manière.

Les mélasses de betteraves, malgré un goût extrêmement désagréable qui les rend impropres aux usages domestiques, sont préférables aux autres pour la distillation, sinon sous le rapport de la qualité, du moins sous celui de la quantité du produit. Cette quantité dépendant beaucoup du procédé employé, voici, entre plusieurs autres, celui qui nous semble le plus simple et le meilleur : on délaie la quantité de mélasse à employer, avec partie égale en volume d'eau chaude; on brasse fortement et on laisse reposer pendant douze heures ; on ajoute alors au mélange partie égale d'eau chaude, en brassant comme la première fois, et après un nouveau repos de douze heures, on achève de délayer la liqueur avec suffisante quantité d'eau chaude et froide pour amener le tout au degré de température le plus favorable et à environ 6° de densité : on ajoute un peu de levain, et on abandonne le liquide à lui-même jusqu'à ce qu'il soit bon à mettre en chaudière.

Les mélasses de betteraves retenant toujours une portion assez considérable de la chaux employée à déféquer le jus pour la fabrication du sucre, on peut les en dépouiller en versant dans la liqueur, avant de la mettre en fermentation, une certaine quantité d'acide sulfurique ; mais comme la quantité à employer est subordonnée à celle de la chaux contenue dans la mélasse, et qu'un excès d'acide libre nuirait davantage à la fermentation que la chaux même, il faut un peu de sagacité pour reconnaître le juste point de saturation de cet alcali.

Les mélasses sont presque toujours à assez bas prix dans le commerce pour qu'il y ait de l'avantage à les distiller, surtout celles de betteraves. Il n'en est pas de même du miel, quoiqu'il soit très productif en eau-de-vie de bonne qualité et d'un goût très agréable.

Distillation des grains.

On verra plus loin comment les végétaux farineux, bien que privés pour la plupart du sucre
reconnu aujourd'hui comme principe indispensable de toute fermentation vineuse, comment,
dis-je, ces végétaux n'en sont pas moins très propres à subir cette décomposition, et à fournir par
la distillation des quantités d'alcool assez importantes pour soutenir dans la consommation la
concurrence avec les produits du vin de raisin,
malgré la supériorité de ceux-ci en qualité.

Tous les végétaux farineux, de quelque nature
qu'ils soient, sont propres à fournir de l'eau-de-
vie ; mais l'on choisit de préférence ceux qui sont
les plus riches en fécule, et en même temps
d'un prix assez bas pour permettre de les employer à ce genre de fabrication. On doit placer
en première ligne, sous ce double rapport, la
pomme de terre, les céréales, et parmi celles-ci
l'orge et le seigle, la plupart des autres grains
étant trop chers ou pas assez riches. On peut
aussi employer les pois, haricots, fèves, lentilles et autres légumineuses, les châtaignes,
dans les lieux où l'abondance de ces divers végétaux permet de les employer à cet usage. Voyons
d'abord les diverses opérations que doivent
subir les grains avant d'être soumis à l'alambic :
ces opérations peuvent être divisées en deux
principales ; la préparation du malt et la mise
en fermentation.

Préparation du malt. — Faites tremper de
l'orge, du seigle ou tel autre grain qu'il vous
conviendra, dans suffisante quantité d'eau pour
qu'il en soit recouvert. Lorsqu'en le froissant
entre les doigts il s'écrasera sans laisser de noyau,

ce qui demande environ trente ou quarante heures, selon le degré de température, vous ferez écouler l'eau et laisserez égoutter le grain pendant quelques heures. Étendez-le alors sur le sol du germoir (1), en tas d'une épaisseur de dix-huit pouces environ, plus ou moins selon que la température de la pièce sera au-dessous ou au-dessus de 12° Réaumur, terme moyen.

Le germe commencera à pointer au bout de 24 ou 30 heures. Remuez les tas de temps à autre, de manière à faire revenir en dessus les grains qui se trouvent au centre et réciproquement, pour qu'ils germent également ; et portez-les au séchoir lorsque les radicules auront de 5 à 6 lignes de longueur. Le séchoir doit être chauffé à 50 ou 55°, et les tas avoir de 7 à 12 pouces d'épaisseur selon la température ; on les remue comme ci-dessus deux ou trois fois par jour, et l'on fait moudre le grain quand il est suffisamment sec.

Le succès des trois opérations ci-dessus, la trempe, la germination et la dessication, dépend beaucoup de la température. Quand il fait très chaud, il faut renouveler l'eau du bac à tremper une ou deux fois de crainte qu'elle ne se corrompe : il faut observer aussi que l'épaisseur des tas au germoir et au séchoir doit toujours être en raison inverse de la température du lieu. Le grain ainsi préparé, et moulu grossièrement, prend le nom de drèche ou malt.

Mise en fermentation. — Prenez vingt kilo de malt préparé comme ci-dessus, quatre-vingt kilo de seigle, orge ou autre grain, moulu gros-

---

(1) Cette pièce doit être carrelée et disposée de manière à pouvoir être aérée à volonté.

sièrement, deux ou trois kilo de paille hachée ;
délayez le tout petit à petit dans trois cents litres
environ d'eau chauffée à trente-cinq degrés, et
brassez jusqu'à ce que la température soit tombée
à environ vingt degrés. Ajoutez alors quatre cents
litres d'eau chaude et froide, de manière à élever
la température à cinquante-cinq degrés ; recouvrez la cuve, enveloppez-la même s'il est possible,
afin de retarder d'autant son refroidissement,
et laissez reposer pendant trois ou quatre heures,
pourvu toutefois que la température ne tombe
pas au-dessous de trente ou trente-cinq degrés.
Enfin, ajoutez encore quatre ou cinq cents litres
d'eau froide et chaude, mélangée de manière à
amener la température à environ vingt degrés
selon la capacité de la cuve : ajoutez un litre de
bonne levûre de bière fraîche, et abandonnez le
mélange à lui-même. Si l'opération a été bien
conduite, la fermentation parcourra toutes ses
périodes dans l'espace d'environ trente heures,
et l'on obtiendra, par la distillation, environ
cinquante litres d'eau-de-vie à dix-neuf degrés.

Ou bien, versez sur cent kilo de grain cru et
moulu grossièrement, à peu près autant d'eau
chauffée à trente-cinq ou quarante degrés ; pétris-
sez et brassez pendant dix à douze minutes, pour
laisser reposer ensuite pendant un quart d'heure ;
ajoutez alors autant d'eau bouillante qu'il en faudra pour obtenir une température de cinquante à
cinquante-cinq degrés, soit environ deux cent
cinquante litres ; couvrez bien la cuve et laissez
reposer pendant trois ou quatre heures en prenant les précautions nécessaires pour éviter le
trop prompt refroidissement. Ajoutez enfin la
même dose de levûre que ci-dessus, ainsi que
quantité suffisante d'eau chaude et froide pour

compléter environ dix à douze hectolitres et procurer à la masse une température de quinze à vingt degrés. Distillez la liqueur aussitôt que la fermentation sera parvenue à son terme.

La paille hachée que l'on mélange avec la farine, a pour but d'empêcher qu'elle ne se précipite trop promptement, afin que l'eau la pénètre plus exactement. Les eaux-de-vie de grains conservent en général un goût âcre et désagréable, qui paraît être dû, soit à une huile âcre contenue dans l'écorce, soit à une portion de matière qui s'attache et brûle presque toujours au fond de la chaudière. On les garantit de cet accident, au moins en très grande partie, en soutirant la liqueur avant de la verser dans l'alambic, sauf à distiller particulièrement le marc s'il est en assez grande quantité.

On peut extraire par les mêmes procédés, l'eau-de-vie des graines légumineuses, de la racine de chien-dent et de tous les autres farineux, ayant soin d'ajouter toujours une portion de malt sur quatre ou cinq de farine.

Distillation des pommes de terre.

La pomme de terre, ne devant qu'à la fécule qu'elle contient en très grande quantité, la propriété de fournir beaucoup d'eau-de-vie, tous les efforts du distillateur doivent tendre vers les meilleurs procédés à employer pour isoler cette fécule du parenchyme dans lequel elle se trouve enveloppée, et pour la saccharifier le plus complétement possible : nous allons décrire successivement ceux de ces procédés qui sont le plus usités, et en même temps d'une application plus facile et moins embarrassante.

Premier procédé. — Réduisez en pâte cent kilogrammes de pommes de terre cuites à la vapeur; ajoutez-y environ treize ou quatorze livres de malt moulu grossièrement, et traitez cette pâte comme il a été dit ci-dessus pour les grains par le premier procédé, en employant trois ou quatre cents litres d'eau chaude et froide et environ un demi-litre au plus de levûre.

Deuxième procédé. — Délayez quatre-vingt kilo de fécule dans deux cents litres d'eau froide; ajoutez peu à peu et successivement cinq à six cents litres d'eau bouillante, et vingt kilo de malt préparé comme ci-dessus, délayé à part dans suffisante quantité d'eau chaude : après trois ou quatre heures de repos dans la cuve couverte, ajoutez la levûre et la quantité d'eau nécessaire, comme dans le premier exemple de la fermentation du grain.

Troisième procédé. — Délayez dans deux cents litres d'eau froide, cent kilo de fécule et deux kilo d'acide sulfurique concentré; versez un tiers de ce mélange sur deux cents litres d'eau bouillante; un second tiers quand l'ébullition recommencera, et ainsi du troisième. Laissez alors reposer chaudement sans bouillir pendant cinq à six heures afin d'achever la saccharification : projetez alors suffisante quantité, soit environ six à sept livres, de craie en poudre, afin de saturer l'acide libre. Laissez précipiter le dépôt après avoir achevé d'éteindre le feu; soutirez la liqueur et la mettez en fermentation comme ci-dessus; l'opération marchera plus rapidement si l'on ajoute deux ou trois cents litres d'eau en mettant la levûre.

Un hectare de terrain planté en pommes de terre doit en rapporter, terme moyen, au moins trente mille kilo, déduction faite de la quantité employée pour semence. Cent kilo de ce tubercule doivent fournir environ vingt kilo de fécule sèche ; cent kilo de celle-ci, environ quarante à cinquante litres d'eau-de-vie à dix-neuf degrés, si les diverses opérations nécessaires pour arriver à ce résultat ont été bien conduites. Cet aperçu, emprunté à un auteur qui sera souvent cité dans le cours de ce Manuel, M. Dubrunfault, suffit pour faire sentir toute l'importance dont serait une distillerie de pommes de terre dans toute exploitation rurale un peu étendue ; surtout si l'on considère en outre une quantité énorme de résidus très propres à la nourriture des bestiaux ou à l'engrais des terres.

Les exemples ci-dessus pourront guider par analogie dans toutes les expériences que l'on voudrait tenter sur d'autres végétaux farineux. Ainsi, dans les pays où la châtaigne abonde, ce fruit pourrait être traité comme la pomme de terre cuite ; le gland même, réduit en poudre et traité comme le grain, fournirait une assez grande quantité d'eau-de-vie médiocre.

Les eaux-de-vie de fécule conservent comme celles de grains un goût particulier fort désagréable, que l'on cherche vainement à masquer par divers aromes, tels que ceux du genièvre, du thé, de la feuille d'oranger, etc. Le meilleur moyen de les en dépouiller est de les rectifier deux ou trois fois avec de l'eau (*V*. Rectification).

CHAPITRE IV.

DISTILLATION DES SUBSTANCES ODORANTES.

Des principes odorans.

Les substances odorantes sont presque toutes tirées des végétaux; le règne animal n'en fournit qu'un très petit nombre, telles que le musc, l'ambre et la civette.

On désigne sous le nom d'*arome*, le principe odorant des substances aromatiques. La nature de ce principe, que l'on n'est jamais parvenu à recueillir isolément, n'est pas encore bien connue. On sait seulement, que, quoique combiné d'une manière très intime avec les autres principes des corps dans lesquels il se trouve, il est extrêmement volatil et jouit d'une grande expansibilité; car la plupart des substances aromatiques répandent leur odeur à de très grandes distances, et pendant fort long-temps, sans paraître perdre sensiblement de leur parfum.

L'arome des végétaux, qui est la même chose que l'esprit recteur des anciens chimistes, paraît résider exclusivement dans une huile essentielle plus ou moins abondante, et plus ou moins facile à obtenir. Ce ne sont pourtant pas toujours les plantes les plus aromatiques qui abondent le plus en huile essentielle, soit que celles qui paraissent en être presque privées quoique très odorantes, n'en contiennent réellement que fort peu, soit que l'on n'ait pas encore trouvé le moyen de les en dépouiller parfaitement.

L'arome se mêle très bien à l'alcool et à l'eau par le moyen de la distillation ; mais les eaux odorantes simples le laissent échapper avec le temps, les unes plus tôt, les autres plus tard. Celui de quelques plantes est si subtil, si fugace, que, quoique très odorantes, elles ne fournissent par la distillation que des eaux à peu près inodores soit que l'on emploie l'alcool ou l'eau simple : telles sont les plantes de la famille des *liliacées*.

La dessication ne fait que développer l'arome des plantes au lieu de le dissiper, pourvu qu'elle ait été faite avec tous les soins convenables, à l'exception d'un très petit nombre de plantes qui le perdent en séchant ; mais le parfum des plantes fraîches a quelque chose de plus suave qui fait qu'on les préfère pour la distillation, aux plantes sèches, à moins que la saison ne force à employer les dernières.

L'arome n'existe pas également dans toutes les parties des végétaux : dans les uns, c'est la corolle ou la partie la plus brillante de la fleur qui en contient davantage ; dans d'autres, ce sont le calice, les feuilles, la racine, les semences, les baies, l'écorce du fruit. Il est rare que toutes les parties de la même plante aient de l'odeur, et l'on doit rejeter avec soin celles qui en sont dépourvues, non seulement comme inutiles, mais comme nuisibles.

La facilité plus ou moins grande avec laquelle l'arome se détache de la plante pour s'unir aux liquides qu'on lui présente, prouve également la facilité avec laquelle il abandonnera ceux-ci quand on les laissera exposés à l'air ; mais les eaux distillées simples perdent plutôt leur odeur que les eaux spiritueuses, parce que l'arome est dans un état de combinaison plus parfaite dans celles-ci.

La température et les autres circonstances atmosphériques ; la nature et l'exposition du sol ; le degré de développement de la plante, son âge, l'instant du jour où on la cueille, influent beaucoup sur son parfum : toutes choses égales d'ailleurs, il est bien reconnu que les plantes cueillies par un temps sec, à l'instant où la partie qui est le siége principal de l'arome est dans sa plus grande vigueur, auront le plus de parfum, et que les plantes sauvages sont plus odorantes que celles qui ont été dénaturées en partie par la culture.

Distillation des Huiles essentielles.

Après avoir choisi, dans les circonstances les plus favorables eu égard à ce qui vient d'être dit dans l'article précédent, la plante ou portion de plante dont vous voulez extraire l'huile essentielle, remplissez-en, jusqu'à près des deux tiers, la cucurbite d'un alambic à double fond, bien étamé ; ajoutez assez d'eau pour que la plante baigne complétement ; adaptez le chapiteau, le serpentin, le récipient ; lutez les jointures, et poussez le feu un peu vivement pour porter l'eau à l'ébullition.

Il se dégagera dès les commencemens de l'opération une grande quantité d'air, parce que les plantes en contiennent beaucoup plus qu'un pareil volume de liquide, surtout si ce sont des herbes. Il est donc extrêmement important de ménager un trou d'épingle à la jointure du récipient, afin d'éviter la rupture des vaisseaux.

Les premières vapeurs sont ordinairement limpides, surtout si le feu a langui; mais à mesure que l'opération marche, elles deviennent troubles et comme laiteuses, à cause de l'huile qu'elles enlèvent avec elles sans pouvoir la dissoudre. Lorsqu'elles reprennent leur première limpidité, c'est un signe que l'huile essentielle la plus fluide a passé; et comme on ne pourrait extraire celle qui reste dans la plante en quantité encore assez considérable, qu'à l'aide d'un fort coup de feu qui la dénaturerait presque entièrement, on arrête la distillation, à moins que l'on ne veuille retirer encore un peu de l'eau qui reste dans l'alambic; mais en agissant ainsi, on risquerait de brûler le résidu, et de gâter tout le produit de la distillation.

On trouve dans le récipient, d'un côté, une *eau essentielle* très odorante, dont on peut tirer un très grand parti, soit en la coupant avec de l'eau pure pour en faire de l'*eau simple*, soit en l'employant telle qu'elle est, pour aromatiser des liqueurs, soit enfin, en y faisant fondre la quantité de sucre nécessaire pour la convertir en sirop; et d'autre part, une quantité plus ou moins faible d'huile, ou légère ou pesante, encore plus parfumée que l'eau essentielle.

Pour séparer ces deux produits, on verse le tout dans un grand entonnoir de verre dont on bouche l'orifice avec le bout du doigt, ou mieux encore avec un ajutage garni d'un robinet. Lorsque les deux liquides se sont séparés de nouveau après quelques instans de repos, on donne issue à l'eau, et l'on referme promptement l'entonnoir lorsque l'huile est sur le point de sortir après elle. On remplit une seconde fois pour faire échapper l'eau comme à la première; et quand tout le produit de la distillation a successivement passé par l'entonnoir, on débouche tant soit peu l'orifice du tuyau pour faire écouler les dernières gouttes de l'eau qui peut être restée, et l'on transvase l'huile.

Si celle-ci, au lieu de surnager, tombe au fond, on incline légèrement le bord de l'entonnoir afin de décanter l'eau ; on le remplit de nouveau, et on le vide autant de fois qu'il est nécessaire ; enfin, à la dernière, on débouche le tube pour faire couler l'huile dans un flacon ; et s'il reste quelques gouttes d'eau par-dessus, on le referme aussitôt que la dernière portion d'huile est sortie, afin qu'elles ne tombent pas dans le flacon.

Lorsque l'on veut obtenir l'huile essentielle de substances très sèches et dures, telles que les bois de rose, de Rhodes, le gérofle, etc., etc., il faut les râper ou les concasser le plus menu possible ; les mettre dans la cucurbite avec cinq à six fois leur poids d'eau ; ajuster le chapiteau, laisser macérer à la température de l'eau tiède pendant vingt-quatre ou quarante-huit heures, et pousser alors le feu pour terminer l'opération comme il vient d'être dit.

Quelques personnes ne voulant rien perdre de l'arome, rejettent dans la cucurbite l'eau essentielle après en avoir séparé l'huile, et la redistillent de nouveau. Cette précaution est peu utile si l'on a eu soin de réduire en fragmens très menus les substances à distiller, de les délayer avec assez d'eau pour prolonger l'opération suffisamment, et surtout de leur donner le temps de se bien détremper avant de les soumettre à la distillation. En reversant l'eau de la première opération sur le marc pour la redistiller, on retire effectivement encore une petite quantité d'huile essentielle bien inférieure à la première, et l'eau, quoiqu'un peu plus chargée d'arome, a un parfum moins agréable.

Les huiles essentielles retirées à la chaleur du bain-marie, sont à la vérité très suaves, très fluides; mais elles sont aussi beaucoup moins abondantes que celles que l'on a distillées à feu nu : il est même beaucoup de plantes qui retiennent leur huile essentielle si fortement, que l'on est, pour ainsi dire, forcé de la leur arracher à l'aide d'une chaleur forte et prolongée, et que l'on n'en retirerait pas une seule goutte par celle du bain-marie.

D'ailleurs, les huiles essentielles distillées un peu vivement sont en général tout aussi bonnes que les autres pourvu que l'opération ait été bien conduite; et l'on doit toujours préférer le procédé qui, à qualité à peu près égale, donne le produit le plus abondant : il faut observer seulement que les huiles très volatiles ne demandent pas le même degré de feu. Il est quelquefois nécessaire de rectifier les huiles essentielles pour les avoir parfaitement dépouillées d'eau et de toute substance étrangère : à cet effet, on les redistille dans une cornue de verre à la chaleur du bain de sable : il passe dans le récipient une huile très fluide et très claire; lorsqu'elle commence à se foncer en couleur, on arrête l'opération, et il reste dans la cornue une matière résineuse d'une odeur forte mais peu agréable. Ce résidu s'élève souvent à un tiers, et quelquefois moitié de l'essence employée.

Plusieurs auteurs conseillent d'ajouter aux substances dont on veut extraire l'huile essentielle, quelques poignées de sel de cuisine; et celui de la nouvelle chimie du goût et de l'odorat, en recommandant cette addition, assure que le sel *déchire et ouvre par ses pointes la membrane qui renferme l'huile essentielle*, et qu'il empêche l'eau de se corrompre pendant la macération, que l'on prolonge quelquefois pendant cinq à six jours.

Si le sel concourt à favoriser l'ascension de l'huile essentielle, c'est en retardant l'ébullition, et en forçant l'eau à acquérir, comme je l'ai dit ailleurs, une chaleur plus forte. Mais c'est une augmentation de dépense dont on peut se dispenser sans inconvénient, surtout si l'on a observé les autres précautions indiquées. D'ailleurs, en exprimant fortement à travers un linge et clarifiant au blanc d'œuf le résidu de la distillation, on peut, dans bien des cas, l'utiliser soit en le réduisant en extrait, soit en en fabriquant des sirops communs, ressource que l'on n'aurait pas en suivant le conseil de l'auteur de la chimie du goût.

Je pense également que la précaution recommandée de froisser ou de hacher les plantes, même les plus délicates, avant de les soumettre à l'alambic, ne saurait avoir l'utilité qu'on lui suppose et que son résultat le plus certain est de dissiper une portion de l'arome. Vingt-quatre heures de macération à la température de l'eau tiède atteint beaucoup mieux le but, et ne présente aucun inconvénient, surtout si la cucurbite est revêtue d'une forte couche d'étain fin qui empêche l'eau de contracter le goût du cuivre. Il n'en est pas de même des substances sèches et dures, que la macération ne saurait ramollir qu'imparfaitement si elles n'étaient divisées.

L'écorce de certains fruits tels que ceux de la famille des orangers et des citronniers, abonde tellement en huile essentielle, qu'il suffit pour l'extraire de râper cette écorce et de la soumettre à la presse. L'huile obtenue de cette manière, est plus abondante, plus suave, mais en même temps moins fluide et moins limpide que celle que donne la distillation ; parce que, bien que l'on ait eu le soin de la laisser reposer et de la tirer à clair avant de la mettre en flacons, elle retient toujours une portion de mucilage qui la trouble.

Les mêmes huiles s'obtiennent aussi par le procédé ordinaire, en distillant avec de l'eau la partie la plus superficielle de l'écorce ; mais le premier moyen est préféré comme plus économique, dans les pays où la fabrication de ces huiles s'exploite en grand.

Je voudrais pouvoir indiquer ici, par aperçu, la quantité d'huile essentielle que l'on peut espérer de chaque espèce de plantes et les caractères particuliers de chacune de ces huiles. Mais, outre que ces détails intéressent beaucoup plus les parfumeurs que les liquoristes, ils ne pourraient être, sous le rapport de la quantité surtout, que fort inexacts, parce que la quantité d'huile essentielle que l'on peut retirer de la même plante varie prodigieusement selon la manière dont l'opération a été conduite, et selon une infinité de circonstances que l'on ne peut pas toujours maîtriser.

Les caractères les plus distinctifs des huiles essentielles sont : d'être volatiles, très odorantes et très inflammables ; de se dissoudre en partie dans l'eau, et complétement dans l'alcool ; de ne se volatiliser qu'à une température élevée, malgré la grande légéreté de la plupart d'entre elles.

Les unes sont très fluides, très légères ; d'autres

très pesantes, et si épaisses qu'elles se concrètent comme du beurre et s'attachent parfois aux parois de l'appareil, sans que l'on puisse assigner la vraie cause de ces différences. Mais il n'est pas exact de dire que les végétaux exotiques fournissent des huiles essentielles plus pesantes et plus épaisses que ceux de nos climats, puisque l'huile de roses a la consistance d'un véritable beurre, et que quelques autres ne sont guère moins épaisses.

On peut dire, en général, que les huiles essentielles distillées à grande eau et un peu vivement, sont plus abondantes, plus fluides, plus légères, moins colorées et plus suaves que les autres.

Quelques huiles essentielles ont la propriété de se figer à un degré de froid bien moindre que celui de glace; d'autres, au contraire, ne le font qu'à un froid très vif. Cette circonstance fournit un très bon moyen de rectification préférable à tout autre : il consiste à frapper de froid l'huile essentielle que l'on veut purifier; si elle se congèle la première, elle s'attache contre les parois du flacon, et il suffit de renverser celui-ci pour faire écouler l'eau; si, au contraire, celle-ci gèle avant l'huile, les parois du flacon se recouvrent de petits glaçons, et l'huile restée fluide est aussitôt transvasée. Ce procédé très simple a, comme l'on voit, l'avantage de ne pas causer de déchet, et de ne point altérer l'odeur de l'huile comme la rectification ordinaire.

Les huiles essentielles se détériorent promptement, surtout si elles sont exposées à l'air, ou si elles contiennent de l'humidité. Elles perdent alors leur fluidité, la suavité de leur parfum; changent de couleur, et finissent par acquérir, quelquefois en peu de temps, une odeur détestable qui les rend impropres à aucun usage.

Lorsqu'elles sont parvenues à ce point de dégradation, on conseille de les distiller sur de nouvelles plantes, en y ajoutant la quantité d'eau nécessaire. Cet expédient les rétablit assez bien ; mais, comme il est évident que ce n'est qu'en les mélangeant avec la nouvelle huile essentielle que fournit l'opération, il est beaucoup plus simple de retirer cette huile essentielle à part que de la mêler avec une essence avariée, qui n'en augmente la quantité qu'aux dépens de la qualité.

Lorsque la décomposition n'est pas aussi avancée, on peut, si la quantité d'essence avariée en vaut la peine, la rectifier par les procédés ordinaires, en supportant le déchet nécessairement considérable de cette opération ; encore ne peut-on pas espérer de restituer entièrement à l'huile essentielle sa qualité première.

On peut néanmoins conserver les essences assez long-temps, en les dépouillant parfaitement de toute humidité, et en les enfermant dans des flacons de cristal bouchés à l'émeri, que l'on tiendra en lieu frais et toujours pleins afin d'empêcher le contact de l'air.

Il faut avoir la précaution lorsque l'on veut distiller des huiles essentielles pesantes, de faire choix d'un appareil très bas, et de remplir la chaudière jusqu'aux trois quarts, afin que l'huile n'ait pas le temps de retomber à mesure qu'elle distille ; de ne pas se servir de réfrigérant, ou si l'on tient à en faire usage, d'en maintenir l'eau à une température assez élevée pour ne pas condenser les vapeurs ; enfin, de rincer le chapiteau et le serpentin avec de l'esprit-de-vin après avoir distillé quelqu'une de ces huiles épaisses qui sont sujettes à s'attacher aux parois. Il est bon d'observer à l'égard de ces dernières, qu'elles pourraient obstruer le serpentin et occasionner des accidens, si l'on ne tenait l'eau dans laquelle il baigne, assez chaude pour conserver à l'huile sa fluidité.

Le prix ordinairement très élevé des huiles essentielles, les rend fort sujettes à être falsifiées, surtout lorsqu'elles nous sont fournies par le commerce étranger. Ces falsifications assez difficiles, pour la plupart, à reconnaître au premier abord, ne tardent pas à se déceler d'une manière fort désagréable par la mauvaise qualité des liqueurs où on les aurait fait entrer.

Pour éviter cet inconvénient, voici quelques expériences préalables qui pourront aider à reconnaître la qualité de l'essence que l'on veut employer. Après en avoir frotté un morceau de papier blanc, on le fait chauffer lentement ou on l'expose simplement à l'air ; s'il conserve quelque tache après l'entière évaporation de l'essence, c'est une preuve qu'elle est mélangée avec une huile grasse, ou du moins qu'elle est très vieille.

La même fraude n'est pas douteuse si l'huile essentielle ne se dissout pas parfaitement dans l'esprit-de-vin ; mais il faut se méfier de cette épreuve, parce qu'il paraît y avoir quelques huiles grasses qui ont la propriété de se dissoudre dans ce liquide.

Si après avoir laissé exposé à l'air un petit linge imprégné d'huile essentielle, il conserve une odeur de térébenthine, c'est une preuve que l'huile en question est mélangée d'essence de térébenthine.

Il arrive souvent aussi que l'on répand dans

le commerce des essences avariées, remises tant
bien que mal en état ; ou qu'à des essences fort
chères, on en substitue de plus communes
pourvu qu'elles aient à peu près la même odeur.
Ces diverses fraudes sont très difficiles à reconnaître pour les personnes qui ne sont pas très
habituées à l'emploi des huiles essentielles.

Distillation des eaux aromatiques simples.

On a vu, dans l'article précédent, que la distillation des huiles essentielles donne en outre
une eau fortement imprégnée de l'odeur de la
plante. Le procédé pour la distillation des eaux
odorantes est donc le même que pour celle des
huiles, à cela près que si l'on tient moins à
l'huile essentielle qu'à la plus grande quantité
d'eau possible, on peut faire la distillation au
bain-marie afin de la conduire un peu plus
loin sans crainte de brûler le résidu.

Si l'on ne trouve pas l'eau assez chargée, on
la repasse sur une nouvelle quantité de plantes
après avoir jeté le contenu de la cucurbite : mais
l'on peut parfaitement s'éviter cette peine en n'a-
joutant aux portions de plantes à distiller, qu'une
quantité d'eau proportionnée à leur nature plus
ou moins odorante, et à la force du parfum que
l'on veut obtenir. Du reste, il vaut tout autant
employer l'eau pure pour cette opération, que
la décoction ou le suc de pareille quantité de la
plante à distiller, ainsi que le prescrivent quelques auteurs.

Les plantes fraîches sont préférables pour la
distillation des huiles et celle des eaux odorantes, parce que leur parfum est, ainsi que je l'ai
déjà dit, plus suave, et que l'huile essentielle

s'en sépare plus parfaitement. Les plantes succulentes et dont l'huile essentielle est légère, demandent peu d'eau et un degré de feu modéré : celles qui sont sèches, dures ou dont l'huile essentielle se sépare difficilement, veulent être traitées à grande eau et distillées vivement.

Les eaux distillées à feu nu contractent un petit goût de feu qu'elles perdent ordinairement au bout de quelques jours, ou de quelques semaines au plus ; mais qu'on leur fait perdre en peu de d'heures en les plongeant dans la glace pilée ou dans l'eau très froide.

Ces eaux doivent leur odeur à une petite portion d'huile essentielle qu'elles tiennent en dissolution, mais qui s'en sépare petit à petit et se dépose en gouttelettes contre les parois du flacon, en sorte qu'elles finissent par perdre leur parfum : il s'y forme aussi avec le temps, une sorte de végétation légère qui achève de les corrompre.

On parvient il est vrai à retarder ces accidens en tenant les eaux distillées dans des flacons bien bouchés, enveloppés de papier noir ou brun pour intercepter la lumière, et rangés dans une cave fraîche sans être humide. Malgré ces précautions, il est peu d'eaux distillées qui se puissent garder au-delà d'un an on deux sans altération.

Distillation des esprits aromatiques.

L'esprit de vin saturé par la distillation, de l'arome des végétaux aromatiques, prend le nom d'esprit odorant. Comme l'huile essentielle se dissolvant complétement dans ce véhicule, s'élève avec autant de facilité que lui, on n'a pas besoin d'un coup de feu aussi fort pour la distillation des esprits que pour celle des eaux aromatiques : on choisit pour cet usage, de l'esprit de vin parfaitement dépouillé de toute odeur étrangère afin qu'il conserve dans toute sa pureté le parfum qu'il est destiné à recevoir.

L'esprit odorant se retire, comme l'huile essentielle, de toutes les portions de plantes reconnues pour être le plus chargées d'arome, et l'on rejette comme inutiles et même nuisibles, celles qui en ont peu ou point du tout.

Ces plantes doivent être choisies avec soin et cueillies dans les circonstances les plus propices : après les avoir épluchées et mondées, on les met dans la cucurbite de l'alambic avec la quantité d'esprit nécessaire ; on lute les jointures avec les précautions indiquées dans les articles précédens pour éviter la rupture des vaisseaux ; et après avoir laissé macérer pendant un ou plusieurs jours selon la dureté des substances, on distille pour retirer d'abord moitié de l'esprit employé, que l'on met à part, et l'on continue l'opération jusqu'à ce que l'on ait obtenu la moitié du reste : ce dernier produit est bien inférieur.

Il est à remarquer que les plantes les plus riches en huile essentielle, n'en fournissent pas une goutte en nature dans cette opération parce qu'elle est dissoute en entier par l'alcool : l'esprit contenu dans le récipient est parfaitement limpide, très odorant, et ne perd pas son arome en vieillissant comme les eaux simples ; il conserve seulement quelquefois, surtout s'il n'a pas été distillé au bain-marie, un petit goût de feu dont on le dépouille sur-le-champ en le frappant de froid.

La rectification des esprits aromatiques, ou

leur cohobation sur de nouvelles plantes de même nature, sont inutiles si l'on a eu la précaution de choisir ces plantes d'une bonne espèce ; de réduire les plus sèches et les plus dures en fragmens très menus ; de les laisser macérer le temps nécessaire avant de les soumettre à la distillation ; et surtout d'en proportionner la quantité à celle de l'esprit employé ; je rappellerai d'ailleurs ici que la rectification diminue les odeurs.

La quantité et le titre de l'alcool à employer sont subordonnés à la nature des plantes dont on veut obtenir l'esprit odorant. On ne peut établir à cet égard que des données approximatives, d'autant plus que la qualité du produit dépend bien souvent moins des proportions respectives des substances employées, que de la qualité de chacune et de la manière dont l'opération a été exécutée. Cependant, pour obtenir des esprits autant imprégnés que possible, voici à peu près les doses que l'on peut observer :

Pour les herbes et fleurs fraîches, une partie contre une à deux d'alcool, selon qu'elles sont plus ou moins odorantes ;

Pour les herbes et fleurs sèches, une partie contre deux à quatre ;

Pour les écorces de fruits et les baies fraîches, une partie contre quatre ;

Pour les semences médiocrement dures et très aromatiques, une partie contre cinq à six ;

Pour les racines et semences sèches, les bois, écorces et autres portions de végétaux très dures, une partie contre six à huit.

Pour opérer exactement, on doit peser et non mesurer les choses ; car le poids seul peut donner un point exact de comparaison de quantité entre deux choses de densités très différentes, telles que de l'alcool, et une herbe ou un bois.

Les plantes fraîches fournissent peut-être un esprit un peu plus suave que les mêmes plantes sèches ; mais leur eau de végétation affaiblissant beaucoup l'alcool, on est obligé de le choisir à un titre d'autant plus élevé que la plante est plus aqueuse, et de n'en retirer à peu près que les deux tiers par la distillation. On peut retirer presque la totalité du même alcool, ou bien employer de la forte eau-de-vie, si l'on opère sur des plantes ou portions de plantes dépourvues de la plus grande partie de leur eau. Les herbes et fleurs sèches sont beaucoup plus commodes à employer que fraîches, et ne sont pas sensiblement moins bonnes si elles ont été desséchées avec tout le soin nécessaire.

Lorsque l'on distille des semences ou des baies aromatiques pour fabriquer des liqueurs de table fines, il ne faut pas les écraser, parce que l'arome résidant principalement à la surface, on obtient ainsi des produits plus suaves et moins âcres. Sous le rapport du degré de feu, il n'en est pas des esprits odorans comme des huiles essentielles et des eaux odorantes simples : celles-ci doivent être distillées à feu nu ; mais les esprits retirés au bain-marie sont plus suaves.

Les esprits odorans se bonifient en vieillissant, tant parce qu'ils achèvent de perdre le petit goût de feu qu'ils pourraient avoir retenu, que parce que leur parfum paraît un peu couvert dans les premiers momens de leur fabrication. C'est ce qui doit engager les liquoristes à en avoir d'avance d'abondantes provisions.

Distillation du vinaigre.

Cette distillation se conduit comme celle du vin. Mais, comme l'acide attaquant fortement le cuivre, finirait par le corroder promptement; que d'ailleurs il se formerait beaucoup de vert-de-gris dont une portion, assez forte pour occasionner des accidens graves, serait enlevée dans la distillation, il serait prudent de ne se servir que d'appareils de verre ou de grès; ou si l'on est forcé d'employer le cuivre, il faut tout au moins qu'il soit fortement étamé. Il n'est pas inutile à cet égard de donner un moyen bien simple d'éprouver un vinaigre soupçonné de contenir du cuivre : c'est d'y plonger un morceau de fer poli; s'il ne rougit pas, on peut se servir du vinaigre avec confiance.

Le vinaigre étant un composé d'acide, d'une petite portion d'alcool échappée à la décomposition, d'eau, etc., la distillation a pour but d'isoler l'acide de la plus grande partie de cette eau, et surtout des substances étrangères qui y sont mélangées. Les premières vapeurs sont très aqueuses, parce que l'acide, plus pesant que l'eau, ne s'élève qu'avec peine; mais elles emportent la portion la plus suave de l'arome du vinaigre. Ainsi, si l'on tient plus à la force du vinaigre qu'à son parfum, ce qui est rare dans l'opération dont il s'agit, on laisse échapper les premières vapeurs.

Celles qui succèdent sont bien plus acides que le vinaigre lui-même; quand elles commencent à faiblir sensiblement, on arrête l'opération, et l'on rejette le résidu comme inutile, quoique fortement aigre. Le produit contenu dans le récipient est une liqueur blanche et limpide comme l'esprit de vin, fortement acide, et exhalant une odeur éthérée plus suave que celle du vinaigre à l'état naturel.

On distille quelquefois le vinaigre pour lui donner de la force; mais plus souvent, c'est pour l'imprégner de quelque arome. On se conduit alors comme pour la distillation des esprits odorans, en ayant soin toutefois de bien ménager le feu, parce que les matières pesantes qui restent dans la cucurbite sont très sujettes à brûler, ce qui donne un très mauvais goût. On répare cet accident lorsqu'il n'est pas trop grave, en frappant de froid le produit de la distillation, ou en le filtrant à travers la poussière de charbon animal s'il est fortement infecté.

CHAPITRE V.

DE L'INFUSION EN GÉNÉRAL.

Des divers modes d'infusion.

Les liquoristes sont fréquemment obligés de recourir à l'infusion pour extraire les principes solubles des substances qui ne doivent pas être soumises à la distillation. Cette opération consiste à soumettre les substances en question à l'action plus ou moins prolongée d'un liquide quelconque, avec ou sans le secours de la chaleur; elle prend, selon les circonstances, les noms d'infusion, digestion ou macération, mots qui désignent une seule et même opération, à quelques modifications près dans les procédés.

Lorsque les principes que l'on veut extraire

sont solubles dans l'eau, et en même temps peu volatils, on verse le liquide bouillant sur la substance à infuser; on couvre le vase avec soin, et on la laisse tremper pendant quelques minutes ou même pendant quelques heures, selon qu'elle se laisse pénétrer plus ou moins facilement, et selon que l'on veut avoir une infusion plus ou moins chargée. C'est l'infusion proprement dite.

Si l'on fait infuser des feuilles ou fleurs sèches, on commence par les humecter avec un peu d'eau bouillante, et on leur donne le temps de se développer, de se ramollir, avant d'y verser le surplus. Les infusions faites en une seule fois, ainsi que beaucoup de personnes le pratiquent encore, n'ont ni la même saveur, ni le même parfum que les autres.

L'infusion prend le nom de macération quand elle se fait à froid. Celle-ci est beaucoup plus longue que l'infusion proprement dite; elle dure rarement moins d'un jour, quelquefois plusieurs semaines ou des mois entiers. On soumet à cette préparation les substances qui ne peuvent supporter la chaleur, ou dont les principes sont facilement solubles. Nous avons vu aux divers articles de distillation, que l'on emploie ce moyen pour ramollir préalablement les substances soumises à l'alambic, et pour faciliter la séparation de leur principe odorant : les liquoristes font macérer dans l'eau-de-vie pour les conserver jusqu'à ce qu'ils aient le temps de les distiller, les plantes dont ils veulent extraire l'esprit. Les vins composés et les vinaigres de toilette ou de table se préparent par macération : ces liqueurs se décomposant promptement à la chaleur, toute autre méthode serait défectueuse.

La digestion est une infusion prolongée, qui

se fait ordinairement à une température moyenne entre celle de l'infusion proprement dite, et celle de la macération. Son objet est le plus souvent d'imprégner l'alcool, des principes d'une substance qui ne les lui abandonnerait que difficilement sans le secours d'une certaine chaleur telle que celle du soleil ou des cendres chaudes. On nomme encore digestion, l'action de laisser pour ainsi dire, *mûrir* pendant quelques jours un mélange de deux ou plusieurs liquides avant de les filtrer.

Les infusions, soit à chaud, soit à froid, doivent être faites dans des vases qui ne puissent être attaqués par aucune des substances mises en contact, et fermés assez hermétiquement pour rendre impossible la volatilisation des principes les plus vaporisables. La cucurbite d'étain garnie de son couvercle, est, sous ce double rapport, le vase le plus convenable pour l'infusion à l'eau. La macération et la digestion s'opèrent ordinairement dans des vaisseaux de grès ou de verre, que l'on place au bain de sable quand on veut leur donner une chaleur régulière et uniforme.

Quelles que soient la forme et la nature des vases, il faut avoir soin de ne pas les remplir entièrement ; de couvrir ceux que l'on doit placer au bain de sable, avec un parchemin mouillé fortement lié et percé d'un trou d'épingle. Sans cette double précaution, l'augmentation de volume occasionnée par la chaleur, et la dilatation de l'air contenu dans le vase, pourraient le faire éclater. D'ailleurs l'opération se ferait moins bien dans un vase trop plein.

Il faut, en outre, briser et réduire en petites parcelles les substances destinées à infuser d'une manière quelconque, afin qu'elles présentent plus de surfaces à la fois à l'action du liquide ; agiter de temps à autre le vaisseau qui les renferme, pour renouveler ces mêmes surfaces ; proportionner la durée de l'opération a la consistance des matières ; enfin, soumettre chacune au genre d'infusion qu'elle exige selon sa nature.

Afin que les divers ingrédiens qui doivent entrer dans la composition d'une liqueur par infusion puissent être pénétrés également, il faut mettre infuser d'abord les substances les plus dures, et y ajouter successivement celles qui le sont moins, à mesure que l'on jugera les premières suffisamment ramollies. Sans cette attention, les unes fourniraient beaucoup trop à l'infusion, tandis que les autres ne donneraient pas assez. Il y a, comme je l'ai dit ailleurs, quelques circonstances où il convient de laisser entières les substances à infuser : c'est lorsque la vertu principale réside dans la superficie.

La durée de l'infusion doit être subordonnée à la nature des principes que l'on veut extraire, et à leur solubilité : le principe odorant, par exemple, étant ordinairement le plus soluble de tous, surtout dans l'esprit de vin ; il vaut mieux, lorsque c'est celui-là que l'on recherche spécialement, forcer un peu la dose et abréger la durée de l'infusion, afin d'avoir des produits plus suaves, une infusion à froid comme à chaud donne des liqueurs âcres et épaisses quand elle a duré trop long-temps. Il est donc généralement démontré qu'à un petit nombre d'exceptions près, les infusions promptement faites sont les meilleures ; et ce principe doit s'appliquer spécialement à presque tous les ratafias autres que ceux de fruits sucrés.

Lorsque l'on juge que l'infusion a duré assez

long-temps, il faut retirer de suite la liqueur de
dessus son marc en la passant soit au tamis,
soit à la chausse, ou enfin dans un linge humide si l'on a besoin de presser. On exprime
soit à la main, soit à la presse, les substances
qui retiennent beaucoup de liquide ou dont la
principale vertu ne réside pas à la superficie;
mais on évite cette manipulation pour les autres, afin de n'avoir pas des liqueurs trop chargées; la colature se filtre ordinairement au papier : je serai plus d'une fois dans le cas de
faire l'application de ce que je viens de dire sur
les trois principaux modes d'infusion. La digestion et la macération donnent lieu à un genre
particulier de produits dont on n'a peut-être pas
assez cherché à tirer parti dans la composition
des liqueurs de table : je veux parler des teintures ou esprits par infusion, qu'il ne faut pas
confondre avec les teintures colorantes.

Des Teintures aromatiques.

L'esprit de vin chargé par la macération, des
principes solubles d'une substance quelconque,
porte le nom de *teinture*. Ces préparations diffèrent des esprits odorans, en ce que ceux-ci
dépouillés par la distillation, des principes les
moins volatils, ne conservent presque que l'arome
du végétal distillé, au lieu que les teintures en
ont encore le goût et la couleur.

Pour bien connaître les propriétés des teintures, il faut se rappeler que l'esprit de vin,
quel que soit son titre, est toujours mélangé
d'une portion quelconque d'eau. Les végétaux
de leur côté, sont tous composés dans des proportions différentes, d'huile essentielle, de résine,

de sels, de matière extractive colorante, etc.,
toutes substances dont les unes ne se dissolvent
que dans l'eau, et les autres dans l'alcool.

Ainsi, lorsque l'on met un corps en macération
dans une liqueur spiritueuse quelconque, l'alcool ne dissout que les huiles essentielles et les
résines ; l'eau se charge des autres principes autant qu'elle en peut prendre.

On sent par conséquent que si, toutes choses
égales d'ailleurs, on fait macérer une quantité
donnée d'une même substance, dans du $\frac{1}{6}$ par
exemple, et de l'eau-de-vie ordinaire, la première teinture sera beaucoup plus suave tant
sous le rapport de l'odeur que sous celui du
goût, et que l'autre à son tour sera plus chargée
en couleur. Ce simple exemple suffit pour prouver que le choix de tel ou tel degré d'esprit n'est
pas indifférent, selon la qualité de teinture que
l'on veut obtenir.

Les teintures préparées par la simple macération à froid sont meilleures que celles qui ont
éprouvé l'action de la chaleur ; mais les substances très dures ont besoin de cet intermède,
si l'esprit employé est un peu plus faible ou que
l'on soit pressé.

Les teintures préparées pour les usages des
liquoristes doivent être, pour la commodité de
leur emploi, autant saturées que possible, et préparées à l'esprit de vin afin d'être plus odorantes et moins colorées. Comme il vaut mieux
mettre trop d'aromates que pas assez, et qu'ils ne
sont pas entièrement épuisés par une première
macération, on peut repasser de l'eau-de-vie un
peu plus faible sur le marc, pour en retirer une
seconde teinture plus commune, mais qui aura
encore beaucoup de vertu.

Il serait utile d'avoir des données positives sur la quantité de substance aromatique que peut épuiser une dose déterminée d'esprit de vin ; mais comme cela dépend essentiellemeut de la qualité des substances employées, de leur degré de division, de la force de l'esprit et de la température, on ne pourrait donner que des hypothèses très vagues. Je chercherai à me rapprocher, autant que possible, des termes moyens dans les formules que je donnerai pour exemple dans le cours de ce Manuel.

Pour avoir des teintures plus parfumées que chargées en couleur, il faut en général employer de l'esprit à vingt-huit ou trente degrés, et faire macérer pendant une semaine au plus, sous une température de quinze à dix-huit degrés. Mais si l'on est pressé, on peut prendre de l'esprit plus fort, et faire digérer à une chaleur de trente à trente-cinq degrés : on aura soin de remuer de temps en temps pour renouveler les surfaces ; et, après avoir laissé reposer pendant quelques heures, on passera en exprimant s'il est nécessaire, et l'on filtrera avec soin.

Les teintures se bonifient en vieillissant, par une sorte de combinaison plus intime qui s'opère entre les divers principes qui les composent ; mais il faut pour cela qu'elles soient conservées dans des flacons bien bouchés, et rangés en lieu ni trop chaud ni trop éclairé : la lumière leur fait subir à la longue une sorte de décomposition. Il est à remarquer que les teintures marquent à l'aréomètre un degré d'autant plus inférieur à celui de l'esprit employé qu'elles sont plus chargées ; mais ce changement n'est que l'effet des substances qu'elles tiennent en dissolution et qui augmentent la pesanteur spécifique, sans que, pour cela, l'esprit ait réellement perdu de son titre, à moins qu'on ne l'ait mis en macération avec des substances succulentes.

Les teintures bien préparées ont, sur les esprits distillés, l'avantage de conserver intacts le parfum et la saveur des substances qu'elles tiennent en dissolution ; de retenir l'arome de quelques substances qui n'en fournissent aucun par la distillation ; de n'avoir aucun goût de feu ni d'empyreume : enfin, leur préparation est moins embarrassante, et plus économique tant sous le rapport de la consommation que sous celui de la main-d'œuvre.

Ces compositions seraient donc aussi commodes qu'agréables pour la fabrication des liqueurs fines ; il suffirait pour cela d'avoir en réserve les teintures des substances aromatiques le plus usitées, et de les marier à mesure du besoin dans les proportions voulues pour en faire un mélange agréable. Les liqueurs préparées de cette manière gagneraient beaucoup sous le rapport du parfum, du goût, du moelleux : elles n'auraient d'ailleurs pas autant besoin de vieillir ; et je répète que l'emploi des teintures serait plus économique que celui des esprits.

Malgré ces avantages, leur couleur souvent très foncée empêche que l'on ne puisse s'en servir pour les liqueurs qui doivent être parfaitement blanches, ou que l'on veut colorer à volonté. Mais, en supposant qu'elles fussent sous ce rapport-là impropres à la fabrication des liqueurs fines, elles pourraient du moins servir avantageusement à celle des esprits ; il s'agirait pour cela d'extraire la teinture de la substance désignée, et de la distiller ensuite au bain-marie pour retirer la presque totalité de l'esprit employé ; il resterait dans la cucurbite un extrait qui ne serait pas sans vertu.

Les principaux avantages de cette méthode sur la distillation des substances en nature, seraient d'obtenir des produits meilleurs, en ne soumettant à la distillation que les principes les plus délicats de ces mêmes substances ; d'exiger des appareils moins vastes que pour la distillation des plantes en nature, et de consommer moins de combustible. Plusieurs de ces teintures pourraient même fort aisément se distiller à feu nu, à l'exception de celles qui contiendraient beaucoup de substances résineuses susceptibles de s'attacher et de brûler contre le fond de la chaudière.

Je soumets aux hommes de l'art cette idée dont on ne s'est peut-être pas assez occupé, et qui peut, je crois, recevoir entre leurs mains des applications heureuses. En attendant, les teintures leur seraient du moins très commodes pour aromatiser leurs ratafias.

Les substances très succulentes ne peuvent pas être employées en teintures, parce que leur eau de végétation affaiblissant beaucoup trop l'alcool, celui-ci ne se chargerait que des principes les moins utiles de ces substances : aussi fait-on sécher les plantes que l'on veut employer ainsi, à moins qu'elles ne contiennent beaucoup de principes essentiels et fort peu d'eau de végétation. Les opinions sont pourtant partagées sur la préférence à donner pour cet usage aux plantes fraîches ou sèches. Le fait est que si l'on emploie fraîches des plantes aromatiques succulentes, on a des teintures plus suaves mais moins chargées d'aromes, et il en faut davantage pour produire le même effet.

CHAPITRE VI.

DE LA FERMENTATION.

Théorie de la Fermentation.

Tous les chimistes s'accordent à reconnaître que la fermentation est un mouvement intestin accompagné de chaleur, qui s'établit naturellement dans les végétaux, et d'où résultent un changement total de nature et des composés entièrement nouveaux.

Je ne parle pas ici de l'espèce de fermentation que les substances animales sont susceptibles d'éprouver, parce que, si cette fermentation a réellement lieu, elle n'a pour résultat que la putréfaction ; et que si l'on obtient des liqueurs fermentées de quelques unes des substances du règne animal, du lait, par exemple, ce n'est qu'en raison des matières végétales très fermentescibles que l'on y ajoute.

On reconnaît généralement plusieurs sortes de fermentation d'après la nature des produits qui en résultent, sans être également d'accord sur le nombre de ces variétés. Personne, par exemple, ne songe à contester la réalité de la fermentation vineuse et de la fermentation acide ou du vinaigre ; mais l'on ne s'accorde pas également à reconnaître la putréfaction comme l'effet d'une fermentation véritable. Enfin, des chimistes recommandables admettent la saccharification, c'est-à-dire la conversion en sucre de la fécule des végétaux, et la panification, comme autant de fermentations particulières. Il ne peut être question dans ce Manuel que de celles qui ont pour résultat le vin et le vinaigre.

Cinq élémens indispensables concourent à l'établissement de la fermentation. Ce sont, dans l'ordre de leur importance respective, le sucre, l'eau, la chaleur, l'air et un levain. Aucun de ces cinq élémens de fermentation ne saurait être retiré sans la rendre impossible ; mais l'on peut jusqu'à un certain point, la modifier à volonté en variant leurs proportions respectives.

Le *sucre* est la seule matière immédiate de la fermentation : les quatre autres élémens ne sont que des agens de décomposition qui réagissent sur lui pour le convertir en alcool. Par conséquent, sans lui, point de matière fermentescible, et point de liqueur spiritueuse à espérer.

Le sucre se trouve en abondance dans une foule de substances végétales, qui lui doivent la saveur douce et sucrée dont elles jouissent. Celles où il est le plus abondant sont, le suc du raisin et de tous les fruits sucrés ; la betterave et plusieurs autres racines ; la sève de l'érable, du bouleau, du palmier, de l'arbre à manne, le miel, etc., etc. Aussi tous ces corps sont d'autant plus fermentescibles, et donnent par la distillation d'autant plus d'alcool qu'ils sont plus sucrés, ce qui fournit déjà une première donnée sur le choix des végétaux destinés à la fermentation.

Les végétaux farineux sont pourtant très fermentescibles, quoique plusieurs d'entre eux ne contiennent point ou très peu de sucre, tels que les grains et la pomme de terre. Mais il est reconnu aujourd'hui que la fécule, dont ces végétaux abondent, est susceptible de se convertir entièrement en sucre par suite de cette décomposition particulière connue sous le nom de *saccharification*. On se convaincra facilement de l'exactitude de ce fait, en visitant le germoir des brasseurs et l'atelier des distillateurs de fécule : on verra en effet que les grains germés sont très sucrés, transparens ; que leur farine est décomposée par la germination, comme elle l'est par l'acide sulfurique dans les distilleries.

Ainsi, après les végétaux sucrés, les farineux sont les plus propres à subir la fermentation vineuse ; et, s'ils ne sont pas rangés sous ce rapport, sur la même ligne, c'est que leur fécule a nécessairement besoin d'être préalablement décomposée avant de jouir de la propriété fermentescible, ce qui complique un peu l'opération ; et que d'ailleurs leurs produits sont inférieurs en qualité à ceux des végétaux sucrés.

Plusieurs sucres joignent à la saveur douce qui les caractérise, un goût particulier inhérent au végétal qui les fournit, et présentent encore quelques autres caractères distinctifs. Les uns, tels que ceux de la canne et de la betterave, se séparent aisément et se présentent sous la forme saline ; les autres ne peuvent être extraits du sirop. Quels que soient leur nature et leurs caractères particuliers, ils sont tous propres à être transformés en alcool par la fermentation, si on les place dans les circonstances favorables à leur changement de nature.

Tous les liquides sucrés, même ceux dont on ne peut extraire la moindre parcelle de sucre solide, en contiennent néanmoins plus ou moins, et peuvent être utilisés par la fermentation. Les végétaux où le principe sucré est le plus développé, sont les plus propres à fournir beaucoup d'alcool. C'est pourquoi les fruits bien mûrs, et des climats chauds, en donnent davantage.

Quoique l'on ait soin de soumettre préalablement à la saccharification, la fécule des farineux qui ne contiennent pas du tout de sucre libre, il reste toujours une portion de cette fécule qui échappe à la décomposition ; mais elle est convertie dans le cours de la fermentation, à mesure que le sucre est transformé lui-même en esprit. La portion de fécule employée représente donc autant de sucre, et toutes les fois que l'on mettra en fermentation une quantité donnée de fécule pure, elle équivaudra en résultat à une pareille quantité de sucre.

Le sucre, ou la fécule qui le représente, est décomposé en entier pendant la fermentation quand elle marche bien et s'achève complétement ; mais il ne produit à peu près que la moitié de son poids en alcool, le reste se perd sous la forme de gaz ; en sorte que, s'il ne se faisait aucune déperdition d'alcool pendant la fermentation, s'il ne s'en perdait d'ailleurs aucune portion par la distillation, on saurait d'avance, ces deux opérations étant bien conduites, que l'on doit retirer en alcool pur, la moitié en poids du sucre contenu effectivement dans la matière mise en fermentation : mais l'expérience prouve tous les jours qu'une infinité de causes qu'il serait superflu de détailler ici, apportent une grande diminution dans cette production.

L'*eau* est le premier des agens de décomposition du principe fermentescible, comme elle l'est de la destruction de tous les corps organisés : l'on pourrait mêler à une masse de matière sucrée, telle quantité du levain le plus énergique que l'on pourrait trouver et laisser ce mélange exposé à l'air et à la chaleur pendant des années entières, que l'on ne réussirait jamais à y faire naître la fermentation sans le secours de l'humidité. On parviendrait également, et par la même raison, à conserver indéfiniment les matières les plus putréfiables en les garantissant de son influence.

Il y a plus, la rapidité et l'énergie de la fermentation dépendent essentiellement du degré de fluidité de la matière fermentante. Le rôle de l'eau dans cette circonstance paraît être de dissoudre, de délayer le sucre; d'en étendre les molécules, et de les offrir, pour ainsi dire, une à une à l'action des autres agens. Si l'on dispose la matière à fermenter dans deux ou plusieurs cuves placées sous l'influence de la même température, et que dans une ou plusieurs de ces cuves on ajoute des quantités déterminées d'eau, la fermentation commencera plus tôt, sera plus tumultueuse, s'achevera plus promptement, et qui plus est fournira une liqueur plus spiritueuse, dans la cuve qui contiendra le plus d'eau; ces proportions iront en décroissant successivement dans les cuves dont la matière sera plus épaisse.

Il suit de là que pour activer la fermentation et faciliter la production d'alcool sans rien changer aux autres agens, il faut étendre le corps sucré dans une plus grande quantité d'eau; de même que pour la ralentir, il suffira de le concentrer, soit en faisant évaporer une partie de l'eau, soit en y ajoutant une nouvelle quantité de principe sucré ou de matière à décomposer.

Ceci n'est pourtant rigoureusement vrai que jusqu'à un certain point; car il est évident qu'il y a de justes proportions que l'on ne peut dé-

passer sans changer totalement la face des choses : si l'on délaie le sucre outre mesure, la fermentation deviendra plus lente, plus difficile,
et même impossible si l'on continue à augmenter
la quantité d'eau. Il faut donc savoir saisir le
juste milieu en délayant à propos les moûts qui
sont trop sucrés, et en renforçant au contraire
ceux qui ne le sont pas assez : c'est là un grand
art de la part du vigneron ou du distillateur.

La quantité d'eau doit être subordonnée à
l'emploi auquel on destine la liqueur ; il en faut
moins pour les vins fins et autres liqueurs analogues qui doivent être bues en nature, que
pour les vins destinés à l'alambic. Les distillateurs
étendent beaucoup les moûts qu'ils font fermenter eux-mêmes, afin d'économiser par une fermentation plus rapide un temps toujours précieux, et de pouvoir d'ailleurs distiller au sortir
de la cuve, sans être obligé d'attendre la fermentation insensible ; car, si l'on distillait ainsi un
vin provenant d'un moût trop riche, une portion considérable de matière sucrée ayant échappé
à la fermentation, le produit en alcool serait
d'autant moindre.

En général, pour obtenir une fermentation
prompte et complète, il faut que la matière sucrée et l'eau se trouvent en proportions telles,
que le mélange donne de cinq à six degrés au
pèse-liqueur. Mais pour retirer de cette donnée
un document exact, il faudrait tenir compte de
la quantité de matières étrangères au sucre qui
peuvent exister dans ce mélange.

La plupart des fruits sucrés portent avec eux
l'eau nécessaire à leur fermentation ; quant aux
autres végétaux qui en manquent presque totalement, ou qui n'en ont pas assez, il est plus

utile que l'on ne le pense communément, de choisir celle qu'il convient de leur ajouter : les nuances que l'on remarque dans les propriétés fermentescibles des végétaux succulens d'une même espèce, paraissent tenir autant aux qualités particulières que la nature du sol imprime à leur eau de végétation, qu'aux proportions de matière sucrée qu'ils contiennent.

Toutes les matières animales se corrompant très promptement, les eaux qui en tiennent en dissolution sont extrêmement nuisibles à la fermentation, et peuvent gâter tout le produit d'une opération : on doit, sous ce rapport, éviter surtout d'employer celles des puits peu profonds ou des mares ; on doit au contraire rechercher celles qui reposent sur des couches crayeuses et calcaires, parce que la quantité de pierre à chaux qu'elles contiennent et qui en ferait de fort mauvaises eaux à boire, les rend très propres à prévenir, du moins en grande partie, la fermentation acide.

La chaleur n'est pas moins indispensable que l'eau à la décomposition du principe sucré ; mais elle exige comme elle, le concours des autres agens pour pouvoir développer la fermentation. Car de même qu'un corps fermentescible se conservera indéfiniment tant qu'on le tiendra à l'abri de l'humidité, de même aussi, ce corps résistera à la décomposition tant qu'il sera privé de calorique.

Cette cause influe donc autant que l'eau sur l'intensité de la fermentation, sur son énergie et sa durée ; en sorte que l'on peut à volonté hâter ou retarder la fermentation, en augmentant ou diminuant, soit la fluidité de la matière fermentante, soit le degré de température. Néanmoins, le premier moyen est à préférer toutes les fois qu'il est exécutable et que la température n'est d'ailleurs pas évidemment trop basse, parce qu'il hâte tout à la fois la marche de l'opération, et augmente la quantité du produit alcoolique ; au lieu que la chaleur, non seulement détermine une évaporation quelquefois considérable de ce produit, mais encore rend la fermentation acide plus à craindre.

Cette latitude dans la variation du degré de chaleur a besoin d'être restreinte dans de justes limites ; ainsi, par exemple, il ne peut y avoir de fermentation sensible au-dessous de dix degrés du thermomètre de Réaumur, ni au-dessus de trente degrés pour les vins, et de cinquante degrés pour les vinaigres ; en sorte que moins la chaleur montera au-dessus de dix, plus la fermentation sera lente et faible ; plus elle approchera de trente, et plus elle sera active et prompte. Quand un excès de chaleur rend la fermentation trop énergique, l'alcool, décomposé presque à mesure qu'il se forme, est converti aussitôt en acide acétique.

La chaleur s'établit bien plus promptement dans les grandes masses, et s'y conserve bien mieux que dans les petites : c'est pourquoi il est reconnu que l'élévation de la température doit être en raison inverse de la capacité des vases de fermentation ; ou qu'elle doit être d'autant plus basse qu'ils sont plus vastes. Il s'ensuit que si l'on place dans un même lieu et sous une température uniforme, plusieurs vases de grandeurs différentes remplis de la même matière fermentescible, toutes choses égales d'ailleurs, la fermentation s'y établira inégalement.

Monsieur Dubrunfaut dans l'ouvrage déjà cité, établit ainsi les données approximatives sur lesquelles on peut proportionner le degré de température à la capacité des vaisseaux.

Selon lui, une cuve de cinq hectolitres demande . . . . 25 à 28°

    Une de 10. . . . . 20 à 25.
    Une de 20. . . . . 15 à 20.
    Au-delà de ces dimensions. 12 à 15.

Il résulte de là, que si l'on donnait à une masse de trente hectolitres par exemple, une température de vingt-cinq degrés; et à une masse de cinq hectolitres, celle de douze, la fermentation serait beaucoup trop tumultueuse dans la première, et qu'elle s'établirait moins bien et ne se soutiendrait qu'avec beaucoup de peine dans la seconde.

Outre la chaleur extérieure nécessaire pour déterminer la fermentation, cette opération en produit elle-même en raison de sa propre intensité; en sorte que plus la chaleur extérieure est élevée, plus la fermentation est prompte, énergique; et plus, par conséquent, la chaleur produite est forte.

Cette production de chaleur, à peu près imperceptible dans les premiers momens, augmente à mesure que la fermentation marche, et cesse avec elle : la température de la cuve est égale à celle de l'atmosphère lorsque la fermentation s'achève.

S'il n'y avait pas de chaleur produite lorsque la fermentation se ferait dans une atmosphère tempérée, elle commencerait d'abord sous le degré de température donné artificiellement à la cuve; mais l'air extérieur étant plus froid en soutirerait le calorique, il y aurait équilibre, et la fermentation ne tarderait pas à être suspendue si l'atmosphère se trouvait au-dessous du degré voulu. La chaleur produite est toujours assez forte quand la fermentation marche bien, pour prévenir cet accident et pour conserver au liquide la température nécessaire.

On conçoit aisément que la température extérieure influe nécessairement sur le développement de la chaleur interne, car tous les corps tendent à se mettre en équilibre de température entre eux : il faut donc élever la première si elle est trop basse, pour permettre à la seconde de se développer, ou l'abaisser si celle-ci est trop énergique.

Par conséquent, il est essentiel de tenir les celliers fermés pendant les temps froids, afin d'empêcher que la fraîcheur de l'atmosphère ne trouble ou n'interrompe la fermentation ; et de les rafraîchir pendant les grandes chaleurs, pour prévenir les conséquences qui seraient la suite d'une fermentation trop vive. Il est bon de ne pas perdre de vue que les petites cuves craignent plus le froid que les grandes, et de remarquer que si ces dernières sont préférables en hiver et dans les pays froids, les autres sont au contraire plus commodes dans les pays chauds, ou en été.

L'air, comme agent indispensable de toute espèce de décomposition, donne lieu aux mêmes observations que les deux précédentes ; c'est-à-dire, que les matières les plus putréfiables ou les plus fermentescibles, privées exactement du contact de l'air, se conserveront intactes malgré la chaleur et l'humidité. Donc, point de fermentation sans l'air atmosphérique.

Mais il ne faut pas induire de cet axiome et de ce qui a été dit des autres agens de la fermentation, que la grande quantité d'air lui est nécessaire : tous les corps de la nature, liquides ou solides, en contiennent plus ou moins entre leurs molécules ; et cette quantité suffirait aux besoins de la fermentation, même sans le secours de celui qui occupe l'espace laissé vide dans les vases fermentatoires.

Si l'on augmentait le contact de ce fluide avec la matière fermentante, la fermentation vineuse changerait de nature et passerait à l'acidité, parce que l'action trop prolongée de l'air sur les liqueurs fermentées, produit toujours cet effet : c'est ce qui arrive à toutes celles que l'on laisse pendant quelque temps dans des vases découverts ou en vidange.

Ainsi donc, non-seulement il serait parfaitement inutile de laisser découverts les vases de fermentation, puisque encore une fois l'air qu'ils contiennent est suffisant ; mais encore cette précaution pourrait devenir nuisible par le refroidissement de la liqueur, outre qu'elle déterminerait son acidification.

D'ailleurs, l'air n'agissant pour ainsi dire que comme levain, pour déterminer la fermentation, il n'est plus nécessaire quand elle est bien en train ; il ne peut plus même alors que concourir à la décomposition de l'alcool, et à la fermentation acide qui en est le résultat. La première portion d'acide formée ne tarde pas à faire elle-même l'office de levain, et toute la masse finit par tourner à l'aigre si la fermentation se prolonge : d'où l'on voit que si l'on a jugé à propos de laisser découverts les vases de fermentation au commencement de l'opération, il faut du moins les couvrir lorsqu'elle sera bien établie.

Le contact de l'air n'est pas fort dangereux dans les commencemens, parce que tant qu'il n'y a pas d'alcool formé, la fermentation acide ne peut avoir lieu. D'ailleurs, dès que la fermentation s'établit, le gaz acide carbonique qui se dégage en abondance étant plus lourd que l'air, reste à la surface de la liqueur comme pourrait le faire une couche d'huile et la garantit de son impression. Mais la fermentation acide est bien plus à craindre lorsque la fermentation tumultueuse a cessé, parce que le gaz en question ne se dégageant plus que faiblement, finit par se répandre petit à petit dans l'atmosphère, et par laisser à découvert le liquide, qui absorbe l'air avec facilité; et comme il y a alors beaucoup d'alcool de formé, la fermentation acide se déclare promptement. Il se forme néanmoins toujours un peu d'acide dans les fermentations les mieux conduites, et il est même des substances dans lesquelles la fermentation acide marche de pair avec la fermentation vineuse, au détriment de l'alcool puisque encore une fois sa décomposition est toujours le résultat de la fermentation acide.

Le levain ou ferment, est un corps qui se trouve sous différentes formes dans les matières fermentescibles; et qui, jouissant lui-même de cette propriété à un très haut degré, la communique avec le concours des autres circonstances énoncées ci-dessus, au corps sucré proprement dit, reconnu pour la matière essentielle et unique sur laquelle s'opère la fermentation.

Dans les sucs de fruits, le levain paraît résider dans le principe muqueux sucré, car ceux qui en ont été dépouillés par la dépuration sont beaucoup moins sujets à fermenter. La partie glutineuse des grains farineux, après avoir subi un commencement de décomposition par la macération, devient un ferment très énergique dont la fermentation ne consomme qu'une faible portion.

Si le concours d'un levain fermentescible particulier, est rigoureusement nécessaire pour produire la fermentation, il est reconnu du moins qu'il en faut une très petite quantité ; car il en échappe à la décomposition une portion considérable qui se réunit en forme d'écume ou de matière floconneuse, tantôt à la surface, tantôt au fond du liquide ; et qui conservant à un haut degré la propriété fermentescible, est recueillie pour faire en temps et lieu l'office de levain artificiel. Telle est la matière connue sous le nom de levûre de bière ; telles sont aussi les lies récentes de vins nouveaux.

La plupart des végétaux désignés ci-dessus comme les plus propres à subir la fermentation vineuse, portant avec eux leur levain fermentescible, n'ont besoin que d'être placés dans des circonstances favorables sous le rapport de la chaleur et de l'humidité. Mais il y en a d'autres qui, toutes choses égales d'ailleurs, n'entreraient que lentement en fermentation si on ne leur ajoutait un levain artificiel ; cette addition est surtout nécessaire pour les matières que l'on met fermenter en petites quantités et sous une température trop basse.

Les matières dont on fait le plus souvent usage pour cela, sont l'écume de bière et la pâte aigrie des boulangers : le premier de ces deux fermens est le plus énergique. Comme l'un et l'autre ont l'inconvénient de donner un très mauvais goût lorsqu'on force un peu la dose, on peut les remplacer, surtout pour les liqueurs d'agrément, par la composition suivante.

On pétrit à l'eau froide une livre de farine de seigle dont on n'a pas retiré le son, jusqu'à ce qu'elle forme une pâte ferme et bien liée; on incorpore dans cette pâte, en continuant de la pétrir avec soin, quatre onces de mélasse ou de miel; on la délaie alors avec assez d'eau bouillante pour la réduire en bouillie claire, et on y ajoute très peu de levûre de bière. On expose ce mélange dans un endroit chaud jusqu'à ce que la fermentation soit bien établie, ce que l'on reconnaît à l'odeur vineuse, au gonflement considérable de la masse; et on l'emploie de suite pour ne pas lui donner le temps d'aigrir.

Si la fermentation ne paraissait pas à peu près établie dans cette pâte au bout d'une heure ou environ, il faudrait y ajouter un peu de levûre : douze heures doivent suffire pour l'amener à son point quand elle a été bien préparée. Ce levain a sur les autres l'avantage de ne pas donner de mauvais goût; mais comme il a moins de force, il en faut davantage.

Quel que soit le levain artificiel dont on fasse usage, l'habitude seule peut enseigner d'une manière à peu près exacte la quantité qu'il en faut (1). Mais pour ne rien donner au hasard, on peut délayer toute la dose que l'on se propose d'employer, avec environ un vingtième de la liqueur; si après avoir couvert le vase, on voit la fermentation bien établie au bout de quinze à vingt minutes, on mêle le levain à la masse de la liqueur à fermenter; sinon, on en

---

(1) On évalue à deux et demi pour cent la quantité de levain pur à ajouter à la quantité réelle de sucre contenu dans le moût.

ajoute la quantité que l'on croit nécessaire, et
l'on renouvelle l'épreuve. Cet indice est très-
bon à consulter pour agir avec certitude.

Phénomènes de la fermentation vineuse.

La fermentation vineuse a pour but et pour
résultat, de transformer le principe sucré en
principe spiritueux ou alcool, principe que
cette fermentation seule peut faire naître dans
les végétaux qui en sont susceptibles. La fermentation vineuse se divise en deux époques :
l'une appelée *tumultueuse*, par rapport aux phénomènes qui l'accompagnent, se passe dans la
cuve ; l'autre, désignée sous le nom de fermentation *lente* ou *insensible*, n'a lieu qu'après la
décuvaison : celle-ci n'est que le complément de
la première, et tend au même but. On appelle
moût le liquide sucré quel qu'il soit, que l'on
met en fermentation.

Dès que ce moût se trouve placé dans des circonstances favorables, le levain se porte directement sur le sucre. Celui-ci, déjà soumis à
l'action des autres agens de la fermentation, est
décomposé, et cette décomposition donne naissance à deux produits bien distincts : l'acide
carbonique et l'alcool.

Les premières portions d'acide carbonique, se
dégagent de tous les points de la masse fermentante dès les premiers momens de la décomposition, et la présence de ce gaz est un signe certain
que la fermentation est commencée. Comme il est
plus léger que le liquide, il le traverse pour ve-
nir gagner la surface, et remplit l'espace vide
existant entre cette surface et le couvercle de la
cuve. C'est à l'effort que le gaz fait pour déplacer

les couches de liquide, qu'est dû le bouillonnement tumultueux qui va toujours croissant à mesure que la fermentation acquiert de la vigueur :
le degré d'énergie de ce bouillonnement est donc
un indice certain de celui du dégagement de l'acide
carbonique, et par conséquent de celui de la fermentation.

Si l'on vient à déranger le couvercle le gaz
s'échappe ; mais étant plus lourd que l'air, il
coule par-dessus les bords du vaisseau au lieu
de s'élever dans l'atmosphère, et s'étend sur le
sol, en couche plus ou moins épaisse selon l'a-
bondance du fluide, comme le ferait une certaine
quantité d'huile ou de tout autre liquide si elle
ne pouvait s'écouler au dehors.

L'acide carbonique produit par la fermentation
est absolument le même que celui qui se dégage
du charbon embrasé ; et l'on connaît la promptitude avec laquelle il éteint les lumières et tue
par asphyxie les hommes et les animaux qui le
respirent ; il serait donc très imprudent de s'y
exposer, soit en se penchant sur une cuve en fermentation, soit en entrant dans un cellier avant
de s'être assuré s'il contient ou non de l'acide
carbonique.

Ce gaz est sans couleur, et n'a d'autre odeur
que celle des substances qu'il entraîne ; par lui-
même il en est dépourvu. On ne peut donc reconnaître sa présence ni par la vue, ni par l'odorat : mais la propriété qu'il a d'éteindre les corps
enflammés, donne à cet égard un guide infailli-
ble ; car toutes les fois que l'on verra la lumière
pâlir et s'éteindre en entrant dans le cellier, ce
sera un signe certain qu'il contient de l'acide
carbonique et que l'air n'en est pas respirable.

Il faut alors se hâter d'ouvrir portes et fenêtres ; jeter même sur le sol de l'eau chargée de chaux, qui a la propriété d'absorber l'acide carbonique ; et ne se déterminer à entrer que lorsque la flamme de la lumière n'éprouvera plus de changement.

Ce gaz, quoique plus pesant que l'air, s'y mêle très bien à l'aide du mouvement ; mais sans cela il s'élève peu au-dessus de la surface du sol ; en sorte qu'un animal assez bas sur pates pour en être entièrement couvert, serait étouffé sur-le-champ, tandis qu'un animal plus grand, ou un homme, n'en serait pas incommodé tant que l'agitation de l'air ne viendrait pas mêler les deux fluides.

On peut juger exactement de la hauteur de la couche de gaz, en approchant graduellement de terre un corps enflammé ; il est évident que le point où la lumière commencera à pâlir, sera celui où l'on commencera à rencontrer cette couche. Les ouvriers employés auprès des cuves de fermentation, ne devraient donc jamais entrer dans les celliers sans porter devant eux une lumière au-dessous de la hauteur de leur bouche. Il serait bon de tenir de la chaux dans les celliers de fermentation, et de ménager une ou plusieurs ventouses au niveau du sol, pour éviter l'accumulation du gaz.

Le dégagement de l'acide carbonique étant la conséquence essentielle de la décomposition du principe sucré, il est d'autant plus abondant, que le moût est plus riche et la fermentation plus active ; les moûts faibles et les fermentations lentes en produisent fort peu. La quantité d'acide carbonique produite pendant le cours d'une fermentation est, d'après les expériences de M. Gay-Lussac, à celle de l'alcool, à peu près comme 49 est à 51 : c'est-à-dire que sur cent parties de sucre décomposé, il se forme à très peu de chose près, 49 d'acide carbonique, et 51 d'alcool.

L'une des propriétés du gaz acide carbonique, est que sa production occasionne toujours de la chaleur. À mesure qu'il se dégage de la cuve en fermentation, le liquide s'échauffe graduellement, et acquerrait une température de beaucoup supérieure à celle de l'atmosphère s'il ne se refroidissait à mesure ; il conserve néanmoins pendant toute la durée de la fermentation une température sensiblement plus élevée.

La production de chaleur étant uniquement le résultat de la production du gaz acide carbonique, lui est relative et suit les mêmes périodes que la fermentation, en sorte que l'on juge de la plus grande vigueur de celle-ci par l'intensité de la chaleur, et du terme de l'une par le déclin de l'autre : on sait déjà que cette chaleur est en raison directe de la capacité des vaisseaux ; donc il se dégage proportionnellement plus d'acide carbonique d'une vaste cuve que d'une moindre.

La liqueur fermentante, quelque claire qu'elle pût être dans le principe, se trouble à mesure que la fermentation s'établit. Le gaz qui la traverse constamment depuis le fond de la cuve jusqu'au niveau, charrie avec lui une portion de levain non décomposé, ainsi que les autres corps solides qui se trouvent en état de suspension dans la liqueur, et dépose le tout à la surface sous la forme d'une écume volumineuse, qui prend le nom de *chapeau* : le chapeau de la vendange entraîne et retient les rafles, pellicules et autres corps légers.

Le chapeau présente l'apparence d'une croûte épaisse qui s'augmente successivement de tous les matériaux que le gaz continue à charrier à mesure que la fermentation marche : comme il gonfle beaucoup, il passerait par-dessus les bords de la cuve si l'on n'avait le soin de ne pas la remplir entièrement. Il reste à la surface du liquide tant que le gaz acide carbonique continue à se dégager ; mais dès que ce dégagement cesse, le chapeau n'ayant plus de soutien, se brise et retombe par son propre poids au fond de la cuve. Ce moment arrive d'autant plus tôt, que les choses ont marché plus rapidement : la fermentation est alors achevée, et la liqueur s'éclaircit. L'état du chapeau de la vendange est donc un nouvel indice des progrès de la fermentation.

La promptitude avec laquelle le chapeau se forme, son volume et sa consistance, dépendent essentiellement de l'abondance du gaz, c'est à-dire de l'énergie de la fermentation ; la nature de la matière fermentante y influe secondairement : dans tous les cas, le moment où il est le plus volumineux, est celui de la fermentation la plus tumultueuse. Le chapeau n'est pas sans utilité pour la fermentation ; il fait l'office d'un couvercle qui intercepte le contact de l'air ; aussi convient-il de décuver après la disparution du chapeau, sans quoi la fermentation acide ne tarderait pas à se manifester.

Quand la fermentation s'est établie trop tumultueusement, soit par l'effet d'une trop grande chaleur, ou par toute autre cause, il arrive souvent que le chapeau se rompt en plusieurs morceaux et se retourne sur lui-même ; mais il se rétablit à mesure que la fermentation se modère. Néanmoins, comme cet accident peut devenir dangereux en faisant prendre l'air au vin si la cuve n'est pas couverte, il est essentiel de le prévenir en ne forçant pas la fermentation outre mesure. C'est à tort que dans certaines fermentations particulières, on prescrit de brasser la matière à mesure que le chapeau prend de la consistance : cette pratique ne peut avoir d'autre résultat que de favoriser la fermentation acide aux dépens de l'alcool, en introduisant de l'air ; et de ralentir la fermentation vineuse en faisant échapper une portion de la chaleur interne.

A mesure que la fermentation marche, la décomposition du sucre par le ferment continue, et tout ce qui n'est pas converti en gaz acide carbonique se change en esprit de vin ; ainsi les moûts les plus sucrés sont ceux qui donnent le plus d'esprit et qui demandent une fermentation plus énergique ou plus prolongée. Or, comme la production de cette substance est l'unique but que l'on se propose dans la fermentation vineuse, tous les efforts doivent tendre à opérer la décomposition du sucre, le plus promptement et le plus complétement possible. Néanmoins, cette décomposition ne peut s'opérer que graduellement et progressivement.

Pendant les diverses périodes de cette décomposition, le moût acquiert progressivement une saveur plus spiritueuse et un goût moins sucré, jusqu'à ce qu'enfin l'affaissement du chapeau de la cuve annonce que le gaz acide carbonique cessant de se dégager, la fermentation est achevée ; c'est-à-dire que le sucre étant totalement décomposé ou à peu près, a disparu et qu'il n'y a plus de nouvelle quantité d'alcool à attendre. Il serait alors dangereux, ainsi qu'on le verra plus loin, de chercher à prolonger l'opération.

La fermentation durera d'autant plus long-temps que la quantité relative du sucre sera plus grande, ou qu'on lui opposera des agens de destruction moins actifs. Ainsi, de deux cuves d'égale grandeur également chargées de deux liqueurs fermentescibles analogues, mais dont l'une contiendra plus de sucre que l'autre, et placées sous la même température, la fermentation durera plus long-temps dans celle dont le contenu sera plus riche; et si l'on voulait les faire marcher toutes les deux de pair, il faudrait augmenter pour celle-ci la quantité d'eau ou celle du levain, ou enfin élever le degré de température dans la proportion de l'excédant de sucre qu'elle aurait sur l'autre.

Lorsque l'on met en fermentation des farineux sans les avoir préalablement soumis aux manipulations nécessaires pour réduire complétement leur fécule en sucre, il arrive alors ce qui arriverait si l'on opérait sur un mélange de ces deux substances; la petite portion de sucre déjà formée, entre en fermentation, et il se forme dès les commencemens un peu d'acide qui attaque la fécule et la saccharifie. En sorte que pendant toute la durée de ce genre de fermentation, il se fait simultanément deux décompositions; celle de la fécule, qui est convertie en sucre par l'acide, et celle de ce sucre qui, au moment même de sa formation, est changé en esprit et en gaz acide carbonique. Toutes choses égales d'ailleurs, la fermentation est plus lente dans ce cas que si la fécule avait été décomposée préalablement et mise en fermentation à l'état de sucre.

En résumant les divers phénomènes qui se passent pendant les trois périodes de la fermentation, on recueillera une série d'indices qui mettront à même d'en suivre avec exactitude les progrès. Dans la première période, la liqueur se trouble; des bulles d'air viennent crever à la surface, qui commence à devenir écumeuse; un léger bourdonnement se fait entendre; la liqueur commence à prendre une pointe vineuse bien faible; la chaleur n'est pas augmentée d'une manière bien sensible, la fermentation n'est qu'ébauchée.

Un peu plus tard, toute la masse est agitée d'un bouillonnement tumultueux, bruyant, accompagné d'une forte chaleur; les matières solides restées dans la liqueur continuent à se réunir à celles qui forment le chapeau : cette espèce de croûte ayant acquis tout le volume possible, cesse bientôt de monter; le goût sucré a disparu en grande partie pour faire place à l'esprit. La fermentation est alors dans sa plus grande activité et ne peut plus que décroître.

Dans la troisième période, tous les symptômes ci-dessus diminuent visiblement pour s'arrêter bientôt tout-à-fait; l'agitation, la chaleur et le bourdonnement cessent; le chapeau s'affaisse, finit par disparaître entièrement; la liqueur s'éclaircit, exhale une odeur alcoolique très prononcée : la fermentation vineuse est achevée et n'aurait qu'un pas de plus à faire pour passer à la fermentation acide.

Cet accident, le plus à craindre pour les liqueurs fermentées, est particulièrement dû au contact de l'air, à un excès trop prolongé de température, à une portion de levûre non décomposée, ou à des levains particuliers qui peuvent être introduits ou produits accidentellement dans la cuve.

Les variations brusques dans l'état de l'atmosphère, des secousses fréquentes ou prolongées,

les commotions produites par le tonnerre, les
émanations putrides, et plusieurs autres causes
imprévues, peuvent produire le même effet. Les
vignerons n'ignorent pas que l'orage suffit pour
faire aigrir complétement une cuvée. Enfin l'impression subite du froid peut arrêter la fermentation au point de ne pouvoir plus la rétablir.

La plupart de ces accidens peuvent être pré-
venus avec quelques soins. Les précautions principales à observer peuvent se réduire aux suivantes :

Tenir dans une grande propreté les vases et
ustensiles servant à la fermentation; ne jamais
s'en servir avant de s'assurer qu'ils n'ont pas
contracté une odeur d'aigre;

Disposer les lieux de manière à pouvoir donner de l'air en cas de besoin, sans qu'il frappe
directement sur la cuve; régler la capacité de
celle-ci selon ce qui a été dit dans l'article précédent;

Éviter tout excès soit en plus, soit en moins,
dans la température à donner tant à la matière
fermentante, qu'à l'atmosphère qui l'entoure; (1)

Ne se servir que d'eaux de bonnes qualités, et
jamais de celles qui peuvent contenir des matières
en putréfaction; écarter du voisinage tout ce qui
peut donner une odeur infecte;

---

(1) Il ne faut pas perdre de vue que l'excès de chaleur a deux inconvéniens graves: celui de dissiper par
évaporation une portion considérable d'alcool, et celui d'en détruire une autre portion par la transformation en acide : il est certain que si l'on est frappé
d'une odeur fortement spiritueuse en entrant dans le
cellier, c'est une preuve que la température est trop
élevée.

Placer les celliers à l'écart des forges, des grandes routes, en un mot, de tout ce qui peut occasionner des commotions quelconques ; l'ébranlement occasionné par ces diverses causes, se communique à la liqueur en fermentation, la trouble, et la fait passer à l'aigre vraisemblablement en dérangeant la couche de gaz acide carbonique qui interceptait le contact de l'air.

Il faut en outre ne pas négliger de couvrir la cuve surtout vers la fin de l'opération, afin de rendre ce contact d'autant plus impossible, et de prévenir en même temps la perte de chaleur ; enfin, décuver aussitôt que la fermentation vineuse est achevée, pour ne pas donner le temps à la fermentation acide de s'établir.

Du produit de la Fermentation.

On désigne sous le nom genérique de *vin*, la liqueur qui est le résultat de la fermentation vineuse ; mais cette dénomination appartient plus spécialement au produit des moûts de fruits, et notamment de celui du raisin.

Au moment de la décuvaison, c'est-à-dire immédiatement après la fermentation tumultueuse, le vin se compose essentiellement d'alcool, d'une portion encore assez considérable de sucre non décomposé, d'un peu de levain également échappé à la décomposition, d'une grande quantité de matières tartareuses et extractives, etc.

Ces divers matériaux étant encore dans un état de combinaison fort incomplète, le vin est louche, épais, haut en couleur : on reconnaît fort aisément au goût la saveur du sucre, celle de l'alcool, du fruit, une pointe d'acide ; mais c'est surtout le principe sucré qui domine. En un mot, la liqueur n'est pour ainsi dire qu'ébauchée ; elle a besoin de subir une nouvelle élaboration qui achève de combiner ses divers principes.

C'est dans les futailles que cette combinaison a lieu : les principes fermentescibles que le vin conserve encore, réagissent bientôt les uns sur les autres sous l'influence des mêmes agens qui ont produit la fermentation tumultueuse. Il s'établit donc ici réellement une nouvelle fermentation connue sous le nom de *fermentation insensible* ou *lente* : elle est effectivement beaucoup plus tranquille que la première, parce que les principes fermentescibles ont déjà été en grande partie décomposés, et que d'ailleurs on a le soin de diminuer le concours de l'air et de la chaleur : sans cette précaution, la fermentation serait trop active ; le principe spiritueux serait décomposé en même temps que le sucre, et converti en acide.

Les phénomènes précédens se renouvellent ici, mais d'une manière beaucoup moins prononcée : il se forme beaucoup d'écume, qui sort par la bonde et que l'on a soin de remplacer avec du nouveau vin. Le principe sucré achève d'être décomposé au profit de l'alcool, dont la quantité augmente d'autant : le tartre, peu soluble dans l'eau et trop lourd pour y rester suspendu, se précipite en grande partie, et la liqueur s'éclaircit. On reconnaît par conséquent, que cette seconde période de la fermentation vineuse est achevée, lorsque le goût sucré a entièrement disparu, et que le vin, regardé au grand jour à travers un verre bien transparent, se trouve parfaitement limpide. Dans cet état, ses principes constituans sont tellement combinés, que le palais le mieux exercé ne doit plus pouvoir les distinguer isolément. Il est alors essentiel de tirer le vin au clair pour le séparer de sa lie, qui ne tarderait pas à devenir elle-même un levain de fermentation acide, surtout si l'on venait à la mouver.

Puisque la seconde fermentation est beaucoup moins active que la première, on concevra aisément qu'elle doit durer plus long-temps. Il convient même qu'elle se fasse très lentement; non seulement le vin y gagnera en qualité, mais encore, c'est le meilleur moyen de diminuer la tendance qu'il pourrait avoir à la fermentation acide. Il serait donc à désirer que dans les pays chauds, elle se fît dans des futailles de grandeurs ordinaires, au moins pour les vins médiocrement sucrés; mais, dans les climats plus froids, il serait préférable de tenir les jeunes vins dans de plus vastes vaisseaux.

Plus les vins sont sucrés et tartareux, plus ils ont besoin d'élaboration pour parvenir au degré de perfection qu'ils ne peuvent obtenir que par la décomposition de leur sucre et la précipitation de leur tartre. La fermentation lente se prolonge donc beaucoup plus pour ceux-ci, puisqu'elle ne doit cesser qu'après l'entière disparution du principe sucré, et il est par conséquent impossible d'assigner le terme de sa durée. Le vin gagne en esprit pendant tout ce temps ce qu'il perd en sucre; mais, arrivé au point où il n'y a plus de sucre à décomposer, il ne pourrait plus que perdre une portion de son alcool à travers les pores du bois, surtout si la chaleur favorisait cette évaporation.

Les distillateurs doivent donc savoir saisir ce point pour distiller leurs vins dans le moment le plus favorable. Ceux que l'on distille avant la fin de la seconde fermentation n'ont pas acquis toute leur spirituosité, et donnent d'ailleurs des eaux-de-vie empyreumatiques parce que le tartre dont ils sont chargés est très sujet à brûler. Quant à ceux que l'on destine à la bouche, comme la grande spirituosité n'est pas la qualité que l'on y recherche le plus, ils se perfectionnent beaucoup en vieillissant. Il est néanmoins des vins tellement abondans en principe sucré, que la fermentation insensible a beaucoup de peine à le détruire complétement. Il est vrai aussi qu'on l'arrête quelquefois avant qu'elle ne soit achevée si ces vins doivent rester liquoreux : ceux-ci sont beaucoup moins exposés à aigrir, parce que tant qu'il reste du sucre indécomposé, l'alcool ne peut être détruit.

La fermentation dite *lente* ou *insensible* n'est pas la seule que les vins subissent après la décuvaison : ils en éprouvent communément une nouvelle au mois de mars ou d'avril, celle-ci est plus active; il se dégage du gaz acide carbonique en assez grande quantité, et une portion de l'esprit s'évapore. Les vignerons disent alors que le vin travaille. Cette opération naturelle bonifie le vin, le rend plus agréable à boire, et complète la combinaison de ses principes constituans; mais, comme encore une fois, c'est aux dépens de l'alcool, ce qui est utile pour un vin de bouche est préjudiciable pour celui que l'on destine à la brûlerie.

Les caractères qui constituent un bon vin, ne sont donc pas les mêmes pour l'un et pour l'autre. Ce que l'on recherche spécialement dans le premier, c'est la légèreté, le moelleux; cette douceur que donne la vétusté, qualité qu'il ne faut pas confondre avec le goût sucré ; c'est enfin ce bouquet, cet arome particulier qui fait en grande partie son mérite. On préfère au contraire, pour la distillerie, celui qui est très fort en esprit, plutôt austère que moelleux, et qui est entre la seconde et la troisième fermentation. Il est inutile de rappeler ici que la fermentation insensible est inutile pour les vins provenus d'un moût très aqueux, parce que le sucre a été décomposé plus complétement ; mais les liqueurs vineuses de cette sorte, préférables pour la distillation, veulent être employées de suite et ne seraient pas de garde.

On remarque dans les vins une diversité étonnante de qualités ; diversité qui tient non moins à la matière première qu'au mode de la fabrication. Personne n'ignore en effet, que leur qualité dépend beaucoup de celle du fruit, de son degré de maturité, de la nature du sol qui l'a produit, de la température et de la saison ; en un mot, de tout ce qui peut influer en bien ou en mal sur ce même fruit. Mais, d'un autre côté, toutes circonstances égales d'ailleurs, la manière dont la fermentation a été conduite, influe prodieusement sur son produit.

D'après tout ce qui a été dit précédemment sur les agens et les phénomènes de la fermentation, il serait fort inutile d'entrer ici dans aucun détail sur l'art de faire les vins ; il suffira d'indiquer à l'article des vins de fruits, les seuls qui puissent être de quelque intérêt dans ce Manuel, les manipulations particulières à suivre pour chacun d'eux. Quant aux vins en général, bornons-nous à dire ici un mot de la manière de les conserver et de les bonifier.

Bonification et conservation des vins.

On sait déjà que la fermentation insensible est indispensable pour leur donner non-seulement toute la qualité possible, mais encore le degré de maturité nécessaire à leur conservation. On sait aussi d'un autre côté, que l'acidification est l'accident qu'ils ont le plus à redouter. Tout le secret de la bonification et de la conservation des vins, consiste donc à favoriser la fermentation insensible, et à empêcher la fermentation acide.

Pour avoir des vins de garde, il faut les décuver lorsque la réunion des signes énoncés précédemment, annonce que la fermentation tumultueuse est terminée; les transvaser dans des futailles très propres et surtout exemptes de goût d'aigre; remplir celles-ci exactement, poser le bouchon sur la bonde jusqu'à ce qu'il ne sorte plus d'écume : il faut encore avoir le soin de tenir ces futailles dans un lieu tempéré, afin que la fermentation insensible ne soit ni empêchée par le froid, ni poussée par la chaleur, et éviter de remuer les futailles tant que ce travail dure.

Lorsqu'il est achevé et que le vin est assez reposé, il faut le soutirer afin de le séparer d'un reste de levain qui se précipite et concourt à former la lie; remplir et boucher avec soin les futailles, les ranger dans une bonne cave, et attendre que la fermentation du printemps ait eu lieu.

Le vin s'étant encore dépouillé par cette opération, il est nécessaire de le dépoter encore une fois; on est même assez généralement dans l'usage de soufrer et de coller les vins fins, afin de les avoir parfaitement clairs. A cet effet, on soutire la liqueur dans une futaille que l'on a imprégnée d'acide sulfureux en y faisant brûler quelques mèches soufrées ; on bouche la futaille, on l'agite pendant quelques instans ; et, après avoir laissé reposer le vin, on colle avec cinq ou six blancs d'œufs par pièce.

Le soufrage a spécialement pour objet de détruire le principe fermentescible qui pourrait rester dans le vin, ainsi qu'une portion du principe colorant. On l'emploie surtout pour les vins blancs, et il ne leur donne pas une saveur trop prononcée lorsqu'il est exécuté avec ménagement. On ne doit jamais déplacer de jeunes vins sans les tirer au clair s'ils sont sur lie. Quoique la spirituosité ne soit pas la qualité que l'on recherche le plus dans les vins de bouche, il est bon d'observer cependant que les vins faibles ne peuvent ni se garder long-temps, ni supporter des voyages de long cours.

Phénomènes de la Fermentation des fécules.

On sait déjà que la fermentation vineuse ne peut s'exercer que sur la matière sucrée, et que les farineux, bien que plus ou moins complétement dépouillés de ce principe indispensable, sont néanmoins très propres à être convertis en alcool après avoir préalablement subi une première décomposition par suite de laquelle leur fécule se trouve décomposée et changée en principe sucré. Voyons les phénomènes particuliers qui se passent pendant cette opération de la saccharification, soit par le malt, soit par l'acide sulfurique, et jetons auparavant un coup d'œil sur ceux des matériaux constituans des végétaux en question, qui jouent un rôle essentiel dans la fermentation.

Tous les végétaux farineux contiennent d'abord de la fécule, que l'on sait être une substance blanche, légère, analogue à l'amidon, insoluble dans l'eau froide, mais soluble à chaud. Plusieurs contiennent en outre du gluten, substance visqueuse, tenace, à demi-transparente, ayant quelque analogie avec la gélatine animale, et également insoluble dans l'eau froide. Celle-ci ne joue dans la fermentation qu'un rôle secondaire, celui de décomposer la fécule.

Quand l'on met tremper le grain destiné à la préparation du malt, l'eau le ramollit, le gonfle, le pénètre, en écarte les molécules, isole la fécule, et la présente déjà préparée à l'action de l'agent qui doit en achever la décomposition. Dans cet état, le grain est porté au germoir et mis en tas : là il s'échauffe progressivement, le peu de sucre qu'il contient, mis en jeu par le concours simultané de la chaleur et de l'humidité, entre en fermentation ; il se forme un peu d'acide qui dissout le gluten. Celui-ci attaque à son tour la fécule qui se trouve déjà sinon tout-à-fait dissoute, du moins considérablement ramollie et très divisée ; il la décompose, la convertit en matière sucrée : la fermentation acquiert plus d'intensité à mesure que la saccharification s'opère, et toute la fécule serait promptement décomposée si l'on n'arrêtait brusquement la fermentation en portant le grain au séchoir, et de là au moulin.

Le grain, ainsi préparé, a changé de nature. Il est devenu plus léger, plus volumineux, à demi transparent, d'une saveur douce bien prononcée ; il contient beaucoup plus de sucre, moins de fécule et très peu ou même point de gluten. Il a enfin acquis la propriété d'entrer promptement en fermentation, et il peut communiquer cette propriété à toute espèce de farine.

Si on le mélange avec une certaine quantité de grain cru et écrasé, le sucre du malt entre en fermentation, le gluten du grain cru, dissous et décomposé, agit sur la fécule et la saccharifie. Avant que cette opération soit achevée, le ferment, qui se trouve naturellement ou accidentellement dans la liqueur, attaque à son tour le sucre et le convertit en alcool ; mais une portion plus ou moins grande de celui-ci est décomposée et transformée en acide ; en sorte que, dans ce cas, la saccharification, la fermentation vineuse et la fermentation acide marchent ensemble, mais dans des proportions inégales.

Les choses se passent à peu près de même quand l'on opère sur du grain cru sans mélange de malt ; la fermentation se développe il est vrai plus lentement, à moins que l'on ne lui donne un excitant artificiel, parce qu'elle n'a d'abord pour aliment que la très petite quantité de matière sucrée que possède le grain en lui-même : mais comme il y a formation d'acide dès le commencement de l'opération, le gluten, décomposé et dissous, décompose à son tour la fécule, et la fermentation marche plus rapidement à mesure que la quantité de fécule non convertie diminue. Néanmoins, toutes choses égales d'ailleurs, la fermentation du grain pur sans addition de malt marche plus lentement ; il se forme donc plus d'acide acétique, et par conséquent moins d'alcool que par le premier procédé.

La pomme de terre contient beaucoup de fécule enveloppée dans un parenchyme inerte, sans apparence de gluten. Cette fécule, convenablement ramollie par le concours de l'eau et de la chaleur, et mise en contact avec le malt comme on l'a vu dans un des articles précédens, se trouve également décomposée par lui. Quand on la traite par l'acide sulfurique, toujours avec le concours de la chaleur et de l'humidité, elle est d'abord liquéfiée par l'acide, puis décomposée et convertie complétement en sucre si l'opération a été bien conduite; la fermentation s'établit ensuite comme dans toute autre liqueur sucrée, et donne lieu aux mêmes phénomènes. Il est bon de remarquer que la fécule ne contenant pas de sucre par elle-même, ne pourrait être mise en fermentation sans avoir été saccharifiée; et qu'il faut pour cela la traiter à l'eau chaude, sans quoi elle ne se dissoudrait pas et échapperait à l'action des agens destinés à la décomposer.

Phénomènes de la Fermentation acide.

La fermentation acide étant le dernier degré de la fermentation vineuse, la continuité des causes de la première détermine la seconde: mais elles diffèrent essentiellement l'une de l'autre par leurs résultats, puisque le sucre est l'aliment de l'une, tandis que le produit le plus précieux de celle-ci, l'alcool, est détruit dans la seconde.

Une différence non moins essentielle existe dans les conditions de ces deux décompositions; l'air n'est utile à la fermentation vineuse que pour la mettre en train, et le maximum de chaleur dont elle a besoin, est fixé à 3o degrés de Réaumur. La fermentation acide au contraire ne marche bien qu'avec le concours continu de l'air et d'une température supérieure à 3o de-

grés : elle s'établit pourtant, mais plus lentement sous une température inférieure, quand
du reste elle est favorisée par d'autres circonstances, telles que le contact de l'air ou la surabondance de levain fermentescible.

Le vin nouveau contenant, outre ses principes constituans, une portion encore considérable de ce levain non décomposé ; celui-ci,
favorisé par le concours des autres agens de la
fermentation acide, et ne trouvant plus qu'une
petite quantité de sucre échappé lui-même à la
décomposition, se porte sur l'alcool, le décompose, le transforme en acide ; les premières portions formées faisant à leur tour l'office de levain,
la décomposition de l'alcool marche rapidement
jusqu'à ce qu'il ait entièrement disparu ou que
l'on vienne à supprimer l'une des deux causes
principales de sa transformation, l'air ou la
chaleur.

Les vins nouveaux qui n'ont pas été dépouillés
par les soutirages successifs, de leur levain sur-
abondant, en contiennent assez pour passer
promptement à la fermentation acide. Il suffit
pour cela de les placer sous l'influence des deux
agens ci-dessus nommés. L'acidification s'établit
beaucoup plus lentement dans les vins faits qui
ont été dépouillés par la fermentation insensible
et par le soutirage : il faudra donc si l'on veut
convertir en vinaigre des vins faits, y ajouter
une portion suffisante de levain artificiel ; sans
quoi il serait à craindre que l'acidification ne se
fît que très imparfaitement malgré le concours
de l'air et de la chaleur. Les liqueurs fermentées
qui retiendront un excès de levain seront par
conséquent le plus disposées à la fermentation
acide.

La promptitude de cette fermentation est subordonnée aux quantités respectives de levain ou ferment, et de substance à décomposer que contient la liqueur : or, comme cette substance est l'alcool, les vins faibles et légers qui en contiennent moins, tourneront plus promptement à l'aigre que les vins généreux. Ceux-ci, par une conséquence du même principe, produiront des vinaigres plus forts et plus propres à se conserver, parce que l'acide joue dans la conservation du vinaigre le même rôle que l'alcool dans celle du vin.

La fermentation acide présente des phénomènes analogues à ceux de la fermentation vineuse. Ainsi, dans l'une comme dans l'autre, il y a dégagement de gaz acide carbonique accompagné de chaleur et de bouillonnement, mais pas avec la même intensité dans les deux. La liqueur se trouble, devient écumeuse ; à mesure que l'alcool est décomposé dans la fermentation acide, l'odeur spiritueuse est remplacée par un parfum particulier ; et l'on juge que la fermentation est terminée, lorsque la liqueur cesse de frémir, qu'elle s'est éclaircie, et que l'odeur spiritueuse a entièrement disparu. Il se précipite pendant cette fermentation, une quantité assez considérable de matière floconneuse et muqueuse que les vinaigriers nomment *mère de vinaigre*, et qui est un excellent levain de fermentation acide.

Dans cet état, la fermentation s'arrête d'elle-même parce qu'elle est arrivée à son dernier terme. Au-delà de ce terme serait la putréfaction, si l'acide venait à être décomposé à son tour ; mais cette décomposition est moins aisée que celle de l'alcool, puisque cet acide a non-seulement la propriété de préserver de la corruption la liqueur qui le contient, mais encore de la rendre propre à en garantir les matières les plus putréfiables.

La fermentation acide peut être, comme la fermentation vineuse, troublée par plusieurs causes. A la vérité, loin de redouter l'air, elle n'en a jamais trop; mais, de même que la fermentation vineuse se ferait mal ou même pas du tout au-dessous de dix à douze degrés Réaumur, ni au-dessus de trente, de même aussi celle du vinaigre se ferait mal au-dessus de quarante ou cinquante degrés, et cesserait tout-à-fait si l'on baissait la température de beaucoup au-dessous de trente. Plusieurs autres causes signalées plus haut comme contraires à la fermentation vineuse, peuvent aussi contrarier celle-ci.

La fermentation acide accompagne toujours la fermentation vineuse, car les meilleurs vins contiennent plus ou moins d'acide, formé comme on le sait déjà, aux dépens d'une petite portion d'alcool : c'est là une des causes qui font que les liqueurs fermentées ne rendent jamais les quantités d'esprit qu'elles semblaient, en théorie, devoir fournir.

C'est donc un point essentiel dans l'art de faire les vins, que de chercher à diminuer cette production d'acide, qui, non-seulement cause un notable déchet, mais encore nuit tout à la fois à la qualité du vin si on le boit en nature, et à celle de l'eau-de-vie si on le distille. L'un des meilleurs moyens est de faire marcher la fermentation vineuse rapidement. On trouvera les autres dans l'observance des principes posés dans les articles précédens.

Lorsque l'on veut au contraire faire passer

une liqueur à la fermentation acide, il faut
1°. l'exposer à l'air libre ; 2°. élever la température
à un degré supérieur au maximum de celle
qui est nécessaire pour la fermentation vineuse ;
3°. lui associer un levain qui rétablisse promptement
ment la fermentation interrompue, quand la liqueur
queur ne porte pas elle-même ce levain. Il y aurait
rait un très bon moyen de disposer le vin à l'acidification ;
dification ; ce serait de le verser de très haut, à
plusieurs reprises, ou de l'agiter fortement dans
des vaisseaux découverts, afin de présenter au
contact de l'air le plus de surface possible.

Le raisin est de tous les végétaux fermentescibles,
cibles, celui qui est le moins disposé à la fermentation
mentation acide ; mais, quand on est parvenu à
l'y amener, c'est lui qui donne les meilleurs
vinaigres.

Fabrication du Vinaigre.

Tout l'art des vinaigriers consiste à employer
les meilleurs moyens d'obtenir la décomposition
de l'alcool, le plus promptement et le plus complétement
plétement possible. Il existe pour cela beaucoup
de procédés différens : Voici celui qui m'a paru
le plus expéditif et le moins embarrassant.

On dispose dans un lieu convenable, un certain
tain nombre de tonneaux ayant déjà contenu
soit du vinaigre, soit du très bon vin. On verse
dans chacun quelques pintes de vinaigre concentré
centré par l'évaporation et bouillant : on bouche
les futailles, et on les agite pendant quelques
instans pour qu'elles s'imprègnent bien de vinaigre ;
naigre ; on verse alors dans chacune un tiers de
sa contenance du vin destiné à l'opération : on
agite de nouveau avant d'ajouter un second tiers ;

et après avoir bien secoué les barriques une troisième fois, on les débouche et on les laisse tran-
quilles.

La fermentation acide, sollicitée par le vinaigre bouillant qui fait l'office de levain, et favorisée par le contact de l'air qui occupe le tiers
vide dans les futailles, ainsi que par une température atmosphérique que l'on a soin d'entretenir toujours à trente degrés au moins, trente-
six ou quarante selon la qualité du vin et la
capacité des vaisseaux ; cette fermentation, dis-
je, ne tarde pas à s'établir, et dure plus ou
moins selon la manière dont elle aura été conduite, et selon la qualité plus ou moins spiritueuse du vin.

Les vins destinés au vinaigre doivent être
choisis, autant que possible, entre la seconde
et la troisième fermentation : plus tôt, ils n'auraient pas acquis par la fermentation insensible
toute la spirituosité dont ils sont susceptibles ;
plus tard, ils en auraient déjà perdu une partie,
et l'on sait déjà que les vins les plus spiritueux
donnent le meilleur vinaigre. D'un autre côté,
on se rappelle que les jeunes vins passent plus
facilement à la fermentation acide que les vieux,
à qui il faut presque toujours ajouter un levain
artificiel.

Les vins faibles tournent il est vrai très facilement, mais donnent un vinaigre très médiocre.
On peut lui donner plus de qualité en faisant
fermenter ces vins sur du marc de vendange que
l'on aura arrosé lui-même un ou deux jours auparavant avec quelques pintes de vinaigre chaud ;
ou bien en suppléant, au moyen d'un peu d'eau-
de-vie, à la force qui leur manque.

On peut se procurer des vinaigres de Chypre,

d'Alicante, et de tel autre pays que l'on juge à propos, en préparant *une mère*. Pour cela, prenez une futaille qui ait contenu l'un ou l'autre de ces vins, et passez-y un peu de vinaigre chaud comme ci-dessus; au bout de quelques jours, versez-y le tiers de sa contenance du même vin très chaud sans avoir bouilli, et ajoutez-y, surtout si le vin est encore sucré, un peu du levain décrit précédemment, ou de tel autre qui ne puisse donner aucun mauvais goût.

Lorsque cette liqueur aura acquis toute l'acidité possible, vous remplirez la futaille aux deux tiers avec du bon vin ordinaire, en choisissant autant que possible celui qui se rapprochera le plus par sa nature, de celui qui a servi à former la *mère*; et laissez aigrir.

Quand l'on a une quantité quelconque de bon vinaigre il est très facile de l'entretenir; il suffit pour cela de le tenir dans un endroit chaud, et d'y ajouter du vin à mesure que l'on tire du vinaigre, en ayant soin néanmoins de ne pas trop épuiser les tonneaux, et de donner au vin, que l'on ajoute successivement, le temps de s'acidifier avant de reprendre du vinaigre.

Il n'en est pas des locaux destinés à la fabrication du vinaigre, comme des celliers pour la fermentation des vins. Les premiers ne craignent pas l'ardeur du soleil, et le voisignage des causes qui peuvent occasionner dans la liqueur un ébranlement continu ne saurait qu'être avantageux, puisque cet ébranlement a été mis au nombre des causes qui font tourner les vins.

Les vinaigres de table se fabriquent le plus ordinairement avec des vins blancs, parce que ces vins sont moins chers, plus propres à cet usage, et que l'on préfère un vinaigre blanc à celui qui est coloré : mais on peut décolorer entièrement le vinaigre le plus foncé, en y délayant une à deux onces de charbon animal en poudre, par pinte, et filtrant au papier gris, opération que l'on répétera autant de fois qu'il sera nécessaire si la première ne suffit pas. On obtient à peu près le même résultat en mélangeant avec le vinaigre bouillant un peu de lait, qui, en se coagulant, enveloppe les matières colorantes. L'autre procédé est préférable.

Quelle que soit la qualité du vinaigre, on peut augmenter beaucoup sa force en le concentrant par la gelée, soit naturellement, soit en le plongeant dans le mélange de deux parties de glace pilée contre une de sel de cuisine. La partie purement aqueuse se congelant seule à cette température, on rejetera les glaçons comme absolument inutiles, et l'on ne conservera que la partie fluide.

On peut encore obtenir le même résultat par l'évaporation ; à cet effet, on fait chauffer le vinaigre dans une large terrine de grès découverte, jusqu'à ce qu'on le juge suffisamment réduit : la partie flegmatique se volatilise comme la plus légère, et la partie restée dans la terrine devient d'autant plus acide que l'on fait évaporer davantage d'eau. Il ne faut pas laisser bouillir parce que le principe acide finirait lui-même par se volatiliser ; la méthode précédente est préférable à celle-ci toutes les fois que l'on peut l'employer.

En entrant ici dans quelques détails sur les conditions, les phénomènes et les produits de la fermentation, je n'ai eu en vue que de guider dans leurs opérations, les personnes qui voudront s'occuper de la fabrication des vins de

fruits, partie non moins intéressante que cell
des ratafias avec lesquels ils ont tant d'analogie, e
de la préparation des vinaigres de table, qui n'es
pas étrangère à l'art du liquoriste. Celles qui vou
dront avoir sur la vinification en général, et su
la fabrication en grand des eaux-de-vie, des ren
seignemens plus étendus, les trouveront dans le
ouvrages déjà cités et dans ceux de M. le comt
Chaptal.

DEUXIÈME PARTIE.

CHAPITRE VII.

DES LOCALITÉS ET DES INSTRUMENS DU LIQUORISTE.

Du Laboratoire et de ses Dépendances.

L'EMPLACEMENT nécessaire aux divers travaux du liquoriste se divise en trois parties principales et essentielles : le laboratoire, le magasin et la cave.

Le laboratoire doit être spacieux, afin que le service puisse s'y faire avec aisance et sans embarras ; plus long que large ; isolé autant que possible de tous les édifices, afin de pouvoir circonscrire le feu en cas d'incendie ; situé au rez-de-chaussée, de plein-pied avec la rue ou avec une cour charretière ; pavé en grès, ou carrelé en pierres de liais, ce qui vaut infiniment mieux sous tous les rapports ; voûté ou plafonné ; suffisamment élevé pour que l'air n'y soit pas étouffé, et pour que les flammes n'atteignent que difficilement le plafond en cas d'accident ; enfin bien aéré et parfaitement éclairé.

Comme il est essentiel d'avoir toujours à sa disposition la quantité d'eau nécessaire pour rafraîchir les appareils, laver les ustensiles et le pavé du laboratoire ; s'opposer sur-le-champ aux progrès d'un incendie, et pour une foule d'autres

usages; il est indispensable de placer le laboratoire dans le voisinage d'un puits, d'où l'on
puisse, sans sortir, faire arriver l'eau partout où
le besoin sera, au moyen d'une pompe et de
tuyaux de distribution.

Ce local doit n'offrir que les quatre murailles
nues; réunir tous les ustensiles nécessaires au
service, mais ne contenir ni marchandises fabriquées, ni matières premières : celles-ci seront
déposées dans des pièces voisines ainsi que le
combustible.

Contre l'une des murailles du laboratoire sera
adossée une vaste hotte de cheminée sous laquelle seront, le fourneau distillatoire garni de
un ou plusieurs alambics, selon l'étendue des
travaux, et un autre fourneau pour les bassines, chaudières, etc., destinées à divers usages.
Ce fourneau contiendra, outre plusieurs foyers
ronds de diverses grandeurs, un foyer oblong pour
le grillage du cacao et du café : celui-ci portera
à ses extrémités deux supports pour le cylindre,
et sera garni d'un recouvrement demi-cylindri-
que en tôle, semblable à celui qui garnit les
brûloirs portatifs des épiciers et des limonadiers.
Il faut, autant que possible, que les deux fourneaux soient séparés par un espace de deux ou
trois pieds pour la commodité du service.

Les parois de la hotte et le dessus du manteau
seront garnis de crémaillères, de rateliers et de
crosses pour accrocher tous les ustensiles à feu,
les poêlons, bassines, etc. : les autres trouveront leur place dans les diverses parties du laboratoire, selon l'usage auquel ils sont affectés.
Contre le mur faisant face à la cheminée, et sur
l'un des côtés en équerre, pourront être adossés
une longue table en bois de chêne, solide et

assise d'aplomb ; l'appareil à filtrer ; la presse, un vaste cuvier en bois de chêne cerclé en fer pour les mélanges. Il sera bon que le quatrième côté et le milieu restent libres.

L'ordre le plus parfait et une grande propreté doivent régner dans toutes les parties d'un laboratoire, et dans les moindres opérations d'un liquoriste : sans ordre, la confusion entraverait à chaque instant le service ; les ustensiles se dégraderaient très promptement ; les opérations les plus simples seraient souvent manquées faute d'avoir sous la main, à l'instant même du besoin, les objets nécessaires. Sans la propreté, on serait assailli par des nuées de mouches ; les substances les mieux choisies ne donneraient souvent que des produits très médiocres ; en un mot, sans l'ordre et la propreté, on compromettrait infailliblement sa fortune et sa réputation.

Il est donc plus nécessaire que l'on ne le pense d'assigner à chaque objet la place qu'il doit occuper habituellement ; de l'y mettre chaque fois que l'on s'en est servi ; de rincer et récurer chaque soir tous les ustensiles qui ont servi dans la journée, si les besoins du service n'ont pas permis de le faire immédiatement ; de les entretenir dans le meilleur état possible ; de visiter souvent les alambics pour voir s'ils n'ont pas besoin de réparation ; de laver fréquemment les diverses parties du laboratoire ; de n'y laisser séjourner aucune matière susceptible d'attirer les mouches et d'engendrer la malpropreté ; d'en faire écouler les eaux au moyen d'une rigole qui le traverserait dans toute sa longueur ; de dégorger fréquemment les tuyaux par où passe la fumée, etc.

Le laboratoire doit être pourvu de pesons et

balances ; et il est bon d'avoir une étuve dans son voisinage, quoique cette pièce ne soit pas absolument nécessaire pour la fabrication proprement dite des liqueurs.

Le magasin doit se trouver, autant que possible, de plein pied avec le laboratoire, sans que le feu pût cependant se communiquer de cette pièce dans la première. Il serait à désirer qu'il fût carrelé et plafonné comme le laboratoire ; mais, comme il est essentiel qu'il ne soit pas humide, il est ordinairement planchéié.

Le pourtour de cette pièce est garni de tonnes de liqueurs confectionnées et toutes prêtes à être livrées à la consommation : ces tonnes sont posées à demeure et debout sur deux solives ou chantiers, et garnies d'un robinet ; on les remplit par le haut. Au-dessus sont placés plusieurs étages de tablettes sur lesquelles sont rangés graduellement, selon l'ordre de leur grandeur, des barils, dames-jeanne, bocaux, flacons et autres vases de même nature ; de même que dans une bibliothèque bien ordonnée, les in-folio sont placés dans le bas, et les petits formats dans les étages supérieurs. Les essences, la vanille, et tous les objets qui demandent à être serrés particulièrement sont enfermés dans des armoires. On place dans le milieu une grande table, ou des tables de décharge sur l'un des côtés.

L'ordre et la propreté ne sont pas moins utiles dans le magasin que dans le laboratoire : cette pièce étant uniquement destinée à servir d'entrepôt aux liqueurs fabriquées, en attendant qu'elles soient employées, ne doit pas contenir autre chose. Il doit être à l'abri des grands froids, des fortes chaleurs, et disposé de manière à ce que l'on puisse l'aérer et l'éclairer à volonté :

il faut néanmoins éviter d'y faire du feu, tant pour ne pas exposer les liqueurs à *travailler*, qu'afin d'écarter, autant que faire se peut, la possibilité d'un incendie.

Enfin il est à remarquer que le bruit de la rue et le voisinage des ateliers à marteau excite dans les liqueurs des oscillations qui remuent leur lie quand elles en ont, et troublent leur limpidité ; d'ailleurs l'ébranlement est souvent assez fort pour faire entrechoquer et casser les flacons. Le magasin serait donc plus convenablement placé dans le fond d'une cour que sur la rue : cette pièce n'a rien de commun avec la boutique où se fait le détail, ni avec les magasins qui renferment les matières premières.

Quant à la cave, je ne saurais mieux faire que de transcrire ici, à peu de chose près, la description qu'en donne M. le comte Chaptal dans son Traité de la Vinification. La meilleure cave, dit ce savant, est sans contredit celle où le thermomètre de Réaumur se maintient toujours aux environs de dix degrés. Plus la température d'une cave s'éloigne de ce point, moins elle est bonne : voilà la véritable pierre de touche et la condition par excellence.

Une cave doit avoir la profondeur de seize pieds environ ; la voûte sous la clef aura douze pieds de hauteur, et toute la voûte sera chargée de quatre pieds de terre ; quant à la longueur, elle est indéfinie. L'expérience, dit M. Chaptal, m'a appris que de telles caves sont excellentes, lorsque les autres circonstances s'y rencontrent ; si elles sont plus profondes, elles n'en vaudront que mieux.

Ces circonstances sont l'ouverture ou entrée, les soupiraux, et la position de la cave.

L'entrée doit être placée dans la maison, et garnie de deux portes, l'une en haut de l'escalier, l'autre en bas. Si l'entrée est hors de la maison, il faut absolument qu'elle soit tournée au nord, et la porte intérieure séparée de l'extérieure par une longue galerie.

C'est la plus grande de toutes les maladresses de faire les soupiraux assez grands pour que l'on y voie, pour ainsi dire, autant dans une cave que dans une chambre. L'action de l'air étant toujours en raison de leur nombre et de leur grandeur, il ne faut pas les multiplier sans nécessité, et ne leur donner que l'ouverture nécessaire pour assainir la cave sans l'éclairer. Il faut même, à mesure que la chaleur de l'atmosphère monte au-dessus de 8 ou 10 degrés, fermer successivement presque tous les soupiraux, parce que l'air de la cave tend à se mettre en équilibre avec celui du dehors. Il convient au contraire de les ouvrir à mesure que la température diminue, excepté cependant lorsqu'elle baisse de plusieurs degrés au-dessous de huit, parce que le froid entrerait alors dans la cave.

Les caves placées à toute autre exposition que le nord ou le levant sont détestables. Une cave ne saurait être trop sèche. L'humidité pourrit les cerceaux et fait éclater les futailles ; d'ailleurs elle pénètre insensiblement le bois, et communique à la longue un goût de moisi. J'ai parlé plus haut, et j'aurai occasion de parler encore du mal que les secousses multipliées font aux vins et à toutes les liqueurs susceptibles de se troubler ou de passer à la fermentation acide : c'est donc surtout dans le choix d'une cave qu'il faut éviter le fracas des voitures et celui des ouvriers à marteaux.

Des Ustensiles du liquoriste.

Il est inutile de dire ici que le laboratoire d'un liquoriste doit être abondamment pourvu de poêlons à bec et autres, écumoires, cuillers creuses, terrines et cruches de grès de diverses grandeurs ; dames-jeanne, flacons et bouteilles de verre empaillées et nues ; balances et poids assortis ; mesures métriques en étain étalonnées, pour le mesurage des liquides ; entonnoirs en fer-blanc et en verre ; pèse-liqueurs et thermomètres ; mortiers de diverses sortes et dimensions ; et une foule d'autres ustensiles communs à plusieurs professions. Ceux qui appartiennent le plus spécialement à celle-ci sont :

Des bassines en cuivre rouge de plusieurs dimensions. Ces vaisseaux étant le plus souvent destinés à faire réduire des sirops, doivent être plus larges que profonds afin d'offrir une plus grande surface évaporatoire ; le fond en est bombé et presque sphérique, tant pour présenter plus de surface à la chaleur que pour éviter les parties rentrantes où les matières pourraient s'attacher et brûler.

Une ou deux chaudières à demeure, enclavées dans le fourneau, et nécessaires à divers usages.

Quelques alambics *portatifs*, dont un ou deux en verre pour les distillations au bain de sable.

Un petit *alambic de Descroisilles* ; cet instrument qui permet de distiller de très petites quantités (trois à quatre décilitres), et en quelques minutes, est extrêmement commode pour les essais : on peut se le procurer à Paris chez l'auteur, rue Neuve-des-Bons-Enfans, n°. 7.

Un cylindre pour torréfier le café et le cacao ; cet appareil est infiniment plus commode que la poêle, en ce que les grains s'y grillent d'une manière beaucoup plus uniforme.

Un ou deux *mortiers de pierre* avec leur pilon en bois; un mortier en fonte pour les substances dures, et pour concasser le cacao; on le recouvre au besoin d'une sorte de poche en peau percée dans le fond pour laisser passer le corps du pilon, autour duquel on l'attache; quelques mortiers portatifs, dont un en verre ou en porcelaine pour broyer les substances qui attaqueraient le cuivre ou le marbre.

Un *moulin à café*.

Des tamis de diverses sortes et dimensions, pour passer les liquides; deux autres tamis couverts, dont l'un en soie et l'autre en crin, pour tamiser les poudres.

Un assortiment de spatules plates et rondes pour remuer les mélanges. On les fait de préférence en buis ou en chêne, parce que des spatules d'une certaine grosseur en métal ne seraient pas maniables.

Des *vases de grès* munis de leur couvercle, pour certaines infusions qui se détérioreraient dans l'étain, telles que celles de violette et d'œillet.

Quelques *matras* de diverses grandeurs pour certaines digestions qui ne demandent pas de très grands vases. (Le matras est un ballon de verre surmonté d'un long col; on le place au bain de sable si la digestion doit se faire à chaud, sinon on le pose sur un rond de paille.)

Un *siphon* à pompe pour dépoter les liqueurs en tonnes; et plusieurs autres plus petits, soit en verre, soit en fer-blanc, pour les petites opérations.

Des *entonnoirs* à couvercle fermant hermétiquement. Les plus grands sont en cuivre étamé ou en fer-blanc; on en fait aussi en verre qui ont à peu près la forme d'un compotier.

Un ample assortiment *de chausses* de toutes natures et dimensions.

La chausse est, comme tout le monde le sait, une sorte de poche de drap ou autre étoffe de laine, terminée en pointe, qui sert à passer les liqueurs. Le bord est monté sur un cercle de fil de fer ou d'osier afin de la tenir ouverte; ce bord lui-même est garni de cordons qui servent à la suspendre quand elle est pleine; ou mieux encore, de petits anneaux que l'on accroche dans l'intérieur d'un vaste entonnoir à couvercle, afin de prévenir les effets du contact de l'air et l'évaporation. Ces entonnoirs sont ordinairement en cuivre étamé, munis d'une tige très courte et d'un robinet qui s'ouvre et se ferme à volonté; on les suspend au-dessus du vase destiné à recevoir la liqueur, ou on les pose sur une cruche couverte d'un bouchon percé d'un trou pour recevoir la tige de l'entonnoir.

Dans les grands établissemens on se sert d'un appareil beaucoup plus expéditif : il consiste en un certain nombre de caisses assises sur un fort bâtis de menuiserie. Ces caisses, formées de panneaux minces de bois de chêne très sec, solidement joints entre eux et recouverts d'une forte couche de peinture à l'huile, sont doublées intérieurement d'une feuille de cuivre et garnies d'un couvercle à charnière; le fond forme un plan incliné en avant, et il y a au niveau de ce fond, une ouverture garnie d'une gouttière en cuivre : on suspend dans chaque caisse un panier carré qui porte une chausse de même forme.

Non seulement il faut avoir des chausses appropriées à la consistance des liqueurs à filtrer ; mais encore il faut les avoir en assez grand nombre pour ne jamais se servir, même après l'avoir parfaitement rincée, de la même chausse pour deux liqueurs d'odeurs et de couleurs tout-à-fait différentes.

Les liquoristes sont souvent obligés d'exprimer plus fortement que l'on ne pourrait le faire à la main, des substances qui ne rendraient que difficilement les parties fluides qu'elles retiennent. On les enferme alors dans une forte toile ou dans un tissu de crin, et on les soumet à *la presse*.

Enfin les liquoristes doivent avoir, selon l'étendue de leur fabrication, un grand nombre de tonnes et barils en bois de chêne cerclés en fer, et recouverts de plusieurs couches de peinture à l'huile, tant pour les garantir des vers et des effets de l'humidité, que pour prévenir toute espèce d'évaporation à travers les pores du bois. Les liqueurs se bonifient et se conservent infiniment mieux dans ces vaisseaux que partout ailleurs : la peinture et le vernis qui les recouvrent ne sont donc point un ornement inutile.

CHAPITRE VIII.

DU CHOIX DES MATIÈRES PREMIÈRES.

Des Eaux-de-vie.

Il est de la dernière importance de bien choisir, tant sous le rapport du titre que sous celui de leurs autres qualités, les eaux-de-vie destinées à la fabrication des liqueurs, puisque ce sont elles qui en forment la base essentielle et indispensable.

On entend par *titre* le degré de force des spiritueux : ce degré peut varier dans une échelle assez étendue ; mais l'on se borne généralement à fabriquer pour le commerce, des eaux-de-vie de dix-huit à dix-neuf degrés, dites *preuve de Hollande* ; et des eaux-de-vie de vingt-deux à vingt-trois, dites *preuve d'huile*, parce que une goutte d'huile versée d'un peu haut sur de l'eau-de-vie à ce titre tombe au fond du vase.

Tout ce qui passe ce titre est considéré comme eaux-de-vie doubles, jusqu'à vingt-huit degrés, et comme esprits, de vingt-huit degrés et au-delà ; encore est-on dans l'usage de ne point faire d'eaux-de-vie à vingt-deux degrés pleins, parce que les droits d'octroi s'élèvent tout de suite de quarante-trois à soixante-onze francs pour les eaux-de-vie de vingt-deux à vingt-huit degrés ; en sorte que celles que l'on destine à être bues en nature, n'ont pas plus de vingt-un degrés 3/4 ;

c'est là le titre des meilleures eaux-de-vie de Cognac.

Le titre des esprits s'évalue de la même manière que celui des eaux-de-vie, mais on l'exprime dans le langage du commerce, par une
fraction qui indique la quantité d'eau nécessaire
pour convertir une quantité donnée d'esprit à ce
titre, en eau-de-vie preuve de Hollande.

Ainsi, le 5/6 est de l'esprit auquel il faut
ajouter un sixième d'eau pour le réduire à dix-
huit degrés, il équivaut à vingt-deux fort : le 3/6
demande l'addition de trois sixièmes ou moitié.
Cet esprit, le seul usité dans le commerce, marque ordinairement trente-trois degrés ; tantôt un
peu plus, tantôt un peu moins.

Le titre des eaux-de-vie et esprits se mesure
avec beaucoup d'exactitude au moyen de l'aréomètre ou pèse-liqueur de *Cartier*, adopté par
l'administration des contributions indirectes et
presque généralement par le commerce. Cet instrument, connu de toutes les personnes qui
spéculent directement ou indirectement sur les
spiritueux, n'a pas besoin d'être décrit ici en
détail.

Il suffira de rappeler qu'il se compose d'une
boule de verre creuse renfermant un peu de
mercure qui sert de lest à l'instrument, et sur-
montée d'une tige aussi de verre et creuse, dans
laquelle est enfermée une échelle graduée. Le
lest est calculé de manière à ce que l'instrument
étant plongé dans l'eau pure, n'en déplace qu'un
très petit volume et n'y enfonce que jusqu'à la
naissance de la tige ; ce point qui sert de base à
l'échelle, est marqué par dix degrés : si on le
plonge ensuite dans un liquide beaucoup plus
léger que le premier, dans de l'alcool le plus pur

que l'on soit parvenu à obtenir, l'instrument
ayant beaucoup moins de peine à le déplacer, y
enfoncera presque jusqu'au haut de la tige. Ce
point qui est le plus élevé de l'échelle est marqué
par quarante-deux, et l'espace intermédiaire entre celui-ci et celui d'en-bas, est partagé en
trente-deux portions égales.

En sorte que toutes les fois qu'on plongera le
pèse-liqueur dans un liquide spiritueux, c'est-à-
dire dans un mélange d'eau et d'alcool pur, il y
enfoncera d'autant plus que la pesanteur spécifique du mélange comparée à celle de l'eau, sera
moins considérable. Or, comme la pesanteur
spécifique de l'esprit à quarante-deux par exemple est à celle de l'eau comme sept cent quatre-
vingt-douze est à mille, il s'ensuit que plus la liqueur contiendra d'esprit pur, plus elle marquera un degré élevé sur l'échelle de l'aréomètre,
parce qu'elle sera en même temps spécifique-
ment plus légère.

On entend par pesanteur spécifique d'un liquide ou de tout autre corps, la pesanteur comparée au volume : ou autrement, le poids d'un
volume donné de ce corps, comparé à celui d'un
égal volume d'un corps de nature différente. Par
conséquent, la pesanteur spécifique d'un corps
est plus grande que celle d'un autre, lorsque
sous un même volume il pèse plus que lui.

Ainsi lorsque l'on dit que la pesanteur spéci-
fique de l'esprit $\frac{1}{6}$ est à celle de l'eau dans la proportion de huit cent quarante à mille, cela signi-
fie qu'un litre ou un décimètre cube d'eau pesant
mille grammes, un litre ou un décimètre de cet
esprit n'en pèse que huit cent quarante.

La connaissance de la pesanteur spécifique est
le seul moyen de découvrir la quantité réelle

d'esprit contenue dans un mélange d'esprit et d'eau ; il suffit pour cela de multiplier le nombre mille, valeur en centimètres cubes du litre d'eau, par la différence entre la pesanteur spécifique du litre de mélange à éprouver, avec le litre d'eau, et de diviser le produit par la différence entre la pesanteur spécifique du litre d'esprit pur, comme point de comparaison, et celle d'un pareil volume d'eau.

Supposant donc que l'on veuille savoir combien d'esprit contient un mélange marquant seize degrés au pèse-liqueur, sachant que la pesanteur spécifique de ce mélange est comme neuf cent cinquante-huit est à mille, on multipliera mille par mille moins neuf cent cinquante-huit, c'est-à-dire par quarante-deux ; on divisera le produit quarante-deux mille par mille moins sept cent quatre-ving-douze, ou deux cent huit ; et le quotient 201 $\frac{192}{208}$, indiquera qu'un litre d'eau-de-vie à seize degrés contient un peu moins de deux cent deux centimètres cubes, ou centilitres d'esprit à quarante degrés, et un peu plus de sept cent quatre-vingt-dix-huit centilitres d'eau.

Si l'on veut maintenant évaluer au poids cette quantité d'alcool, sachant que le litre d'eau vaut mille centimètres et pèse un kilogramme ou mille grammes, on comprendra aisément que les sept cent quatre-vingt-dix-huit centimètres d'eau trouvés, pèsent sept cent quatre-vingt-dix-huit grammes ; or soustrayant cette quantité de neuf cent cinquante-huit, poids total du litre de mélange, on aura cent soixante grammes, pour le poids de l'esprit à quarante-deux degrés, qu'il contient.

Ces calculs sont extrêmement faciles pour les personnes munies du pèse-liqueur comparatif à pesanteur spécifique; mais il n'en serait pas de même pour les personnes privées de cet instrument, si elles ne trouvaient ci-après un tableau destiné à en tenir lieu.

Les personnes les moins instruites en physique n'ignorent pas que chaque variation de la température apporte des changemens notables dans le volume de tous les corps, c'est-à-dire qu'ils se dilatent par la chaleur et se resserrent par le froid.

Les liqueurs spiritueuses étant, comme tous les autres corps, soumises à cette loi immuable, il est clair que leur titre ne sera plus le même quand elle passeront d'une température à une autre. En effet, puisque neuf cent quatorze grammes d'eau-de-vie à vingt-deux degrés, occupent à la température de dix degrés la capacité d'un décimètre cube, la même quantité augmentera de volume à mesure que la température s'élevera : or, comme cette augmentation ne pourra avoir lieu qu'aux dépens de la pesanteur spécifique de l'eau-de-vie, c'est-à-dire que celle-ci diminuera dans la même proportion, et le pèse-liqueur plongeant d'autant plus que la liqueur est plus légère, l'eau-de-vie marquera un degré plus élevé que celui qu'elle doit réellement avoir, à mesure que la température augmentera.

L'expérience a appris que chaque variation de température de cinq degrés Réaumur, donne à l'esprit un degré de plus ou de moins, du pèse-liqueur de Cartier. Il faut à peu près 10° pour l'eau-de-vie du commerce. Pour obvier aux inconvéniens graves qui résulteraient de ces phénomènes, on stipule dans les transactions commerciales que le titre de l'eau-de-vie sera pris au *tempéré*, c'est-à-dire sous la température de dix degrés Réaumur. C'est cette température moyenne qui a servi de base à la graduation de l'échelle du pèse-liqueur de Cartier.

En sorte qu'une eau-de-vie qui marquerait vingt-quatre degrés, ou neuf cents de pesanteur spécifique, le thermomètre étant à vingt Réaumur, n'aurait réellement que vingt-trois degrés, et pèserait neuf cent sept grammes au litre. Le contraire aurait lieu à la température de la glace fondante ; c'est-à-dire qu'alors cette même eau-de-vie ne donnerait que vingt-deux degrés au pèse-liqueur, quoiqu'elle en eût réellement vingt-trois.

Mais ce n'est pas tout ; puisque ces variations accidentelles dans le titre des eaux-de-vie, ne sont que le résultat des variations de volume qu'elles éprouvent, il est évident que l'homme qui croira acheter, le thermomètre étant à vingt degrés, cent litres pleins d'eau-de-vie réduite à son taux réel de vingt-deux degrés, n'aura pas encore son compte, puisqu'elle diminuera de volume à mesure que le thermomètre baissera. Cette diminution peut être évaluée à neuf millièmes, ou près de un pour cent pour dix degrés de température. Mais dans le commerce, on n'est pas dans l'usage de tenir compte de ces différences, et c'est tant pis pour l'acheteur s'il prend livraison dans un moment trop chaud.

Ces divers détails, empruntés pour la plupart de l'excellent ouvrage de M. Dubrunfaut, nous ont paru devoir trouver place ici ; les personnes qui voudraient en avoir de plus étendus, spécialement sur le commerce des eaux-de-vie, pourront encore consulter avec fruit le traité de M. Lenormand.

La manière de faire usage du pèse-liqueur est

fort simple : on plonge l'instrument dans le tube cylindrique qui lui sert d'étui, et que l'on a rempli de l'eau-de-vie à essayer. Il enfonce par son propre poids d'autant plus que la liqueur est plus spiritueuse; et le chiffre de l'échelle tracée sur la tige, où s'arrête l'enfoncement, indique le nombre de degrés de spirituosité. Mais pour avoir un résultat exact, il faut, si la température est sensiblement au-dessus ou au-dessous de dix degrés Réaumur, ne pas oublier de déduire ou ajouter un degré au pèse-liqueur, pour cinq ou dix degrés en plus ou en moins du thermomètre.

Du choix des Eaux-de-vie.

La distillation imprime aux eaux-de-vie un goût plus ou moins fort d'alambic dont elles ont besoin de se dépouiller en vieillissant. Il est alors remplacé par un bouquet particulier qui flatte agréablement le palais des gourmets, et par une sorte de velouté que l'on cherche vainement à imiter dans les eaux-de-vie nouvelles, en y mélangeant un peu de sirop qui ne masque que très imparfaitement leur âcreté naturelle.

Mais, en vieillissant, les eaux-de-vie perdent à peu près en force ce qu'elles gagnent en bonté; car il est bon de remarquer que bien qu'elles paraissent alors, au premier coup d'œil, plus spiritueuses, elles ont naturellement baissé de degré par l'évaporation lente mais permanente d'une portion de leur alcool à travers les pores du bois, surtout si elles ont été conservées dans des lieux trop chauds. De plus, leur long séjour dans les futailles leur communique une nuance ambrée fort agréable à l'œil dans les eaux-de-vie qui doivent être bues en nature, mais très nuisible à la parfaite blancheur des liqueurs fines. On remédie, il est vrai, à ce dernier inconvénient en décolorant l'eau-de-vie artificiellement ; mais la perte en force est irréparable : il est donc préférable, sous tous les rapports, de conserver les eaux-de-vie destinées aux usages des liquoristes dans de grandes dames-jeanne de verre hermétiquement bouchées.

La vétusté est tellement prisée dans les eaux-de-vie de bouche, qu'il n'est sorte de fraude que l'on n'emploie pour leur donner l'apparence de cette qualité. Les procédés employés pour leur donner la couleur en question sont tellement grossiers, qu'il est bien difficile aux personnes les moins exercées de s'y laisser tromper : on parvient plus aisément à corriger leur âcreté, en y mêlant deux ou trois gouttes par pinte d'ammoniaque liquide (alcali volatil), parce que cette petite quantité d'alcali neutralise une portion d'acide restée à nu dans la liqueur et qui ne s'y combine qu'à la longue.

La vétusté et le degré de force ne constituent pas uniquement la qualité des eaux-de-vie ; le terroir, la nature des vins qui les ont fournies et le soin avec lequel elles ont été distillées, y influent beaucoup plus.

Les gros vins du Midi et tous ceux qui abondent en tartre fournissent beaucoup d'eau-de-vie d'un goût âcre, de médiocre qualité, qui conserve en outre un goût d'empyreume très prononcé quand ils ont été distillés troubles. Celle qui provient de vins naturellement acides ou de vins éventés, est détestable. Les vins sucrés donneront de l'eau-de-vie excellente, lorsque l'on aura donné le temps au principe sucré de se décomposer entièrement au profit de l'alcool.

par la fermentation insensible. Si on les distillait trop verts, ces vins, naturellement épais, brûleraient, et produiraient d'ailleurs beaucoup moins.

Toutes choses égales d'ailleurs, les vins blancs donnent une eau - de - vie plus suave que les rouges.

Nous savons déjà que toutes les substances sucrées fournissent par la distillation, des liqueurs plus ou moins spiritueuses ; que l'eau-de-vie que l'on retire de ces liqueurs retient plus ou moins le goût de la substance qui les a fournies : il est en outre généralement reconnu que les substances naturellement très succulentes donnent l'eau-de-vie la plus délicate ; que celles qui sont âpres et acerbes lui communiquent cette saveur ; enfin, que les liqueurs visqueuses et épaisses sont sujettes à brûler et donnent une eau-de-vie empyreumatique.

L'eau-de-vie destinée à la fabrication des liqueurs fines doit donc être tout à la fois vieille et d'une blancheur parfaite ; exempte de tout goût d'empyreume, d'alambic ou de feu, de terroir, ou de toute saveur étrangère : quand on la promène dans la bouche, elle doit imprimer à la langue et aux parties voisines une sensation chaude, mais agréable à la fois et moelleuse ; son odeur doit être suave, éthérée, exempte de tout mélange étranger : il faut prendre garde de s'en laisser imposer par le bouquet de certaines eaux-de-vie qui laissent après elles une saveur âpre, une sorte d'arrière-goût inhérent au canton d'où elles proviennent.

Les eaux-de-vie chargées de caramel ou de suc de réglisse ; celles qui, au lieu de chatouiller agréablement le palais et la gorge, semblent les déchirer, ne sont bonnes tout au plus que pour les buveurs de profession dont une longue habitude a émoussé la sensualité. Celles qui, à travers une extrême âcreté, ne laissent qu'un goût insipide et plat, sont moins de véritables eaux-de-vie que des mélanges d'eau et de poivre de Cayenne; elles ne donnent qu'un faible degré au pèse-liqueur.

L'eau-de-vie, à quelque titre qu'on la prenne, n'étant autre chose qu'un mélange d'esprit de vin et d'eau combinés en diverses proportions avec un peu d'huile douce de vin, il serait infiniment commode de n'employer dans la fabrication des liqueurs que du $\frac{5}{6}$ réduit au titre voulu par le mouillage. On y trouverait, outre l'économie, l'avantage d'avoir toujours des eaux-de-vie parfaitement blanches, au degré que l'on désirerait, et de faire soi-même la manipulation que font tous les marchands d'eaux-de-vie qui vendent pour du Cognac de l'eau-de-vie factice préparée de cette manière.

D'un autre côté, l'esprit de vin paraît conserver, quelle que soit la quantité d'eau dans laquelle on l'étende, une saveur âcre qui perce quelquefois dans les liqueurs à travers le sirop et les aromates dont on peut les charger. Il y a plus, l'eau-de-vie obtenue au titre de preuve de Hollande par une seule distillation, sera toujours plus douce, plus suave que celle que l'on aura été obligé de rectifier pour la renforcer, ou de couper avec de l'eau pour la ramener au titre voulu; parce que l'eau-de-vie qui a passé plusieurs fois à l'alambic est plus fortement imprégnée du goût de feu, et qu'elle perd d'ailleurs à chaque repasse une portion de son bouquet. Néanmoins, tant de motifs militent en faveur de l'emploi du $\frac{5}{6}$ pour les compositions dont il s'agit,

que les liquoristes le préfèrent généralement à
l'eau-de-vie en nature.

Les esprits de marcs, de lie; ceux de grains,
de fécule, et autres analogues, étant infiniment
inférieurs à ceux de vin, sont impropres à la fabrication des liqueurs fines : on peut tout au plus
les utiliser pour les liqueurs communes en les
chargeant de quelques uns de ces aromates âcres
et forts dont on fait usage dans les pays où l'on se
livre spécialement à ce genre de distillation ; encore faut-il pour cela les obtenir au plus haut
titre possible, afin de les dépouiller d'autant de
leur mauvais goût. Les eaux-de-vie de fécule paraissent en outre avoir l'inconvénient de ne pas
supporter autant d'eau au mouillage et de perdre
de leur force en peu de temps.

Du Mouillage.

Le mouillage ou coupage des eaux-de-vie, consiste à ajouter à une quantité donnée d'esprit
d'un degré connu, la quantité d'eau nécessaire
pour le réduire à un degré inférieur, soit afin de
le rendre propre aux usages auxquels on le destine, soit afin de le déguster plus attentivement,
sa saveur bonne ou mauvaise se développant avec
plus de force quand il est étendu d'eau.

Pour pratiquer avec connaissance de cause et
sans rien donner au hasard, cette opération qui
se reproduit à chaque instant dans le travail du
liquoriste, il faut connaître d'abord la force de
l'esprit que l'on veut couper, le degré auquel on
doit le réduire, la qualité et la quantité d'eau à
employer, les phénomènes qui se passeront pendant le mélange.

A mesure que l'on verse l'eau sur l'esprit, elle

tombe au fond du vase en raison de sa pesanteur
spécifique; l'esprit étant plus léger surnage, et les
deux liqueurs resteraient long-temps séparées de
cette manière si on ne les agitait pas. Il se fait
un dégagement très sensible de calorique auquel
il faut donner le temps de se dissiper avant de
plonger le pèse-liqueur; sans quoi on serait sujet
à se tromper, attendu l'augmentation de degré
produite momentanément par celle de la température.

On verra à l'article consacré au choix de l'eau
les qualités que doit avoir celle que l'on destine
au mouillage. Quant à la quantité à employer, elle
est subordonnée au degré réel de l'esprit à couper, et à celui où on veut le réduire. Ce ne serait
qu'à l'aide de nombreux tâtonnemens que l'on
pourrait trouver cette quantité si le calcul ne
fournissait les moyens de l'évaluer d'avance.
Voici la manière de procéder pour cela :

On multiplie la quantité donnée d'esprit à réduire, par le nombre de degrés qu'il porte à
l'aréomètre. Le produit divisé par le nombre
exprimant le degré que l'on veut obtenir donnera
la quantité totale du mélange; et soustrayant de
cette somme la quantité d'esprit employé, on
trouvera de suite la quantité d'eau qu'il faut employer pour le mouillage. Soit 25 litres d'esprit
à 32° que l'on veuille réduire à 18°, on aura 800
pour le produit de 25 par 32 : cette somme divisée
par 18 donnera 44 litres 44 centilitres; il ne
restera plus qu'à soustraire de ce nombre les 25
litres d'esprit employé, et le résultat 19,44 sera
le nombre que l'on cherche.

Table des pesanteurs spécifiques des Eaux-de-vie de divers degrés.

Degrés de l'aréomètre.	Pesanteur spécifique en grammes.	Degrés de l'aréomètre.	Pesanteur spécifique en grammes.
10 degr.	1,000	27 degr.	880
11	1,000	28	873
12	990	29	867
13	981	30	861
14	973	31	855
15	965	32	848
16	958	33	842
17	950	34	837
18	943	35	831
19	935	36	825
20	928	37	820
21	921	38	814
22	914	39	808
23	907	40	802
24	900	41	797
25	893	42	792
26	886		

Du Sucre.

Les liquoristes font un très grand usage du sucre : c'est lui qui sert à couvrir la force de l'eau-de-vie et à corriger l'insipidité de l'eau ; à marier ces deux liquides de manière à ce que l'on ne puisse en découvrir le mélange ; à donner aux liqueurs leur velouté et la consistance nécessaire;

à préparer les fruits que l'on se propose de conserver dans l'eau-de-vie ; à corriger l'âcreté de
certains aromates, etc., etc. ; comme il est une
des bases essentielles de toutes les compositions
de ce genre, leur qualité dépend beaucoup de la
sienne.

On trouve dans le commerce beaucoup de
variétés de sucre connues sous des noms particuliers, qui pourraient être toutes employées
dans la fabrication des liqueurs, mais pas avec
un égal succès. Le sucre le plus raffiné n'est pas
le meilleur pour l'usage en question, parce que
les lavages successifs qu'il a éprouvés l'ayant
dépouillé d'une grande quantité de sirop, il ne
donnerait plus aux liqueurs ce moelleux qui fait
un de leurs principaux mérites ; il est d'ailleurs
sujet à contenir un peu de terre et quelquefois
de la chaux.

La belle cassonade blanche, sèche et bien
cristallisée, serait on ne peut plus propre à leur
donner cette dernière qualité, mais elle sucre
réellement moins qu'un poids égal de sucre en
pain, quoiqu'elle ait en apparence une saveur
plus sucrée ; elle donne d'ailleurs toujours un
peu de couleur au sirop, à moins qu'on ne la
clarifie avec soin.

Ces considérations font préférer pour la fabrication des liqueurs fines, le beau sucre en pain,
ni trop ni pas assez cristallisé ; mais l'on peut
aussi se servir de la belle cassonade clarifiée
pour les ratafias et toutes les liqueurs colorées.
Du reste, il est reconnu que les sirops préparés
avec le sucre en pain candissent très promptement, et que ceux de cassonades sont plus exposés à fermenter lorsqu'ils ne sont pas assez
cuits ; enfin, qu'à qualité égale, le sucre de

betterave cristallise mieux, mais ne sucre pas autant que celui de canne.

Le sang de bœuf corrompu et le beurre souvent rance, dont on fait un fréquent usage en raffinerie, communiquent fréquemment au sucre une odeur désagréable qui doit faire rejeter de toutes les compositions d'agrément celui qui est porteur de ce défaut.

Le beau sucre doit être d'une saveur bien sucrée, exempt de goût de mélasse et d'odeur étrangère; blanc, sonore, lourd; d'un grain serré sans l'être trop, parsemé de points brillans; le bord de l'ongle appuyé sur la pointe du pain, doit y entrer difficilement. Les sucres mous, friables, qui s'égrènent sous l'ongle et dont la pointe est colorée, n'ayant pas été assez raffinés, demanderaient autant de manipulations que la cassonade avant de pouvoir être employés.

Clarification et cuite du Sucre.

Le sucre destiné à fabriquer des liqueurs fines a toujours besoin d'être préalablement clarifié. On fouette dans une bassine pour dix kilogrammes de sucre cinq à six blancs d'œufs avec environ huit à dix litres d'eau, on délaie le sucre et on le place sur un feu un peu vif, en remuant jusqu'à ce qu'il soit entièrement fondu.

A mesure que le mélange s'échauffe, le blanc d'œuf se coagule et s'agglomère en une infinité de pellicules qui, traversant la liqueur en tous sens, la font passer par une série de petits filtres très multipliés, très déliés, qui retiennent jusqu'à la dernière parcelle d'impuretés, et le tout vient se rassembler à la surface du sirop en forme d'écume solide.

Lorsque l'ébullition est établie, on apaise un peu le feu et on le pousse vers l'un des côtés de la bassine, afin que le bouillon ne s'établissant que dans cet endroit et avec modération, l'écume se rassemble du côté opposé et ne se brise pas. A mesure qu'elle commence à s'affaisser, on l'enlève légèrement avec une écumoire, et on la dépose sur un blanchet posé au-dessus d'une terrine.

On verse alors du plus haut possible dans le sirop encore un peu d'eau et de blanc d'œuf que l'on y mêle bien, et l'on attend que la seconde écume soit formée pour l'enlever comme la première. On continue ainsi à ajouter du blanc d'œuf battu et à écumer, jusqu'à ce que le sirop soit parfaitement clair ; alors on y jette un peu d'eau froide, qui fait quelquefois monter une légère écume très blanche que l'on enlève comme les autres, et l'on passe le sirop à la chausse.

Quand l'on emploie du sucre blanc en pain, il faut moins de blancs d'œufs et il suffit d'une seule clarification sans avoir besoin de faire monter les écumes plusieurs fois. Mais si l'on opère sur de la cassonade commune, il faut, non seulement faire monter les écumes à plusieurs reprises, mais encore recourir au charbon. A cet effet, on fait fondre le sucre dans de l'eau, et lorsque le mélange commence à bouillir on y verse petit à petit pour cent livres de sucre, environ une livre et demie à deux livres de charbon animal, et autant de charbon ordinaire pulvérisés et tamisés. On laisse alors monter le bouillon, on l'apaise avec environ une pinte d'eau dans laquelle on a battu deux blancs d'œufs ; et l'on répète cette opération autant de fois qu'il est nécessaire, en ayant soin de baisser le feu et d'enlever les écumes à mesure qu'elles se forment. On achève la clarification à l'ordinaire.

L'eau de chaux employée pour la clarification des cassonades très grasses donne plus de consistance à l'écume, au sucre un grain plus abondant et plus sec ; mais d'un autre côté elle altère le velouté du sirop, ce qui fait que ce moyen excellent dans le raffinage ne doit pas être employé dans la clarification des sirops destinés à l'usage en question.

Beaucoup de personnes ont l'habitude de verser les blancs d'œufs battus avec un peu d'eau, dans le sirop quand il commence à bouillir. Quelque soin que l'on mette à remuer le sirop pendant que l'on ajoute ainsi les blancs d'œufs, il s'en coagule toujours une grande partie avant qu'ils ne soient également répandus dans toute la masse. Ils ne se mêlent donc qu'imparfaitement, n'ont pas le temps de ramasser toutes les impuretés du sucre comme quand ils se coagulent lentement par l'effet d'une chaleur graduée ; l'opération devient plus longue, et par-là même plus dispendieuse.

De quelque manière que l'on s'y prenne, il faut ménager le feu afin que la violence du bouillon ne divise pas les écumes à mesure qu'elles se rassemblent, et ne pas trop tarder à enlever celles-ci, qui sans cela se réduiraient en grumeaux, se précipiteraient au fond de la bassine et se redissoudraient en partie. Il faut aussi, à mesure que l'on fait réduire le sirop, passer une éponge mouillée tout autour de la bassine pour enlever celui qui s'y attache, et qui sans cela se caraméliserait et donnerait à

toute la masse cette teinte jaunâtre que l'on remarque à tous les sirops qui n'ont pas été préparés avec les soins convenables.

Quand on ne clarifie le sucre que pour le faire
entrer dans des liqueurs, on le retire du feu
lorsqu'il est cuit en consistance de sirop, c'est-
à-dire assez pour se conserver long-temps sans
altération, et pas assez pour se cristalliser. Ce
point est assez aisé à saisir pour que je ne parle
pas ici des signes plus ou moins incertains qui
le caractérisent ; signes que connaissent tous les
gens de l'art, et qui induiraient fréquemment
en erreur les personnes qui n'en auraient pas
l'habitude. On ne saurait avoir de guide plus
sûr que le pèse-sirop de Baumé.

Cet instrument est un véritable pèse-liqueur ;
si ce n'est qu'étant destiné à mesurer des pesanteurs spécifiques supérieures à celle de l'eau, le
point de départ de son échelle, c'est-à-dire celui
où s'arrête l'instrument plongé dans l'eau pure,
est placé en haut de la tige, et le point le plus
opposé en bas. Cet espace étant partagé en cinquante degrés, il est évident que lorsque l'on
plongera l'instrument dans un liquide plus pesant que l'eau, tel, par exemple, qu'un mélange
de sucre et d'eau, la tige enfoncera d'autant
moins que le mélange sera plus pesant.

Lorsque l'on veut faire usage de cet instrument, on le plonge dans le sirop au moment
qu'il cesse de bouillonner, mais avant qu'il ait
commencé à perdre sa chaleur ; le sirop de sucre
bien cuit doit marquer quand il est bouillant,
trente-deux degrés au pèse-sirop et quatre-vingt-
quatre au thermomètre. Dans cet état, il contient environ deux parties de sucre contre une
d'eau, et a une pesanteur spécifique de mille

deux cent soixante-dix-huit, c'est-à-dire que le litre d'eau pesant mille grammes, celui de sirop à trente-deux degrés en pèse mille deux cent soixante-dix-huit.

Cuit au-delà du point indiqué ci-dessus, le sirop ne contenant plus assez d'eau pour la quantité de sucre, une portion de celui-ci se déposerait en cristaux contre les parois du vase : moins cuit, l'eau se trouvant en quantité surabondante, la fermentation s'établirait dans le sirop plus tôt ou plus tard, et celui-ci finirait par passer à l'état vineux. Il n'est pas inutile de rappeler que les sirops de cassonade sont plus sujets à fermenter ; et les sirops de sucre raffiné, à candir.

Si l'on pousse la cuite jusqu'à ce que, renversant l'écumoire sur le tranchant après l'avoir trempée dans le sirop, celui-ci s'étende en forme de nappe, il est cuit *à la nappe :* c'est le sirop très cuit, mais pas encore assez pour se mettre en grains.

Lorsqu'après quelques bouillons de plus, le sirop forme, en tombant de l'écumoire, de petites pellicules minces et légères ; ou que, versé d'un peu haut avec une cuiller, la dernière goutte forme un petit fil terminé par une gouttelette ronde et brillante, le sucre est cuit *à la plume* ou *au perlé.* Il marque trente-six degrés au pèse-sirop.

Il est à la grande plume ou au grand perlé, lorsque les pellicules dont il s'agit se détachent aisément de l'écumoire secouée un peu fortement, ou que la dernière goutte forme au bout de la cuiller un fil délié blanc et cassant. On reconnaît encore ce degré de cuisson, lorsque, soufflant à travers les trous de l'écumoire couverte de sirop, on en voit sortir de petites bulles qui se gonflent sans se rompre ; lorsque, faisant tomber quelques gouttes de sirop bouillant dans un verre d'eau froide, elles se précipitent au fond sous la forme de grains secs et cassans, enfin lorsqu'il donne trente-sept degrés.

Si le sucre, au lieu de s'écraser, casse net, il est au grand ou petit *cassé*. Enfin, quelques bouillons de plus, il commence à roussir et à répandre une odeur légère de brûlé ; il est alors au caramel.

Non seulement les écumes déposées sur le blanchet pendant la clarification rendent beaucoup de sirop, mais encore elles retiennent du sucre qu'il convient d'en retirer ; et, sous ce rapport-là, les écumes les plus sales sont celles qui méritent le plus cette manipulation, parce qu'elles en contiennent davantage.

Après les avoir détrempées dans une suffisante quantité d'eau pour les délayer et dissoudre tout le sucre qu'elles contiennent, on jette le tout sur un tamis de crin : on fait chauffer cette eau sirupeuse pour enlever la première écume, que l'on rejette comme entièrement dépouillée de sucre après toutefois l'avoir fait égoutter : on verse alors dans le sirop quelques blancs d'œufs fouettés pour le clarifier, et on le fait cuire en consistance requise pour en faire des sirops communs, ou bien on l'emploie à tel autre usage que l'on juge convenable.

Quand l'on opère sur de grandes quantités, on réserve les secondes écumes pour les cuire de nouveau, ou on les réunit avec d'autres. Lorsque l'on s'est servi de charbon dans la clarification, et que l'on a opéré sur de grandes masses, le marc resté sur le tamis est soumis à la presse pour être dépouillé des dernières portions de sirop qu'il pourrait retenir, et employé ensuite à alimenter les fourneaux.

Table des pesanteurs spécifiques des Sirops de divers degrés.

Densité d'après Baumé.	Pesanteur spécifique.	Densité d'après Baumé.	Pesanteur spécifique.
0	1,000 gr.	20	1,157 gr.
1	1,006	21	1,167
2	1,013	22	1,176
3	1,020	23	1,186
4	1,028	24	1,195
5	1,035	25	1,205
6	1,042	26	1,215
7	1,050	27	1,225
8	1,058	28	1,235
9	1,065	29	1,246
10	1,073	30	1,256
11	1,081	31	1,267
12	1,090	32	1,278
13	1,100	33	1,289
14	1,106	34	1,301
15	1,114	35	1,312
16	1,125	36	1,324
17	1,132	37	1,338
18	1,140	38	1,349
19	1,148		

De l'Eau.

L'eau est encore l'un des ingrédiens indispensables pour le liquoriste. Elle lui sert à con-

vertir les esprits d'un titre supérieur en eaux-
de-vie du commerce, à réduire celles-ci au degré
de force convenable selon le genre de liqueur
qu'il se propose de fabriquer. L'eau lui sert en
outre à faire les sirops; elle devient l'agent nécessaire de plusieurs opérations essentielles de
son art et l'excipient d'une foule de substances.

Le choix de l'eau doit donc aussi fixer son attention, puisqu'elle peut, selon les circonstances, communiquer un mauvais goût aux liqueurs
ou nuire au succès d'une opération. Cependant,
sans attacher à cet objet plus d'importance qu'il
n'en comporte, je ne chercherai pas, comme
quelques auteurs, à décider si l'on doit accorder
ou non la préférence aux eaux d'Arcueil sur celles
de Belleville ou de tout autre endroit; j'avouerai
même que plusieurs expériences faites avec soin
à cet égard, ne m'ont donné aucun motif de
pencher pour l'une plutôt que pour l'autre.

Je suis donc fondé à dire que toute eau de
rivière, de source ou de fontaine, pourvu qu'elle
soit douce, légère, limpide et exempte de mauvais goût, est bonne pour tous les usages des liquoristes. Celles qui ne seraient pas parfaitement
pures, devraient préalablement être filtrées au
charbon. On peut même à la rigueur utiliser l'eau
de puits à défaut d'autre, après l'avoir fait bouillir et laissé déposer.

La distillation est le meilleur moyen de fournir
de l'eau très pure; mais comme elle lui enlève
beaucoup de ses qualités potables, on n'y a recours que dans les pharmacies où l'on a quelquefois besoin d'amener l'eau à un degré de pureté
superflu dans la fabrication des liqueurs. On sait
que ce moyen a été employé avec succès pour
rendre potables les eaux de la mer; mais l'eau dis-

tillée n'est jamais ni aussi saine, ni aussi agréable à boire qu'une bonne eau naturelle.

Il est si aisé à Paris de se procurer à chaque instant des eaux excellentes, depuis la formation de ces vastes établissemens consacrés à la dépuration de celles de la Seine, qu'on n'a plus besoin de les clarifier soi-même; mais, comme il n'en est pas partout de même, il ne sera pas inutile de dire ici un mot de cette opération.

Ayez une barrique ou tout autre vase de bois dont le fond sera criblé de petits trous; étendez sur ce fond un lit de petits cailloux de rivière très propres; formez un second lit avec du charbon réduit en poudre grossière, et recouvrez celui-ci de cailloux afin d'éviter que la poudre de charbon ne se dérange. Quand vous voudrez clarifier de l'eau bourbeuse ou même de mauvais goût, vous la passerez à travers ce filtre, et elle en sortira très pure : il suffira de la laisser reposer quelques instans si elle a entraîné un peu de charbon.

On peut encore, s'il s'agit d'une petite quantité, mêler l'eau avec du charbon en poudre et la filtrer au papier.

CHAPITRE IX.

CHOIX ET PRÉPARATION DES MATIÈRES SECONDAIRES.

Esprits distillés.

LES esprits préparés d'après les formules suivantes sont beaucoup plus chargés de principes odorans, et par conséquent plus chers que ceux du commerce ; il en sera de même des eaux distillées et des sirops qui font la matière des Chapitres suivans. Mais j'ai cru devoir forcer un peu les doses, parce qu'ils sont destinés à être coupés avec de l'esprit ordinaire et seront très commodes pour donner de la force ou du parfum aux liqueurs faites qui n'en auront pas assez.

On pourrait, en cohobant sur le marc le produit de la distillation, faire, dans certaines circonstances, une grande économie de substances aromatiques ; mais les procédés indiqués ici, s'ils sont un peu plus dispendieux, sont infiniment préférables par la délicatesse des produits.

On peut encore, si l'on n'a pas besoin d'une assez grande quantité d'esprits pour mériter les frais d'une distillation, les préparer au moyen des essences. Pour cela, on en verse deux ou trois gros dans une livre d'esprit de vin ; on agite le mélange à plusieurs reprises, et on filtre au papier-joseph. On conçoit qu'il faut être bien assuré de la qualité de l'essence que l'on emploie.

Esprit de Menthe poivrée.

Mettez dans un bain-marie d'étain deux livres de sommités fraîches et bien fleuries de menthe poivrée, avec quatre livres d'esprit de vin à environ vingt-huit degrés ; placez le bain-marie dans sa chaudière, montez l'appareil, et lutez les jointures. Après quarante-huit heures de macération, allumez le feu sous l'alambic ; changez le récipient après avoir retiré par la distillation environ la moitié de l'esprit employé ; et continuez l'opération pour retirer une bonne moitié du reste ; vous mettrez ce second produit de côté comme inférieur au premier.

On prépare de même les esprits :

De mélisse,   De basilic,
De marjolaine,   De lavande,
De citronelle,

et de toutes les sommités fleuries ou herbes analogues.

Esprit de Roses.

Distillez, comme ci-dessus, quatre livres de pétales de roses des plus odorantes, fraîchement cueillies, avec autant d'esprit de vin, $\frac{1}{2}$.

Esprit de Fleur d'Orange.

Versez dans le bain-marie une quantité connue d'esprit de vin, et faites-y tomber les pétales de vos fleurs d'orange à mesure que vous les monderez. Pesez ensuite les débris qui vous restent pour connaître la quantité de fleurs épluchées que vous avez dans le bain-marie ; ajoutez-y la quantité nécessaire d'esprit de vin pour qu'il y en ait quatre livres contre une de fleurs, et distillez comme ci-dessus après deux jours de macération.

Il est essentiel d'employer la fleur d'orange au moment où elle vient d'être cueillie, afin de ne rien perdre de son parfum. Les débris servent à faire une eau de fleur d'orange commune qui a encore beaucoup d'odeur, mais moins suave.

Esprit d'Œillet.

Faites macérer pendant deux jours une livre et demie de pétales d'œillets rouges mondés de leurs onglets, et trois gros de girofle concassé, dans trois livres d'esprit à 28 degrés. Retirez

par la distillation les trois quarts de l'esprit
employé.

Esprit de Tilleul.

Distillez, comme dans l'article précédent, deux
livres de fleurs fraîches de tilleul, avec quatre
livres d'eau-de-vie à 22 degrés ; retirez les trois
quarts de la liqueur employée.

Esprit de Jasmin.

Cette fleur et celles de lis, de tubéreuse, de
jonquille, et plusieurs autres notamment dans
la famille des *liliacées*, quoique très odorantes,
ont un arome si fugace qu'il se perd par la distillation ; il faut par conséquent recourir à un autre
procédé pour l'obtenir.

On a une boîte de bois ou mieux de fer-blanc,
garnie de châssis sur chacun desquels on attache par les quatre coins, un morceau d'étoffe
de laine blanche un peu épaisse imbibé d'huile
de ben ou d'huile d'olive fine et sans goût. On
étend sur chaque châssis un lit de fleurs bien
fraîches et bien parfumées ; on remet tous les
châssis les uns sur les autres dans la boîte, que
l'on referme de manière à ce que le tout soit
légèrement comprimé ; on renouvelle les fleurs
de vingt-quatre heures en vingt-quatre heures,
jusqu'à ce que les étoffes soient complétement
imprégnées.

Alors on lave un à un ces morceaux de laine
huileux dans du $\frac{3}{4}$ très pur jusqu'à ce que toute
l'huile en soit partie, et on les exprime fortement. Le principe odorant dont l'huile s'était
emparé l'abandonne aussitôt pour s'unir à l'alcool. Après quelques instans de repos, on en-

lève celui-ci de dessus l'huile, on le filtre au papier-joseph dans un entonnoir couvert, et on le conserve dans des flacons bien bouchés.

Esprit de Violette.

On le prépare de la même manière que le précédent, la fleur de violette ne fournissant rien à la distillation; ou bien on fait infuser pendant quatre ou cinq jours, deux onces d'iris de Florence en poudre dans une livre d'esprit de vin; on tire au clair et on le filtre. Cet esprit perdrait son odeur par la distillation.

On peut encore préparer cet esprit et plusieurs autres de fleurs délicates par infusion à froid.

Esprit d'Absinthe.

Faites macérer pendant vingt-quatre heures, trois livres de sommités non fleuries d'absinthe fraîche, dans quatre livres d'esprit à vingt-huit degrés; passez en exprimant légèrement les feuilles, que vous rejeterez comme inutiles à moins que vous ne veuillez les employer à quelque autre usage, et distillez la liqueur au bain-marie pour obtenir environ les trois quarts de l'esprit employé.

L'esprit d'absinthe obtenu de cette manière est aussi parfumé que par le procédé ordinaire; mais on le dépouille en partie de cette amertume excessive, presque insupportable dans les liqueurs fines.

Esprit de Citron.

Choisissez de beaux citrons bien frais, dont l'écorce soit bien nourrie et bien saine. Enlevez légèrement la superficie de cette écorce sans entamer le blanc, et la faites tomber à mesure dans l'esprit de vin afin qu'il s'imprègne de l'huile essentielle qui coule sous le couteau. Après quelques jours de macération, distillez au bain-marie comme ci-dessus.

On prépare de la même manière les esprits d'orange, de bergamote, de cédrat, etc. La portion blanche de ces écorces étant inodore et très spongieuse, absorberait en pure perte une portion de l'alcool et de l'huile essentielle si on ne l'enlevait. Il faut environ trois parties d'esprit de vin à vingt-huit degrés, contre une de zestes.

Esprit d'Angélique.

Distillez comme ci-dessus une livre d'angélique fraîche (tige et racine), dans trois ou quatre livres d'esprit à vingt-huit degrés : on peut y ajouter si l'on veut une once d'anis concassé. On prépare de la même manière un esprit de céleri vert qui n'est pas sans mérite.

Esprit d'Anis.

Faites macérer pendant trois ou quatre jours dans quatre ou cinq livres d'esprit à vingt-huit degrés, une livre de semences d'anis vert entières ; et distillez au bain-marie comme ci-dessus pour retirer environ les trois quarts de l'esprit employé.

On prépare de la même manière les esprits de coriandre, de fenouil, de carvi, etc. On pourrait mettre un bon quart d'esprit de vin de plus si l'on concassait les semences ; mais l'esprit serait moins suave.

Esprit de Badiane.

Prenez une livre de cette semence pour six d'esprit, et distillez de même que le précédent. La badiane fournit beaucoup plus d'arome que l'anis vert.

Esprit d'Angélique (Semence).

Il se prépare de la même manière que celui d'anis. Quelques liquoristes préfèrent cette semence aux autres parties de la plante.

Esprit de Cassis.

Faites macérer pendant un ou deux jours une livre de cassis égrené et deux poignées de feuilles de la même plante, dans trois livres d'esprit à vingt-huit degrés. Distillez pour retirer un peu plus de deux livres d'esprit.

Esprit de Fraise.

Prenez parties égales d'esprit de vin et de fraises de bois des plus parfumées, bien mûres sans l'être trop, mondées de leurs queues; distillez au bain-marie pour retirer la presque totalité de l'esprit employé, et plongez-le pendant quelques heures dans la glace pilée.

On prépare de même les esprits de framboise, de pêche, d'abricot, de coing, et de tous les fruits très parfumés : on râpe les coings, on écrase les fruits charnus et gros, et l'on a soin de distiller les noyaux avec leur fruit sans les casser.

Les esprits de fraise et de cassis se préparent plus souvent par infusion que par distillation.

Esprit de Genièvre.

Distillez après deux ou trois jours de macération dans trois livres d'esprit de vin, une livre de baies de genièvre fraîches, bien mûres et saines, pour retirer environ les trois quarts de l'esprit.

L'arome du genièvre résidant essentiellement dans l'écorce des baies, on obtiendrait un parfum plus suave, si au lieu de les distiller en nature, on ne versait dans la cucurbite que l'esprit de vin dans lequel elles auraient macéré pendant quelques jours, dans la proportion de deux parties d'esprit contre une de fruit non concassé.

Esprit de Cannelle.

Distillez après quelques jours de macération préalable dans six livres d'esprit à vingt-deux degrés, une livre de cannelle fine concassée, et retirez environ cinq livres d'esprit.

Esprit de Girofle.

Il se prépare de la même manière que celui de cannelle, en augmentant d'une livre ou deux la proportion d'esprit de vin.

Les esprits de muscade, de ravent zara, de macis et autres épices de ce genre, se préparent de la même manière que celui de girofle. Ces diverses substances étant très sujettes à être falsifiées ou altérées, demandent à être choisies avec soin.

Nota. Bien que les diverses formules ci-dessus

prescrivent de l'esprit à divers titres, on peut employer généralement de l'eau-de-vie à vingt-deux ou vingt-quatre degrés.

Esprit de Souchet.

Faites macérer pendant quelques jours une livre de racine de souchet long coupée en tranches minces, dans six ou huit livres d'eau-de-vie ; retirez par la distillation au bain-marie les trois quarts de la liqueur. L'esprit de *calamus aromaticus* (*roseau aquatique*) se prépare de même.

Esprit de Café.

Versez environ quatre livres d'eau bouillante sur deux livres de café moulu ; couvrez la cucurbite de manière à ce qu'il ne se fasse aucune évaporation, et laissez digérer pendant toute la nuit à la température de l'eau tiède. Ajoutez alors six livres d'esprit, que vous retirerez en presque totalité par la distillation au bain-marie.

La qualité de l'esprit de café dépend essentiellement de la manière dont cette graine a été grillée : cette opération étant nécessaire pour développer le parfum naturellement peu prononcé du café, si elle est poussée trop loin, ce parfum se perd en grande partie par vaporisation et le reste est détruit presque en entier par l'action trop prolongée de la chaleur. Il faut retirer le cylindre du feu dès qu'il commence à en sortir une fumée abondante, et le remuer en tout sens jusqu'à ce que cette fumée soit à peu près dissipée ; sa chaleur suffira pour achever la torréfaction du café, qui doit être alors d'une couleur cannelle claire : on se hâte de le sortir du cylindre et de le refroidir promptement afin qu'il perde le moins possible de son parfum.

Esprit de Cacao.

On concasse dans un mortier de pierre deux livres de cacao carraque, légèrement grillé, et on le fait macérer pendant quelques jours dans huit livres d'eau-de-vie, après quoi on le distille à petit feu pour retirer six livres d'esprit.

Le cacao contient, comme l'on sait, une quantité considérable de beurre, qui permet difficilement à l'arome de s'en détacher si l'on n'a pas eu soin de l'y préparer par une macération préalable : d'un autre côté cette huile ou beurre est sujette à brûler lorsque l'on distille à feu nu. Non seulement il est inutile d'éplucher le cacao avant de le soumettre à la distillation, mais encore la coque de cette amande contient un arome que l'on ne doit pas perdre.

Esprit de Thé.

Mettez dans le fond d'un bain-marie d'étain, une livre d'excellent thé vert que vous arroserez d'un peu d'eau bouillante pour dérouler et ramollir les feuilles ; ajoutez au bout de quelques heures quatre ou cinq livres d'esprit à vingt-huit degrés, et distillez après vingt-quatre heures de macération pour retirer la presque totalité de l'esprit employé. Les deux macérations doivent être faites à la température de vingt à vingt-cinq degrés et dans un vase hermétiquement fermé. Cet esprit et les deux précédens ont, plus que tous autres, besoin d'être plongés dans la glace pilée lorsqu'on le peut sans trop d'embarras.

CHAPITRE X.

ESSENCES ET EAUX.

Huile essentielle de Roses.

PILEZ dans un mortier de pierre la quantité
que vous voudrez de roses simples bien odorantes, fraîchement cueillies, et mondées de
leurs calices, avec quelques poignées de sel et
deux ou trois fois leur poids d'eau. Versez le
tout dans un alambic à double fond ou à grillage;
après vingt-quatre heures de macération à froid,
distillez à feu nu et au fort filet sans rafraîchir
le serpentin, jusqu'à ce que le produit de la distillation ne soit plus trouble. Changez alors le
récipient, baissez le feu pour retirer si vous le
voulez encore un peu d'eau odorante; observez
d'ailleurs dans cette opération comme dans les
suivantes, ce qui a été dit dans les divers articles
relatifs aux préceptes généraux de la distillation.

L'huile de roses s'élevant difficilement et en
très petite quantité, on prescrit de piler ces
fleurs pour mettre en quelque sorte l'huile à nu,
et d'y ajouter du sel pour augmenter la chaleur.
Il faut avoir soin de ne pas trop remplir la cucurbite, sans quoi l'espèce de croûte formée
par ces fleurs à la surface du liquide, venant à
se boursouffler, pourrait passer dans le serpentin. Tout le monde connaît l'extrême cherté de
l'essence de roses et le peu que l'on en obtient;
cette distillation ne peut être avantageuse que

dans les pays où ces fleurs sont très communes et très parfumées.

Huile essentielle de Fleur d'Orange.

Cueillez les fleurs d'orange par un temps sec et un peu avant leur entier épanouissement ; jetez-les dans l'eau à mesure que vous les éplucherez ; distillez après vingt-quatre heures de macération dans cette même eau, et en rafraîchissant médiocrement le serpentin ; terminez l'opération comme ci-dessus.

Toutes les huiles essentielles de fleurs, d'herbes odorantes, se préparent de la même manière. On cueille ces plantes au moment de leur plus grande vigueur, par un temps sec et peu avant la grande ardeur du soleil ; on les monde de celles de leurs parties qui ont peu ou point d'odeur.

Essence de Citron, de Cédrat, d'Orange ou de Bergamote.

Enlevez délicatement, à l'aide d'un bon couteau, l'écorce superficielle de ces fruits, et la faites tomber à mesure dans l'eau ; distillez comme ci-dessus après un ou deux jours de macération.

Essence d'Anis.

Faites macérer pendant trois ou quatre jours la quantité que vous voudrez d'anis vert écrasé, dans trois ou quatre parties d'eau ; distillez comme ci-dessus, sans rafraîchir, afin de maintenir la fluidité de l'huile et empêcher qu'elle ne se fige contre les parois.

Les essences de fenouil, de carvi, de coriandre, de badiane, etc., se préparent de même.

Essence de Girofle.

Choisissez la quantité nécessaire de clous de girofle bien odorans et bien sains, faites-les macérer pendant plusieurs jours dans suffisante quantité d'eau après les avoir réduits en poudre grossière ; distillez vivement sans rafraîchir, et conduisez-vous du reste comme ci-dessus.

On prépare de la même manière les huiles de muscade, cannelle, bois de Rhodes, et de toutes les substances aromatiques sèches et dures. Celles qui, telles que le girofle, contiennent beaucoup d'huile, doivent être un peu plus étendues d'eau que les autres. Voyez d'ailleurs ce qui a été dit à l'article de la distillation des huiles essentielles en général.

Eau de Fleur d'Orange.

Faites macérer pendant vingt-quatre heures, dans quarante livres d'eau, dix livres de fleur d'orange choisie et préparée comme précédemment ; distillez au bain-marie ou à petit feu dans l'alambic à double fond, pour retirer au moins trente livres d'eau distillée.

L'eau de fleur d'orange double ou triple, se préparait en repassant une ou deux fois le produit de la première distillation sur de nouvelles fleurs ; mais on obtient le même résultat par une seule distillation en ne mettant que trente ou que vingt livres d'eau, selon que l'on veut avoir de l'eau de fleur d'orange double ou triple, et celles-ci en sont bien plus délicates que celles qui ont été distillées plusieurs fois.

Les eaux de roses et autres fleurs à odeur délicate se préparent de la même manière.

Eau de Mélisse.

Distillez comme ci-dessus dix livres de mélisse fraîche, mondée de ses tiges, avec vingt ou trente livres d'eau, et retirez environ les deux tiers de la liqueur.

Les eaux de menthe et de toutes les herbes à odeur forte, se préparent de la même manière : on a rarement besoin de les doubler ou tripler.

Celles d'écorces d'orange, citron, bergamote, etc., s'obtiennent aussi par le même procédé. On ne doit jamais employer, comme il a été dit ailleurs, que la partie la plus superficielle de l'écorce.

Eau d'Anis.

Cette eau et celles de coriandre, fenouil, carvi, angélique (tige ou racine) etc., se préparent à la dose de quatre à six parties d'eau contre une de substance aromatique concassée. La macération préalable pendant deux ou trois jours procure des eaux plus parfumées.

Eau de Cannelle.

Versez dans la cucurbite dix livres de cannelle fine concassée, et soixante et dix à quatre-vingts livres d'eau ; faites macérer pendant quatre jours et distillez lentement pour retirer environ les deux tiers de l'eau employée. On pourra même retirer une portion du reste en changeant le récipient.

On peut préparer de la même manière les eaux distillées de girofle, et toutes celles de bois, racines et écorces aromatiques sèches et dures, en diminuant cependant un peu la quantité d'eau pour celles de ces substances qui sont moins odorantes.

Eau de Thé.

Mettez dans une cucurbite d'étain une livre d'excellent thé vert, sur lequel vous verserez huit livres d'eau prête à bouillir après avoir laissé dérouler préalablement les feuilles comme il a été dit à l'esprit de thé. Après deux heures d'infusion, distillez au bain-marie pour retirer environ six livres d'eau. Reversez dans la cucurbite, après l'avoir nettoyée, huit onces de nouveau thé et une livre d'eau bouillante; ajoutez-y, après quelques heures de macération, le produit de la distillation, et distillez de nouveau au bain-marie pour retirer à peu près la même quantité de produit que la première fois. Cette distillation peut se faire en une seule fois en employant tout de suite une livre et demie de thé. Cette eau est d'ailleurs moins employée que l'esprit de la même plante.

Les eaux distillées d'après les formules ci-dessus, sont extrêmement chargées de principes odorans; plusieurs d'entre elles laissent déposer de l'huile essentielle, que l'on en sépare par le procédé indiqué en son lieu (distillation des huiles essentielles). Les résidus étendus avec un peu d'eau bouillante, passés avec expression et filtrés, peuvent pour la plupart servir à préparer des sirops communs. Si l'on veut en retirer des extraits, on n'a besoin que de passer et faire évaporer à une douce chaleur ce qui reste dans la cucurbite.

CHAPITRE XI.

TEINTURES AROMATIQUES ET COLORANTES.

Teinture de Safran.

Humectez avec un peu d'eau bouillante quatre onces de bon safran coupé en petits morceaux; bouchez hermétiquement le vase, et après avoir laissé digérer pendant quelques heures à une très douce chaleur, ajoutez une livre et demie d'esprit à trente-deux degrés; remuez soir et matin; passez au bout de cinq à six jours en exprimant légèrement, et filtrez la liqueur afin qu'elle soit parfaitement claire. Versez sur le marc une livre d'esprit un peu plus faible; passez et filtrez au bout de cinq à six jours; conservez à part cette seconde teinture comme moins aromatique et plus chargée en couleur que la première : elle sera préférable quand vous l'emploierez plutôt comme corps colorant, que comme parfum.

Teinture de Cédrat et autres fruits à écorce.

Faites tomber dans trois livres d'esprit $\frac{1}{6}$ environ une livre de zestes de cédrat, de citron, d'orange, ou de bergamote, à mesure que vous pelerez ces fruits; faites macérer à froid en été, et à une chaleur très douce en hiver, passez au bout de quatre jours, en exprimant légèrement; filtrez, et repassez comme ci-dessus deux livres d'esprit pour retirer la seconde teinture.

Teinture de Girofle.

Faites digérer à une très douce chaleur pendant cinq à six jours, une livre de girofle réduit en poudre grossière, dans six livres d'esprit à trente degrés ; passez et filtrez comme ci-dessus, et repassez sur le marc trois livres d'esprit.

Teinture de Cannelle et autres aromates.

Les teintures de cannelle, de muscade, de macis, de cascarille, de ravent zara, etc., se préparent de la même manière que la précédente, dans la proportion d'une partie sur quatre à cinq de $\frac{3}{6}$ faible pour la première macération.

Teinture de Cachou.

Faites digérer comme ci-dessus une livre de cachou purifié, ou extrait de cachou, dans six livres d'eau-de-vie à vingt-quatre ou vingt-cinq degrés ; passez et filtrez.

Teinture ou Essence de Musc.

Faites digérer pendant quinze jours à une très douce chaleur, une once de musc, quatre gros de vanille, et deux gros d'ambre gris dans douze onces d'esprit de vin très rectifié ; remuez plusieurs fois par jour. Passez, filtrez dans un entonnoir bien fermé, et repassez sur le marc la même quantité d'esprit faible.

Teinture d'Ambre.

Faites digérer de la même manière que pour la recette précédente, une once d'ambre gris dans dix onces d'esprit de roses ; passez, filtrez, et repassez huit onces du même esprit, ou de $\frac{3}{6}$ ordinaire sur le marc. La teinture de civette se prépare de même.

Le musc, l'ambre et la civette, étant d'une consistance tenace qui ne leur permet pas de se réduire aisément en poudre on les ramollit dans un mortier chauffé, et on les délaie en cet état avec de l'esprit de vin.

Teinture d'Anis.

Concassez légèrement une livre d'anis vert, ni trop frais, ni trop sec ; faites-le macérer à froid pendant quatre jours dans trois livres d'esprit $\frac{3}{6}$; passez sans expression et filtrez ; reversez sur le marc quatre livres de $\frac{3}{6}$ faible, et passez au bout de cinq à six jours de digestion à une douce chaleur, en exprimant fortement.

Cette seconde teinture sera beaucoup plus forte que la première, mais moins agréable. On peut préparer de la même manière les teintures de toutes les graines aromatiques.

Teinture de Mélisse.

Faites macérer pendant quatre ou cinq jours une livre de sommités sèches de mélisse, dans trois livres d'esprit à vingt-huit degrés ; passez en exprimant légèrement ; filtrez, et versez de nouveau trois livres d'esprit un peu plus faible sur le marc ; passez après une nouvelle macération de quatre ou cinq jours. Les teintures de menthe et d'autres herbes aromatiques se préparent de la même manière. Si l'on veut employer des plantes fraîches, il faut doubler la dose et employer de l'esprit plus fort. On ne peut retirer la teinture que des plantes qui conservent tout leur parfum en séchant, ou de celles qui contiendraient assez peu d'eau de végétation pour pouvoir être employées fraîches, telles que la lavande, la sauge, le romarin ; encore emploiet-on de préférence celles-ci sèches.

Teinture d'Angélique.

Coupez en tranches minces une livre d'angélique fraîche, racines et tiges ; faites-la digérer pendant quatre jours à une très douce chaleur, dans trois livres de $\frac{1}{6}$ fort ; passez en exprimant légèrement, et filtrez. Passez sur le marc deux livres d'esprit à vingt-huit ou trente degrés ; exprimez fortement après quatre ou cinq jours de macération nouvelle, et filtrez à part cette seconde teinture.

Si l'on emploie la plante sèche, on mettra quatre livres d'esprit à trente degrés, et l'on repassera sur le marc deux ou trois livres d'esprit un peu plus faible. On relève quelquefois la teinture d'angélique, en y ajoutant quelques gouttes de teinture de musc par livre d'esprit.

Teinture d'Absinthe.

Faites macérer pendant quarante-huit heures une livre d'absinthe sèche, dans quatre livres d'esprit à vingt-huit ou trente degrés ; passez sans exprimer, et filtrez. Reversez trois livres de bonne eau-de-vie sur le marc ; faites macérer pendant trois jours ; passez en exprimant, et filtrez. Cette seconde teinture sera beaucoup plus amère, mais moins aromatisée que la première.

Teinture ou esprit de Cassis.

Versez sur cent livres de cassis égrené, cinquante ou soixante pintes d'esprit $\frac{1}{2}$; au bout de quinze jours ou trois semaines, tirez environ un tiers de la liqueur, que vous remplacerez par une pareille quantité d'esprit et que vous conserverez à part après l'avoir filtrée. Faites un second soutirage au bout de quinze autres jours, en ajoutant la même quantité d'esprit; et au bout du même laps de temps, vous tirerez toute la liqueur en une seule fois. Vous aurez ainsi trois infusions différentes de qualité, que vous pourrez employer soit séparément, pour faire des liqueurs de première, seconde et troisième qualités; soit en réunissant les deux premières. Enfin, en soumettant le fruit à la presse, vous en retirerez encore une teinture extraordinairement chargée qui pourra vous servir à faire du ratafia commun.

On prépare aussi le plus ordinairement de cette manière, les esprits de fraises et de framboises.

Esprit de Vanille.

On sait que cet aromate fournit fort peu à la distillation; et comme il est extrêmement cher, voici le moyen le plus économique de l'employer.

Mettez dans une cruche de grès une livre de bonne vanille coupée en petits morceaux, avec cinq livres d'esprit $\frac{1}{6}$; bouchez hermétiquement la cruche, et laissez macérer pendant un mois en agitant de temps en temps : soutirez alors la teinture, que vous remplacerez par autant d'esprit de vin, et que vous filtrerez dans un entonnoir fermé : au bout d'un second mois, vous passerez à travers un linge le contenu de la cruche : vous filtrerez cette seconde collature pour la réunir à la première, et si le marc conserve encore assez de vertu, vous le ferez infuser de nouveau avec un peu d'esprit de vin, pour le passer ensuite à la presse. Il est inutile de faire observer que le produit de la première infusion sera meilleur que celui de la seconde, quoique celui-ci soit très bon ; le dernier sera fort inférieur.

Esprit ou teinture de Violette.

La violette, ainsi que plusieurs autres fleurs, telles que le réséda, l'héliotrope, etc., ne fournissant non plus rien ou presque rien à la distillation, le meilleur moyen d'en obtenir l'esprit est de remplir une cruche de fleurs ; d'y verser par-dessus du ½ jusqu'à ce qu'elles en soient recouvertes, et de garder la cruche pendant un mois à la cave, après l'avoir bien bouchée. Au bout de ce temps, on passe la liqueur en l'exprimant faiblement, et on la filtre après l'avoir laissée déposer un jour ou deux.

On pourra se procurer ainsi des liqueurs de fantaisie à la violette, au réséda, etc., en coupant l'un de ces esprits avec du sirop.

Les liquoristes qui préparent en grand des esprits par infusion, font macérer pendant plus ou moins long-temps leurs substances dans de grandes cruches ou dans des barriques, et repassent deux ou trois fois de l'esprit sur le marc avant de l'épuiser, comme il est dit au sujet de l'esprit de cassis. Cette méthode n'est pas mau-

vaise, surtout sous le rapport de l'économie,
si l'on a soin de ne soutirer chaque fois qu'environ moitié de la liqueur : mais il n'y a que le
produit du premier, et tout au plus du second
soutirage, qui puisse être employé dans les liqueurs fines et surfines.

Teintures colorantes.

Rouge de cochenille. — Réduisez en poudre
fine une once de cochenille choisie et trois gros
d'alun. Versez petit à petit dans le mortier environ une livre d'eau bouillante, en ayant soin
de remuer avec le pilon pour faciliter la solution. Versez la liqueur dans un matras ou tout
autre vase de verre, que vous tiendrez pendant
quelques heures à la chaleur d'un bain de sable
ou d'un bain-marie tiède, et filtrez au papier
sans colle afin que la couleur soit parfaitement
claire.

Cette teinture servira à donner aux liqueurs,
selon la quantité que vous en mettrez, les nuances les plus fraîches, depuis le rose le plus tendre jusqu'au rouge foncé. On peut encore la
préparer en faisant digérer la cochenille et l'alun
dans une livre d'esprit de vin, comme pour les
teintures spiritueuses.

Rouge d'écarlate. — Triturez dans un mortier, deux onces de *graine d'écarlate* ou kermès
végétal, avec quatre gros d'alun en poudre et
autant de crême de tartre. Délayez le mélange
comme ci-dessus avec de l'eau bouillante, et terminez la teinture de la même manière.

Voyez pour le choix de la graine d'écarlate, ce qui en est dit à la formule du ratafia
alkermès.

Rouge de Brésil. — Les deux couleurs précédentes étant extrêmement chères, on peut en préparer une moins dispendieuse, mais aussi beaucoup inférieure, en faisant bouillir du campêche ou bois de Brésil réduit en copeaux, avec un peu d'alun. Cette couleur ne peut servir tout au plus que pour les liqueurs communes.

Jaune de safran. — Faites digérer pendant vingt-quatre heures sur les cendres chaudes, une once de bon safran de Gatinais coupé en petits morceaux, dans huit onces d'eau; passez en exprimant fortement et filtrez. Vous pourrez, en faisant bouillir pendant quelques minutes le résidu, retirer une seconde teinture très forte, mais moins belle que la première.

L'odeur du safran n'étant pas du goût de tout le monde, et ne s'associant pas toujours très bien avec les liqueurs que l'on veut colorer en jaune, on pourrait, je crois, avant d'extraire la teinture de cette fleur, la faire macérer pendant vingt-quatre heures avec de l'esprit de vin, qui enlèverait une bonne portion du principe odorant.

Jaune de curcuma. — Délayez une once de curcuma ou *terra merita* en poudre, avec environ huit onces d'eau bouillante; faites digérer pendant quelques heures sur les cendres chaudes; passez et filtrez. Cette teinture fournit une couleur fort éclatante.

Quant à celle que l'on retirerait de la gomme gutte, la propriété violemment purgative de cette substance, rend son emploi dangereux dans les compositions du liquoriste et du confiseur.

Violet fin. — Mélangez dans les proportions que vous jugerez convenables, la teinture d'indigo avec celle de cochenille ou celle d'écarlate, selon le ton de violet que vous voudrez avoir.

Violet commun. — Faites digérer comme pour le curcuma, du tournesol pulvérisé, avec suffisante quantité d'eau bouillante. Cette couleur n'est ni aussi brillante, ni aussi solide que la précédente.

Vert fin. — On obtient toutes les nuances de vert avec la teinture d'indigo et celle de safran ou de curcuma.

Vert d'épinards. — Faites cuire à petit feu des épinards avec très peu d'eau et un peu d'alun et de colle de poisson; passez en exprimant fortement et filtrez.

Cette couleur est loin de valoir la précédente : elle ne permet pas d'ailleurs de varier le ton des nuances à volonté.

Bleu d'indigo. — Dissolvez une once d'indigo en poudre dans suffisante quantité d'acide sulfurique, en agitant de temps à autre le mélange pour faciliter la solution; ajoutez environ huit onces d'eau, saturez l'acide au moyen de la craie en poudre; filtrez la liqueur, et jetez un peu d'eau sur le filtre pour laver le précipité insoluble : conservez la teinture pour l'usage.

Cette couleur est la plus solide et la meilleure que l'on ait encore pu trouver, non seulement pour le bleu, mais pour plusieurs autres.

CHAPITRE XII.

DES SIROPS.

Des Sirops en général.

Le liquoriste donne le nom de sirop au mélange d'eau et de sucre qu'il prépare à mesure du besoin pour la confection de ses liqueurs, quelles que soient les proportions des deux ingrédiens. Mais les sirops proprement dits doivent toujours contenir autant de sucre que le liquide peut en retenir en dissolution ; c'est-à-dire, comme je l'ai indiqué plus haut, environ deux parties de celui-là contre une de celui-ci, sauf quelques légères modifications ; il ne s'agira, dans cet article, que de ceux de ces derniers qu'il est utile au liquoriste d'avoir en provision pour les besoins de sa fabrication.

Le but de ces compositions est d'avoir toujours sous la main une quantité de sucre fondu et très pur, tout prêt à être employé dans tel mélange que ce soit ; ou de lui associer la saveur et le parfum de certains végétaux. Dans le premier cas, le sirop se prépare à l'eau pure comme il a été dit à l'article de la cuite du sucre : on emploie dans le second cas la décoction, l'infusion ou l'eau distillée du végétal. Mais comme la décoction ne conserve qu'une très faible portion de l'arome et donne d'ailleurs des sirops trop chargés en couleur, on ne doit employer ce procédé tout au plus que pour quelques sirops à ratafias.

Les sirops préparés par décoction, pouvant supporter l'action du feu sans inconvéniens, et étant d'ailleurs presque toujours plus ou moins troubles, il est nécessaire de les clarifier au blanc d'œuf avant de leur donner le degré de consistance voulu, et l'on peut alors se servir de sucre ordinaire. Mais avec les eaux distillées et les infusions qui ne peuvent supporter une haute température, on doit employer du sucre très pur; ne mettre que la quantité de liquide qu'il peut absorber, afin de n'avoir pas à faire réduire; le faire fondre à une très douce chaleur, et filtrer aussitôt à la chausse. Quelle que soit la nature des sirops, ils doivent toujours se passer à chaud comme étant plus fluides.

Il faut en général éviter d'étendre le sucre dans une trop grande quantité d'eau, à moins que l'on ne veuille utiliser des cassonades impures qui ne peuvent se clarifier parfaitement qu'à l'aide d'une ébullition prolongée : parce que, indépendamment du combustible, du temps et de la main-d'œuvre, dépensés en pure perte, les sirops qui languissent trop sur le feu, achèvent de perdre le peu d'arome qu'ils pouvaient retenir, et finissent par se colorer.

Les proportions de sucre et de liquide varient un peu selon la nature de celui-ci et de la qualité de celui-là. L'eau et les décoctions légères se saturent, à l'aide de la chaleur, de leur double en poids de sucre fin, sauf la perte de liquide qui peut se faire par l'évaporation ; les eaux distillées et les infusions n'en prennent guère que 28 à 30 onces par livre ; les sucs fermentés et le vin un peu moins ; les sucs de citron, de groseille ou d'orange, à peu près autant que les infusions et les eaux distillées ; les sucs sucrés ou visqueux, les décoctions mucilagineuses et épaisses, en prendront d'autant moins qu'ils seront déjà plus chargés. Enfin, la même quantité de liquide dissoudra plus de cassonade que de sucre en pain.

J'ai parlé à la cuite du sucre, de l'effet des sirops peu ou trop cuits et du choix à faire entre la cassonade et le sucre : il me suffira d'ajouter ici que les sirops craignent la chaleur, l'humidité, le contact de l'air, et qu'ils se conservent difficilement quand les vases ne sont pas pleins. Il convient de mettre les sirops en bouteilles tandis qu'ils sont encore chauds, afin d'éviter une évaporation inutile ; mais d'attendre qu'ils soient refroidis pour les boucher, sans quoi l'humidité qui se formerait à la surface les moisirait promptement.

Comme il importe quelquefois au liquoriste de connaître la pesanteur spécifique d'un sirop et la quantité réelle de sucre qu'il contient, il y parviendra à l'aide de la table ci-dessus (page 141) et d'un calcul analogue à celui indiqué pour les eaux-de-vie.

Sirop de sucre ou Sirop simple.

(Voyez Clarification et cuite du sucre.)

Ce sirop doit se trouver en abondance dans le magasin du liquoriste comme il se trouve chez le confiseur.

Sirop de capillaire.

Versez une ou plusieurs livres de sirop de sucre bouillant, sur autant d'onces de capillaire haché ; couvrez le vase hermétiquement, et laissez infuser à une douce chaleur pendant une

heure ou deux, après quoi vous passerez le sirop
à la chausse ; ajoutez alors un peu d'eau de fleur
d'orange et quelques gouttes d'essence de citron.

Ce procédé est le seul qui puisse conserver au
sirop le parfum très fugace du capillaire ; ce parfum est même si léger, que l'on supprime le plus
souvent cette plante, et l'on décore de son nom
le sirop de sucre aromatisé.

Sirop de Violette.

Prenez au moment où ces fleurs ont le plus
de parfum, cinq livres de violettes simples bien
fraîches, point trop épanouies, et mondées de
leurs calices ; arrosez-les avec un peu d'eau
bouillante, et pressez-les de suite légèrement
dans un linge pour en extraire cette eau, chargée
d'un principe muqueux, roussâtre, qui altérerait
promptement la couleur du sirop. Mettez vos
fleurs ainsi purgées dans un vase d'étain ou de
faïence ; versez-y dix livres d'eau bouillante, et
couvrez de manière à éviter toute évaporation.
Après douze heures de macération à une très
douce température, vous passerez l'infusion à
travers un linge très propre, parfaitement purgé
de savon et de l'alcali des lessives qui suffirait
pour verdir la couleur ; vous laisserez la liqueur
se débarrasser par le repos d'un précipité ver-
dâtre. Enfin, vous la reverserez dans un vase
d'étain ou autre qui ne puisse altérer le sirop ;
vous y ferez fondre, à la chaleur du bain-marie,
dix-neuf livres de beau sucre blanc cassé en petits morceaux, en ayant soin de remuer fréquemment et d'enlever l'écume s'il s'en forme ; et vous
coulerez le sirop à la chausse, dès que le sucre
sera fondu.

Le sirop de violette est l'un de ceux qui demandent le plus de soin par rapport à la couleur fugace de la fleur, qu'il importe de conserver. Il est bon de remarquer que cette couleur noircit quand l'on opère dans des vases d'étain. Si l'on emploie un sucre chargé de chaux, ce qui arrive fréquemment, le sirop verdit bientôt.

Sirop d'écorce de Citron.

Versez six livres d'eau bouillante sur une livre de zestes de citron frais ; passez sans exprimer, après deux heures de macération à vase clos ; filtrez la liqueur au papier gris, faites-y fondre à la chaleur du bain-marie, onze livres et demie de beau sucre blanc cassé en petits morceaux ; passez le sirop à la chausse.

Les sirops d'écorce d'orange, de cédrat, etc., se préparent de même.

Sirop d'OEillet rouge.

Prenez la même quantité que pour le sirop de violette, de fleurs d'œillet rouge bien parfumées, mondées de leurs calices et onglets, et suivez en tout les mêmes manipulations. On peut ajouter quelques clous de girofle.

Sirop de Menthe poivrée (par infusion).

Versez deux ou trois livres d'eau bouillante sur une livre de sommités fleuries et fraîches de menthe poivrée, et terminez le sirop comme celui d'écorce de citron.

Les sirops par infusion, de mélisse et de toutes les autres herbes aromatiques fraîches, se préparent de même : si l'on emploie les mêmes

plantes sèches, il en faut beaucoup moins selon
la perte de poids qu'elles éprouvent en séchant.
Si l'on voulait préparer des sirops de racines,
de tiges ou de semences aromatiques fraîches, on
en prendrait une livre contre cinq à six d'eau.

La cannelle et toutes les substances aromatiques
sèches et dures peuvent s'employer à la dose de
deux onces par livre d'eau bouillante, pour avoir
des sirops bien parfumés. Il ne faut pas négliger
de réduire en poudre grossière les substances,
qui sans cela se laisseraient pénétrer difficilement par l'eau, et de filtrer les infusions au
papier-joseph avant d'y mettre le sucre.

Sirop de fleurs d'Orange.

Versez dans un matras ou dans une grande
bouteille de verre une livre d'eau de fleurs d'o-
range double, et vingt-huit onces de sucre très
blanc réduit en poudre grossière : couvrez le
matras avec un morceau de vessie ou de parchemin mouillé; plongez-le dans l'eau chaude
en remuant de temps en temps jusqu'à ce que le
sucre soit parfaitement fondu; filtrez le sirop
encore chaud à travers une chausse renfermée
dans son étui.

Les sirops de menthe, de cannelle, d'angélique,
d'écorce de citron; en un mot, tous les sirops
de plantes aromatiques susceptibles de fournir
des eaux distillées très odorantes, peuvent et
doivent être préparés par ce procédé, toutes
les fois que l'on veut les avoir très beaux et
sans couleur. Il est d'ailleurs facile d'avoir des
sirops composés de plusieurs parfums, en faisant un mélange convenable de plusieurs eaux
distillées.

Sirop de Groseilles.

Après avoir égrappé des groseilles bien mûres et cueillies par un beau temps, exprimez-en le suc sans eau. Laissez reposer ce suc en lieu frais pendant vingt-quatre ou quarante-huit heures, selon le temps ; séparez-le de son dépôt ; filtrez pour l'avoir parfaitement clair. Mettez dans un matras vingt-neuf onces de sucre en poudre par chaque livre de suc, et faites fondre à une très douce chaleur. On peut ajouter sur dix livres de groseilles deux ou trois livres de framboises et une livre de merises ou cerises noires.

Les sirops d'orange, de citron, de coing, etc., se préparent de même. Pour obtenir le suc de ce dernier fruit, il faut, après l'avoir mondé de ses pepins sans le peler, le râper, le soumettre à la presse après l'avoir exposé pendant vingt-quatre heures à la cave ; laisser encore reposer le suc un ou deux jours avant de le filtrer, et terminer le sirop comme celui de groseilles.

Avant de porter à la cave les sucs de citron ou d'orange, il est bon d'y faire fondre quelques morceaux de sucre frottés sur la superficie de l'écorce, en observant de diminuer d'autant la dose de sucre destinée à faire le sirop.

Tous les sirops décrits dans ce chapitre ne sont pas de pur agrément ; un homme intelligent peut s'en servir avec succès pour improviser une foule de liqueurs agréables. En voici un autre qui, bien fait, peut être fort utile pour la préparation d'une foule de liqueurs économiques à la campagne.

Sirop de Raisin fin.

Prenez une certaine quantité de raisins blancs

bien sucrés, bien mûrs, et même un peu fanés ; exprimez-en légèrement le suc après les avoir mondés des grappes et des grains gâtés, et agitez ce moût en tous sens dans un baril où vous aurez fait brûler, selon sa capacité, une ou plusieurs mèches soufrées. Cette opération, appelée *mutage*, détruit tout principe fermentescible, et donne de la blancheur au sirop : le moût ainsi préparé peut se conserver jusqu'au moment de l'employer.

Alors on le met dans un chaudron sur un feu un peu vif, et lorsqu'il commence à bouillir, on y projette petit à petit un peu de craie en poudre que l'on répand le plus également possible. Il se fait à chaque fois une effervescence d'abord assez vive, qui diminue à mesure que l'acide du raisin est neutralisé : lorsqu'elle cesse tout-à-fait, on cesse aussi de verser de la craie, et l'on passe le sirop après l'avoir laissé reposer quelques instans hors du feu pour laisser précipiter les sels calcaires insolubles.

On le bat alors avec des blancs d'œufs, on le remet sur le feu dans des bassines larges et peu profondes, on clarifie comme le sirop de sucre ordinaire, on laisse cuire en bonne consistance, et l'on passe le sirop à la chausse. Il se forme encore pendant une quinzaine de jours un dépôt abondant de sels calcaires, qui oblige de décanter le sirop avant de le mettre en vases convenables pour le conserver.

Un moût bien sucré et convenablement muté, donne jusqu'à un quart de sirop très beau qui, bien qu'inférieur à celui de sucre, peut encore, presque sans frais, faire de très bons ratafias de campagne. Mais la manière de conduire la cuite influe beaucoup sur la qualité ; si elle languit, le sirop contracte un goût fade analogue à celui de la manne ; si elle est trop brusque, le sirop est sujet à roussir et brûle même très facilement. On recommande d'opérer sur de petites masses et dans de larges bassines, afin qu'à feu égal l'évaporation soit plus prompte.

CHAPITRE XIII.

DES SUCS DE FRUITS.

Extraction et Dépuration.

Les sucs de fruits préparés d'avance pourraient être d'une grande ressource pour les liquoristes, par la facilité qu'ils leur donneraient d'en préparer à volonté, soit des ratafias, soit des sirops aussi bons et aussi beaux que dans la saison de ces fruits.

Tous les fruits ne rendent pas leur suc avec la même facilité, et il y en a plusieurs qui doivent être soumis à des préparations préalables. Tous contiennent, outre une quantité plus ou moins grande de sucre, qui est sans cesse disposé à fermenter, un principe muqueux qui concourt au même résultat, et qui a d'ailleurs l'inconvénient de rendre le liquide toujours trouble ; inconvénient grave quand il s'agit d'avoir des sirops ou des ratafias, dont la limpidité est un des principaux mérites, plus grave encore sous le rapport de la conservation. Il faut donc pour conserver les sucs de fruits jusqu'à la récolte suivante, et les avoir d'ailleurs parfaitement clairs, leur enlever au moins un

des agens de la fermentation (voyez ce mot), et
les dépouiller en même temps du principe muqueux.

Les sucs de fruits aqueux ou acides s'éclaircis-
sent assez promptement par le simple repos ; les
autres le font plus lentement, et nécessitent
presque toujours le concours d'un certain degré
de chaleur. Quant à la fermentation, le meilleur
moyen de la prévenir sans altérer la qualité des
sucs, est de les priver, non seulement du contact de l'air atmosphérique, mais encore de
celui qu'ils contiennent eux-mêmes. C'est là le
principe fondamental du système de conservation de M. Appert. Passons maintenant aux
opérations nécessaires pour extraire et conserver
les divers sucs de fruits : les exemples qui vont
suivre pourront s'appliquer par analogie à tous
les sucs de fruits et d'autres végétaux.

Suc de Pêches.

Choisissez des pêches de la qualité la plus ju-
teuse et bien mûres ; rejetez-en les noyaux comme
inutiles ; écrasez les fruits le plus complétement
possible ; arrosez cette pâte avec une très petite
quantité d'eau ; laissez-la reposer en lieu frais
pendant quelques heures sans attendre que l'o-
deur vineuse se développe ; enfermez alors la
matière pulpeuse dans un sac de forte toile pour
la soumettre à la presse.

Le suc devenu moins visqueux par l'addition
d'une très petite quantité d'eau, et surtout par
un commencement de fermentation imperceptible, coulera plus abondamment qu'il ne l'aurait
fait sans ces deux circonstances ; mais si on l'a-
bandonnait à lui-même, il pourrait entrer réel-

lent en fermentation avant d'avoir eu le temps de s'éclaircir.

Il faut alors le verser dans un matras que l'on couvrira d'un parchemin mouillé, et le plonger dans un bain d'eau chaude sans être bouillante ; la chaleur coagulera le principe muqueux qui se séparera en forme de flocons : il ne restera plus qu'à filtrer la liqueur pour l'avoir parfaitement claire. Ce résultat sera plus prompt si l'on bat un peu de blanc d'œuf avec le suc.

Le suc, ainsi dépuré, est, à la vérité, moins disposé à la fermentation, mais il est loin cependant d'en être à l'abri. On le verse dans des bouteilles de verre fort que l'on bouche le plus fortement possible, et on assujettit pour plus de sûreté le bouchon avec un fil-de-fer croisé ; on entoure les bouteilles de paille ou de foin ; on les place debout dans un chaudron rempli d'eau, de manière à ce qu'elles y trempent jusqu'au cou ; on place le tout sur le feu, jusqu'à ce que l'eau ait jeté plusieurs bouillons. On éteint alors le feu ; on laisse refroidir l'eau avant de retirer les bouteilles ; on les goudronne et on ne les débouche plus qu'à mesure du besoin.

Pendant cette opération, l'air des bouteilles dilaté fortement par la chaleur, acquiert une force expansive prodigieuse, et semblerait devoir faire éclater toutes les bouteilles ; mais il s'échappe à travers les pores du liége dilaté lui-même par la même cause, et ne peut plus y rentrer parce que l'air atmosphérique, dans son état naturel, n'a plus assez de force et n'est pas assez raréfié pour traverser le bouchon de dehors en dedans, surtout après le refroidissement. Une portion du principe muqueux échappé à la dépuration, est précipité au fond de la bouteille.

Malgré la précaution que l'on doit avoir
de laisser deux ou trois pouces de goulot vide,
l'action de l'air dans cette circonstance est tellement énergique qu'il fait casser beaucoup de
bouteilles si elles sont trop minces pour résister
à son effort, ou le bouchon, d'un tissu trop serré
pour céder à la dilatation.

Les sucs d'abricots et de prunes se préparent de
la même manière ; mais ce dernier fruit étant
plus juteux n'a pas besoin d'eau.

Suc de Coings.

Voyez, pour la manière d'extraire le suc de
ce fruit, l'article de son *ratafia* : pour la dépuration et la conservation, suivez le même procédé que pour le suc de pêches.

Sucs de Fraises et de Framboises.

Suivez pour l'extraction, la dépuration et la
conservation, le même procédé que pour le suc
de pêches.

Suc de Groseilles.

Mondez vos fruits de leurs grappes ; écrasez-
les sans eau, et laissez-les reposer pendant deux
ou trois heures avant de les presser, si vous en
avez le temps. Pour dépurer ce suc, il suffit de
le laisser reposer à la cave jusqu'à ce qu'il soit
parfaitement clair, ce qui est l'affaire d'une journée au plus, et de le filtrer ensuite : mais si l'on
est pressé on peut recourir au bain-marie, qui
hâtera la précipitation du corps muqueux.

On conserve ce suc de la même manière que
celui de pêche.

Suc de Cerises et de Raisin.

Mêmes procédés en tous points que pour le suc de groseilles, sauf la précaution de séparer les cerises de leurs queues et noyaux. Le suc de raisin étant plus visqueux a presque toujours besoin de la chaleur du bain pour sa dépuration.

Suc de Verjus.

Il se prépare, se dépure, et se conserve de la même manière que celui du raisin.

Suc d'Orange et de Citron.

On râpe dans le vase qui doit recevoir le suc un peu de zeste ; on exprime le fruit à l'aide d'une presse à main ; on passe le suc à travers un linge mouillé pour en séparer les pepins, et l'on se conduit du reste comme pour le suc de groseilles.

Suc de Grenade.

Ce suc, que l'on prépare absolument de la même manière que les précédens, se dépure lui-même au bout de quelques instans de séjour à la cave, surtout si l'on a eu soin de ne pas écraser les pepins.

Il est à remarquer que les fruits que l'on a passés sur le feu pendant quelques instans, rendent leur suc avec plus de facilité, mais la chaleur nuit à la qualité : la même observation s'applique à la dépuration. Enfin il est inutile de dire que les fruits destinés à cet usage, doivent être en maturité parfaite.

CHAPITRE XIV.

DE LA FABRICATION DES LIQUEURS.

Des Liqueurs en général, et de leur préparation.

A mesure que le goût des boissons spiritueuses s'éleva des dernières classes du peuple dans les rangs de la bonne société, le désir de se distinguer du vulgaire, la sensualité, ou la crainte de blesser des gosiers délicats peu habitués à la rudesse de l'eau-de-vie, suggérèrent l'idée de la mitiger avec de l'eau et du sucre : telle fut, après l'eau-de-vie pure, la première liqueur qui parut sur les tables *comme il faut.*

Peu à peu, et successivement, on imagina de joindre à ce breuvage si simple quelques parfums qui, en le rendant plus délicat, firent bientôt, d'une boisson inventée par le luxe, un objet de première nécessité. Dès-lors, s'offrit à l'industrie une nouvelle branche de spéculation qui fut exploitée avec tant d'empressement, que le besoin de soutenir avec avantage la concurrence, força chaque fabricant à chercher mille moyens de diversifier ses liqueurs, pour stimuler la sensualité déjà un peu blasée des gourmets. Le nombre des préparations de ce genre s'accrut prodigieusement, et s'accroît tous les jours en raison de la grande consommation, et de la concurrence qui en est la suite. Mais le fond est toujours le même.

Toutes les liqueurs de table, de quelque nom qu'on les décore, ont pour base un mélange d'eau-de-vie, de sucre et d'eau, dont les proportions varient selon le genre de liqueur que l'on veut préparer. On y ajoute comme accessoires tels aromates que l'on croit le plus propres à flatter le goût et l'odorat ; et le grand talent d'un liquoriste consiste dans le choix de ces aromates, leur dosement, et dans l'art de discerner les odeurs et les saveurs qui se marient le mieux ensemble, pour éviter d'associer celles qui se repoussent mutuellement.

Cette partie de l'art demande une étude toute particulière. Les aromes les plus suaves ne sont pas tous susceptibles de produire de bonnes liqueurs, car l'on pourrait citer dans certaines familles naturelles, telles plantes qui n'en donneraient que de très mauvaises, quoique recherchées pour leur odeur ; d'autres, dont le parfum peu prononcé en lui-même, peut néanmoins donner lieu à d'heureuses combinaisons. Enfin des odeurs peu agréables prises isolément, peuvent produire entre les mains d'un artiste habile, des liqueurs délicieuses : l'arome de la truffe, par exemple, dont le parfumeur ne saurait tirer un parti utile, fournit un ratafia fort agréable.

Après avoir fait choix des aromes qui doivent parfumer une liqueur, il est non moins indispensable de rechercher le mode sous lequel on doit en faire usage. Tantôt on emploie en nature la substance aromatique, en la faisant infuser dans la liqueur ; tantôt on la soumet à la distillation, soit pour en parfumer directement cette même liqueur, soit pour en retirer particulièrement le parfum sous forme d'huile essentielle, d'eaux aromatiques, d'esprits odorans, etc., etc. : chacun de ces procédés offre des avantages et des inconvéniens qui seront examinés dans le cours de cet article.

On peut rapporter à quatre principales, les différentes manières de préparer les liqueurs de table : la distillation directe, l'infusion ou macération, le mélange des produits distillés, celui des sucs de fruits avec l'alcool. On pourrait à la rigueur faire une cinquième classe des liqueurs produites par la fermentation de ces mêmes sucs, si elles ne devaient être considérées plutôt comme de véritables vins.

Le premier procédé, qui a été pendant long-temps le seul employé pour la fabrication des liqueurs fines, et qui n'est pas encore entièrement abandonné, semblerait au premier abord le plus parfait, en même temps que le plus propre à combiner intimement les divers élémens de ces liqueurs et à n'y introduire que les principes les plus subtils des végétaux.

Mais il est incontestable que quelques soins que l'on apporte à la distillation, elle fait toujours perdre aux végétaux une portion de leur arome le plus subtil, le plus suave ; d'un autre côté, les principes volatils ne s'élèvent point tous à la même température ; leur pesanteur spécifique, l'intimité de leur combinaison, la contexture des végétaux qui les renferment, peuvent s'y opposer.

En sorte que, lorsque l'on soumet à la même distillation plusieurs substances aromatiques, il est évident que celles dont les principes sont le plus volatils fournissent bien davantage que les autres ; et il est bien rare que l'on n'obtienne pas un produit tout différent de celui que l'on devait attendre d'après les proportions respectivement observées dans le mélange. Si l'on ajoute à cela, d'une part, la main-d'œuvre, les dépenses et l'embarras ; et d'autre part l'inconvénient qu'a la distillation, même au bain-marie, de communiquer aux liqueurs sinon toujours le goût de feu, du moins une certaine saveur corrosive que l'art n'efface pas toujours complétement sans l'aide du temps, on sentira que la distillation directe n'est ni le plus économique, ni le meilleur procédé pour avoir des liqueurs parfaites.

L'infusion pure et simple dans l'alcool est infiniment préférable, ainsi que je l'ai dit en parlant des teintures et des infusions, toutes les fois que l'on tient plus à la délicatesse des liqueurs qu'à leur parfaite blancheur. Quand elle est faite d'après les règles prescrites pour ce genre d'opération, elle extrait d'une manière uniforme et sans les altérer, les principes aromatiques : comme ils n'éprouvent aucune déperdition, il faut pour donner un parfum égal, beaucoup moins de matière que par la distillation ; et la combinaison des divers aromes est bien plus exacte, parce que ne devant pas être volatilisés, leur pesanteur spécifique n'apporte aucun changement dans leur manière d'être.

Pour que les liqueurs préparées de cette manière ne perdent aucune de leurs qualités, tant sous le rapport du parfum que sous celui du goût, il faut que l'infusion se fasse à la simple température de l'atmosphère ; il est même des aromes si fugaces, que l'on ne peut en imprégner l'esprit de vin qu'à l'aide d'un certain degré de froid. On emploie assez souvent, à la vérité, l'ardeur du soleil pour les sucs de fruits plus sucrés qu'aromatiques ; mais l'on n'a jamais recours à une plus forte chaleur, à moins que l'on ne veuille soumettre à l'infusion des portions de plantes qui ne rendent bien leurs principes que dans l'eau.

Les liqueurs de la troisième classe se préparent
en mélangeant ensemble dans de justes proportions, des teintures ou des esprits auxquels on
ajoute des sirops et au besoin de l'eau-de-vie.
J'ai indiqué à leur article, le parti que l'on peut
retirer des teintures.

L'emploi des esprits aromatiques préparés
d'avance, bien saturés et exempts de goût de
feu, a, sur la distillation directe, l'avantage de
pouvoir rassembler et conserver sous de très petites masses, de grandes quantités d'aromes divers;
de permettre de les mélanger et de les doser avec
exactitude de mille manières différentes et à la
minute; d'éviter l'embarras et la dépense des
distillations trop fréquentes; de permettre de
fabriquer à l'instant toutes sortes de liqueurs sans
avoir besoin d'attendre que le temps les ait
adoucies; en un mot, de simplifier de beaucoup
les opérations du liquoriste, tout en améliorant
la qualité des produits. Enfin n'employant par
ce moyen que des ingrédiens sans couleurs, on
obtient des liqueurs susceptibles de recevoir
toutes les nuances de fantaisie que l'on voudra
leur donner.

Les sucs de fruits produisent par leur mélange
avec l'alcool, avec ou sans le secours de la fermentation, une nouvelle variété de liqueurs
d'autant plus agréables quand elles sont bien faites, qu'elles sont plus naturelles et qu'elles conservent, dans toute sa fraîcheur, toute sa pureté,
le parfum ainsi que le goût du fruit. Elles exigent
presque toujours le concours de l'infusion.

Le principe muqueux sucré répandu en abondance dans les sucs de fruits troublerait la transparence des liqueurs si l'on n'avait préalable
ment soin de le séparer par la dépuration (V. le

chapitre précédent). Cette précaution est inutile quand on doit employer le concours de la fermentation, parce qu'elle a la propriété de détruire le muqueux des fruits.

Les marasquins, ou liqueurs produites par la distillation des vins de fruits, rentrent dans les classes précédentes, puisque l'on opère alors sur de véritables esprits analogues à celui du vin de raisin.

Il est essentiel pour un liquoriste d'avoir toujours en réserve, selon l'importance de sa consommation, des quantités suffisantes de bon esprit de vin au titre de $\frac{1}{2}$; de sirop de sucre bien cuit et très limpide; de liqueur simple; d'esprits aromatiques; d'eaux odorantes; d'huiles essentielles en nature ou dissoutes dans l'esprit de vin; de teintures aromatiques; de teintures colorantes; et de connaître au juste la quantité de liqueur que peut servir à confectionner une dose donnée de chacune de ces substances.

A l'aide de ces provisions qu'il devra remplacer à mesure qu'il les entamera, et avec la facilité d'avoir toujours sous la main de l'eau très pure, un liquoriste intelligent pourra, sans autre guide que son goût, fabriquer en peu d'instans telles quantités et qualités de liqueurs que les besoins de son commerce pourront exiger. Si ces liqueurs sont composées avec des esprits préparés assez long-temps d'avance pour s'être dépouillés de toute saveur étrangère, elles auront, au bout de quelques jours, presque tous les caractères de la vétusté, et pourront être livrées à la consommation avec avantage, et sans compromettre la réputation du fabricant.

Classification et Nomenclature des Liqueurs.

Les liquoristes divisent généralement en trois classes principales les produits de leur art ; c'est-à-dire qu'ils préparent des *liqueurs ordinaires*, des *liqueurs fines* et des *liqueurs surfines*. Ces diverses dénominations donneraient à entendre que la qualité des substances employées et le plus ou moins de soin apporté dans la fabrication, constituent toute la différence qui existe entre ces trois classes de liqueurs : cela n'est vrai que jusqu'à un certain point.

Ces distinctions reposent plutôt sur les proportions respectives de sucre, d'alcool et d'eau. Ainsi, par exemple, on emploie environ une partie de $\frac{3}{6}$ du commerce contre deux parties d'eau et quatre à six onces de sucre par pinte de mélange, pour les liqueurs ordinaires ; parties égales d'esprit et d'eau, avec huit ou dix onces de sucre par pinte, pour les liqueurs fines ; et jusqu'à douze et même seize onces de sucre sur les mêmes proportions d'esprit et d'eau pour les liqueurs surfines ; on charge aussi un peu plus la dose d'aromates pour ces deux dernières classes. Quant aux proportions de sucre, non seulement on les diminue quelquefois d'un bon tiers sans un grand inconvénient, mais encore il y a, dans chaque classe générale, des liqueurs qui en demandent plus ou moins que les autres de la même classe. Le goût de l'artiste et celui du public sont ici le guide le plus sûr à consulter.

Les liqueurs fines et surfines sont spécialement désignées sous les noms de *crèmes* et *d'huiles*. Les premières ont reçu cette dénomination par comparaison de leur consistance à celle de la crème du lait ; quelques auteurs veulent que l'on écrive *chréme*, par analogie avec la consistance du *chréme* employé dans les cérémonies religieuses : la première dénomination me paraît préférable. Les huiles sont plus épaisses que les crêmes, et filent comme de l'huile d'olive. Il faut d'ailleurs observer que, dans le principe, toutes les liqueurs connues sous le nom de crêmes, étaient blanches, et les huiles colorées en jaune d'huile d'olive.

Quoi qu'il en soit de ces diverses définitions, on peut diviser toutes les liqueurs en liqueurs ordinaires ou *eaux*, en *crémes*, en *huiles*, et faire une quatrième classe des *ratafias*. Toutes ces liqueurs peuvent d'ailleurs être fines ou communes, selon la qualité des ingrédiens et la manière dont elles sont préparées.

Après avoir établi, *comme dans un système d'histoire naturelle*, les grandes divisions, il semblerait convenable de donner à chaque liqueur en particulier, un nom approprié à la substance aromatique qui y domine : ainsi, par exemple, les noms de *citronelle*, de *fine orange*, d'*anisette*, d'*eau de noyaux*, indiqueraient d'avance au consommateur la nature de la liqueur qu'on lui présente ; et il ne serait pas exposé à acheter sous l'appât trompeur d'un nom étranger à la chose, une liqueur qui n'est pas de son goût.

Le public et le bon sens y gagneraient, il est vrai ; mais de quelle ressource ne se priverait pas le marchand ! une liqueur cesse d'être de mode ; d'ailleurs,

Il nous faut du nouveau, n'en fût-il plus au monde,

a dit un poète ; mais, dans cette partie, la carrière est tellement battue et rebattue, qu'il n'est pas facile à tout le monde de créer de nouvelles recettes.

Que sera donc le liquoriste embarrassé de l'emploi de sa liqueur? Il commencera d'abord par lui donner une nouvelle physionomie en lui donnant une couleur particulière : puis, sous les auspices d'un nom bizarre, bien pompeux, il la présentera hardiment comme un nouveau produit de son génie inventif; et le bon public, séduit par cette amorce, sera tout étonné de retrouver dans la liqueur nouvelle, celle dont il commençait à ne plus se soucier, ou de voir la même composition se reproduire sous autant de noms que de couleurs différentes.

Un habile fabricant doit d'ailleurs profiter de tous les artifices innocens qui peuvent favoriser le débit de ses productions. Faut-il s'étonner, d'après cela, que les liquoristes aient imaginé depuis quelques années, de mettre en bouteille l'esprit de nos grands hommes ; que le *petit-lait d'Henri-Quatre* et l'*eau des braves* aient obtenu un succès auquel leur titre n'est peut-être pas étranger, et que nos petites-maîtresses boivent encore avec plaisir l'*huile de Vénus* et le *parfait amour?* Un liquoriste cherchant des dénominations plus populaires, vient d'imaginer une *huile de cotret;* il ne tardera vraisemblablement pas à y joindre le *ratafia de grenouille ;* pourra-t-on promettre un semblable succès à ces compositions nouvelles?

Parfum et coloration des Liqueurs.

On a vu dans l'article précédent le rôle important que les substances aromatiques et colorantes jouent dans la fabrication des liqueurs.

Les préparations aromatiques que l'on emploie le plus fréquemment sont les esprits distillés concentrés, et les essences. On aurait de l'avantage à faire un usage plus général de celles-ci, si l'on était assuré de les avoir toujours d'excellente qualité.

La propriété qu'elles ont de renfermer beaucoup d'arome sous un très petit volume les rendrait extrêmement précieuses, par la facilité qu'elles donneraient de communiquer à une quantité quelconque de liqueur déjà faite, le degré de parfum dont elle aurait besoin, sans être obligé de rien changer aux proportions des autres substances. Mais le risque que l'on court d'être trompé, à moins de les préparer soi-même, et la promptitude avec laquelle elles se détériorent, empêchent d'en généraliser l'emploi autant qu'on le pourrait. Les particuliers qui veulent s'amuser à composer à peu de frais leurs liqueurs, peuvent cependant en obtenir de très bonnes en mélangeant, par pinte de liqueur simple, quelques gouttes d'essence de bonne qualité.

On peut encore, au lieu de couper l'esprit avec de l'eau pure pour l'amener au titre voulu, le mélanger avec l'eau distillée de l'aromate dont le parfum doit dominer; ou employer, au lieu de sirop simple, celui que l'on aurait préparé avec cette eau : cette dernière méthode, quoique fort bonne quant aux résultats, deviendrait embarrassante, en ce qu'il est plus commode de recourir à un seul et même sirop pour toutes les liqueurs, que d'être assujetti à en fabriquer d'avance de vingt ou trente espèces différentes.

Il est des parfums dont l'emploi demande préalablement quelques manipulations particulières : l'ambre gris et la vanille, dont l'arome est si pénétrant et en même temps si expansible qu'il n'en faut qu'une très petite quantité pour aromatiser suffisamment une grande masse de liqueur, ces parfums dis-je, ne fournissent rien à la distillation : la racine d'iris ne donne par cette voie que très peu d'odeur, ce qui oblige de l'employer à bien plus haute dose qu'en infusion dans l'esprit de vin : l'odeur du musc s'affaiblit beaucoup dans cet esprit ; cette odeur, naturellement peu agréable, le devient par l'addition d'un peu d'ambre ; son parfum ne monte non plus que très difficilement à la distillation : l'ambre à son tour acquiert beaucoup plus de montant par l'addition d'une très petite quantité de musc : cet aromate ne se distille pas mieux que les précédens.

Un peu d'anis vert corrige une certaine odeur de punaise que l'on reproche à la badiane ; quelques feuilles de cassis produisent le même effet à l'égard du suc des baies de cet arbrisseau. Le coing serait peu agréable sans une petite dose de gérofle : la vanille se mêle beaucoup mieux dans les compositions quand elle a été triturée avec un peu de sucre ; cette petite manipulation paraît en outre développer son parfum.

La coloration n'ajoute aucune qualité réelle aux liqueurs, puisqu'une liqueur bien limpide, bien blanche, est tout aussi bonne, tout aussi agréable que si elle était décorée d'une nuance ou verte, ou jaune, ou rose, etc. Il y a plus, les matières colorantes que l'on est obligé d'employer surtout pour donner une couleur foncée, altèrent quelquefois le goût ; mais n'importe, avec quelques gouttes de couleur et un nom sonore, on peut tirer du même tonneau autant de liqueurs différentes qu'on le désire ; et l'on est dispensé de se creuser la tête pour imaginer

de nouvelles combinaisons. D'ailleurs il est des
gens qui veulent multiplier leurs jouissances
en y faisant participer tous les sens à la fois ; et
certes il n'est pas de moyen plus innocent de les
contenter.

Cette partie de l'art du liquoriste, pour être
la moins essentielle au fond, n'est pas la plus
facile : un palais tant soit peu exercé est un
guide fidèle pour faire connaître le degré de perfection d'un mélange ; mais l'œil trompe souvent
à l'égard de la couleur.

L'esprit de vin contient, comme l'on sait, une
portion quelconque d'acide libre que les autres
principes avec lesquels il est associé ne peuvent
neutraliser et qui altère très promptement certaines couleurs. D'un autre côté, cette fermentation lente à laquelle les liqueurs doivent en
grande partie leur perfection, décompose à la
longue la plupart des principes colorans.

Voilà pourquoi les couleurs rouges fournies
par les sucs de fleurs ou de fruits, durent si
peu ; pourquoi celles de la violette et du tournesol passent promptement au rouge, etc. etc. :
les couleurs jaunes, au contraire, brunissent
presque toutes avec le temps. Ces phénomènes
expliquent les variations singulières que la vétusté apporte dans la coloration des liqueurs ;
variations que l'art peut prévenir jusqu'à un
certain point par un bon choix de substances,
mais qu'il ne saurait réparer quand elles ont eu
lieu, sans crainte d'achever de détériorer les liqueurs qui les ont souffertes.

Les matières colorantes employées par les liquoristes, ayant toutes une saveur plus ou moins
forte et moins souvent agréable que déplaisante, il
convient de choisir dans leur nombre, celles qui,

à saveur égale, seront plus riches en principes colorans, afin de pouvoir en employer moins ; les substances les plus convenables sous ce double rapport, sont :

Pour les diverses nuances de rouge, la cochenille ; pour le jaune, l'infusion de safran ou celle de terra merita ; le caramel ne s'emploie guère que pour colorer les eaux-de-vie simples ; pour le bleu, l'indigo préparé ; pour le vert, le suc d'épinards ou le mélange de bleu et de jaune ; pour le violet, le mélange d'indigo et de cochenille, etc.

L'art du liquoriste et celui du confiseur feraient une acquisition importante, si l'on parvenait à trouver des substances propres à donner des couleurs brillantes, franches et solides, dont la saveur se mariât aisément à celle des liqueurs. Les tentatives faites jusqu'ici ont été généralement sans succès. Je pense cependant qu'il ne serait pas très difficile d'extraire des sucs de fleurs toutes les couleurs dont on pourrait avoir besoin, et de leur donner toute la solidité convenable.

Le bois du Brésil, le rocou, l'orcanette, le tournesol, etc., etc., fournissent des couleurs ternes, changeantes, et n'ont pas une saveur plus agréable que les substances désignées ci-dessus. Celles-ci d'ailleurs ont cet avantage, qu'une dose très faible suffit pour colorer de grandes masses ; mais, comme ces matières se mêleraient généralement mal si on les employait en nature, il faut préalablement les y disposer en les réduisant en teintures. (Voyez teintures colorantes.) La lumière ayant une action très prononcée sur les principes colorans, il faut conserver dans l'obscurité les liqueurs colorées.

Du mélange ou de la confection.

Toutes les opérations décrites jusqu'ici n'ayant d'autre but que de disposer et préparer préalablement tout ce qui doit concourir à la confection des liqueurs, la bonté de celles-ci dépend presque autant des soins apportés dans le mélange des diverses substances, que dans le bon choix que l'on a pu en faire.

Toute liqueur étant, comme on vient de le voir précédemment, un composé des trois substances fondamentales, l'esprit, le sucre et l'eau, auxquelles on ajoute comme accessoires des principes odorans, la perfection du composé dépend d'une fusion plus ou moins intime entre les dernières molécules des divers ingrédiens, de manière à ce que chacun d'eux ne domine ni trop ni pas assez. Deux choses principales sont donc à rechercher dans la confection des liqueurs; mettre les diverses substances qui les composent, dans des rapports tels qu'elles se combinent le plus intimement et le plus promptement possible, et conserver à chacune de ces substances, pendant l'opération, toutes ses propriétés. Voici le meilleur moyen de parvenir à ce double but.

D'une part, on apprête le sucre comme il est dit plus loin au sujet de la liqueur simple, c'est-à-dire qu'on le fait fondre sur le feu dans la totalité de l'eau à employer. D'autre part, et pendant que le sirop refroidit, on mêle avec la dose d'esprit prescrite, les esprits aromatiques et les teintures, les huiles essentielles, etc.; on verse alors petit à petit, et en remuant à mesure, cet esprit aromatisé sur le sirop froid; on ajoute ensuite les eaux odorantes s'il y en entre, et les principes colorans délayés préalablement dans une certaine quantité d'eau ou d'esprit.

Cela fait, et après avoir remué encore pendant quelques instans pour rendre le mélange aussi exact que possible, on examine et l'on goûte, pour voir s'il est à peu près au point voulu ; je dis à peu près, car ce n'est qu'au bout de quelques jours que l'on peut avoir des données positives. On laisse donc, après avoir corrigé les défectuosités trop marquées, digérer pendant quelques jours dans un lieu ni froid ni chaud, en ayant soin de remuer de temps à autre ; après quoi on examine de nouveau la liqueur pour ajouter définitivement ce qui y manque : on la filtre ensuite.

Quelques personnes se contentent de jeter pêle-mêle dans le même vase le sucre en morceaux et les autres ingrédiens, et de remuer le tout jusqu'à ce que le sucre soit fondu. Les liqueurs préparées de cette manière conservent toujours, ou du moins pendant long-temps, une sorte de crudité, et n'ont jamais ce degré de finesse, ni ce velouté que l'on remarque dans les autres. Quelques liqueurs par infusion se font en jetant le sirop bouillant sur les autres ingrédiens ; on laisse alors infuser à vase clos pendant plus ou moins long-temps ; on ajoute ensuite l'esprit de vin, et l'on passe, soit de suite, soit après quelques jours de macération.

Hors ces cas qui eux-mêmes sont rares, le mélange se fait toujours à froid : à plus forte raison ne doit-on jamais le faire dans la bassine qui a servi à cuire le sirop. Il n'y a d'autres exceptions à cette règle que le ratafia de fleurs d'orange pralinées, et celui aux amandes grillées.

Quelques liquoristes croient devoir filtrer leur liqueur presque aussitôt, tandis que d'autres attendent plusieurs jours. Cette dernière méthode, adoptée par la plupart des personnes habituées à raisonner leurs opérations, me paraît être évidemment la meilleure; car il convient de ne filtrer la liqueur que lorsqu'elle est achevée, et elle ne l'est réellement qu'au bout de quelques jours de mélange, pendant lesquels il convient encore de la goûter de temps en temps afin d'y faire les corrections nécessaires.

Le moyen le plus commode pour cela, est d'ajouter du sirop bien cuit, si le sucre est le seul ingrédient qui n'y soit pas en quantité suffisante; de l'esprit, si elle est trop faible; de la liqueur simple, si les aromates dominent trop; enfin quelques gouttes d'esprit distillé ou d'essence de celui qui se trouve en moins : on ne doit jamais faire infuser les substances en nature quand la liqueur est faite. L'eau est celle que l'on doit le plus éviter d'ajouter après coup, parce qu'elle laisse à la liqueur une saveur fade et plate qui s'efface très difficilement.

Il est bien difficile, ou pour mieux dire impossible, de déterminer d'une manière exacte les doses respectives des ingrédiens à employer dans la confection de telle ou telle liqueur; parce que la qualité du mélange est subordonnée, non seulement à cette cause, mais encore avant tout à la force de l'eau-de-vie, au degré de concentration des esprits aromatiques, à la qualité et à la cuite du sucre, à la maturité des fruits et des fleurs, à l'influence de la nature du sol et de l'état de la saison sur leur saveur et leur parfum; en un mot, aux diverses qualités de chacune des matières premières et substances composées que l'on emploie. Enfin la nature des appareils et la manipulation sont une nouvelle cause de variations dans les résultats ; car toutes choses égales d'ailleurs, les mêmes substances employées aux mêmes doses par deux ou plusieurs artistes, donneront autant de produits qui ne seront pas absolument pareils, surtout si, chose impossible à éviter, le feu n'a pas été gouverné avec uniformité.

On ne doit donc accorder qu'une confiance très limitée à toutes ces formules composées pour la plupart sans goût, sans méthode, et qui ne donnent que de faux résultats. Si j'ai moi-même donné un grand nombre de recettes dans le cours de ce manuel, c'est moins comme des règles à suivre aveuglément, que comme données approximatives ; et je ne saurais trop conseiller aux personnes qui voudront en essayer, de consulter davantage leur propre palais que les doses indiquées.

Clarification des Liqueurs.

Toutes les liqueurs ont, au moment où elles viennent d'être faites, un aspect louche qui non seulement déplaît à l'œil, mais encore qui finirait par les détériorer si l'on n'avait soin de les en dépouiller. Le procédé le plus expéditif pour cela serait sans contredit la clarification au blanc d'œuf, telle qu'on la pratique pour les sirops. Mais la chaleur que l'on serait obligé de faire supporter aux liqueurs, les dénaturerait entièrement.

Le simple repos suffirait pour les éclaircir sans leur faire rien perdre en qualité, soit en donnant aux matières pesantes et insolubles le temps de se précipiter, soit au moyen de cette fermentation intestine qui *userait* petit à petit le corps muqueux sucré qui trouble la transparence des liqueurs. Mais l'extrême lenteur de ce procédé le rend souvent impraticable, malgré les avantages que l'on y trouverait.

On a vu ailleurs que les liqueurs préparées par fermentation se clarifient d'elles-mêmes ; quant aux autres, on n'a pas trouvé de meilleur expédient que de les filtrer, c'est-à-dire de les faire passer et repasser, autant qu'il est nécessaire, à travers les pores d'un corps assez serré pour ne laisser couler que la partie la plus fluide, et retenir les substances grossières qui en troublent la transparence.

Comme il faut en outre de ces conditions que le corps servant de filtre ne puisse communiquer aux liqueurs aucune mauvaise qualité, on a successivement essayé à cet usage plusieurs matières ; celles dont on se sert le plus généralement aujourd'hui sont le coton cardé, les tissus de laine ou de coton croisé dont on fait les chausses, et le papier blanc non collé, connu sous le nom de *papier-joseph*. Le papier gris ordinaire ayant l'inconvénient de donner un goût désagréable, n'est plus employé pour les liqueurs fines ; mais si l'on était obligé de s'en servir, il faudrait avoir la précaution d'y passer auparavant un peu d'eau chaude.

Le papier, criblé d'une multitude infinie de petits pores très rapprochés et très déliés, est excellent pour la filtration des liqueurs qui ne sont ni trop épaisses, ni trop pesantes. On le plie de manière à ce qu'il forme un cône pointu, et on le place dans un entonnoir dont on a soin de garnir les parois de brins de paille ou d'osier

pour empêcher qu'il ne se colle. Malgré ces précautions, il ne peut suffire à une opération un
peu longue, soit qu'il finisse par s'appliquer
contre les bords de l'entonnoir qui lui sert de
support, soit qu'il crève sous le poids.

Le coton est préférable au papier, et plus commode quand on sait l'employer; il faut avoir
pour cela un entonnoir à double grille, tel que
celui dont je parle au sujet du ratafia de fleurs
d'orange. On remplit l'intervalle des deux grilles
d'un lit de coton cardé étendu bien uniformément,
surtout sur les bords, et médiocrement tassé, ou
bien on en remplit à moitié ou environ la tige
d'un entonnoir ordinaire. L'essentiel est de ne
le presser ni trop ni trop peu, et d'éviter surtout
de verser la liqueur directement sur le coton, qui
s'affaisserait tout de suite. Comme la filtration ne
s'opère ici que par une très petite surface, le
coton se remplit d'une couche tellement épaisse
de lie, qu'il ne laisse bientôt plus couler la liqueur si l'on n'a soin de le changer fréquemment.

L'emploi des chausses est bien plus expéditif,
en ce que la filtration s'opère tout à la fois à travers un corps plus maniable, moins prompt à
s'encrasser, et surtout sur une surface bien plus
étendue.

Lorsque l'opération se fait à l'air libre, il se
fait par tous les points de cette surface une évaporation plus ou moins abondante des principes
alcooliques et aromatiques, surtout si la liqueur
est chaude; tandis que, l'air absorbant en même
temps une portion de l'humidité à mesure que
la liqueur passe, la partie sirupeuse s'épaissit,
et se dépose sur la surface extérieure de la chausse
où elle forme un enduit qui finit par obstruer
les pores. En sorte que, d'une part, les prin-

cipes les plus volatils s'évaporent en partie; et que, d'autre part, la filtration s'arrête quelquefois tout-à-fait si la liqueur est très épaisse ou que la chausse travaille depuis long-temps. On obvie à ce double inconvénient au moyen de l'entonnoir fermé, dont il a été parlé à l'article des *ustensiles*.

La nature du tissu des chausses doit être subordonnée à celle de la liqueur à filtrer : si l'on faisait passer une liqueur très fluide à travers un tissu lâche, elle coulerait trop facilement à travers les mailles, et, ne rencontrant pas assez d'obstacles, n'aurait pas le temps de s'y dépouiller; tandis qu'une liqueur très chargée de sucre ne traverserait qu'avec les plus grandes difficultés celles d'une étoffe trop serrée. Avant de se servir de la chausse, il faut, surtout si elle est neuve, la plonger dans du sirop chaud ou dans de la liqueur pareille à celle que l'on veut filtrer. Cette petite préparation a pour but de boucher en partie les pores trop ouverts; malgré cela, il est rare que les premières portions de liqueur passée ne soient pas troubles, et il est bon de les reverser dans la chausse. Quand l'opération est finie, on rince la chausse à grande eau; on la frotte dans les mains après l'avoir retournée, pour en faire sortir tout le sirop et les impuretés dont elle est imprégnée, et on la fait sécher promptement. On ne doit jamais savonner ni lessiver les chausses, dans la crainte de leur faire prendre un mauvais goût.

La filtration n'a pas seulement pour effet d'éclaircir les liqueurs : il est certain qu'elle modifie sensiblement leur qualité, soit en bien, soit en mal, selon la manière dont elle a été faite; sans parler des qualités particulières qu'elles peuvent en outre emprunter des intermèdes ou substances auxiliaires que l'on ajoute quelquefois pour les clarifier.

On sentira aisément la raison de ces changemens, si d'une part on se rappelle que la filtration dissipe souvent une portion des principes les plus volatils; et si d'autre part on réfléchit aux rapprochemens plus immédiats, aux combinaisons plus intimes qui doivent s'opérer entre les divers élémens de la liqueur, en passant à travers cette multitude de filières qui les forcent à se diviser, à se subdiviser à l'infini, à se rapprocher et se mêler pour ne plus former qu'un tout homogène.

Aussi, lorsque l'on examine la liqueur attentivement avant et après la filtration, on est quelquefois tout étonné des différences que l'effet seul de cette opération a fait naître dans la saveur, dans le parfum, et même jusqu'à un certain point dans la nuance. Il convient donc, ainsi qu'on l'a vu dans l'article précédent, de ne filtrer la liqueur que lorsque la confection est terminée; et même d'attendre que quelques jours de digestion lui aient donné ce degré de perfection qu'elle n'a jamais au moment du mélange. Il convient en outre de la filtrer à froid, et de ne pas la laisser exposée à l'air.

La chausse ayant été préalablement imbibée de sirop ou de liqueur, comme il est dit ci-dessus, on la place dans son entonnoir ou on la suspend à un support quelconque; on place un vase convenable en dessous; on la remplit, et l'on abandonne l'opération à elle-même quand elle est bien établie.

La liqueur, suintant bientôt de toutes parts à travers le tissu de l'étoffe, descend lentement de tous les points de la surface extérieure de la chausse, jusques vers la pointe, où toutes les goutelettes se réunissent en un filet mince qui coule à son tour dans le vase. Si ce filet ne coule pas avec continuité, le tissu étant trop serré eu égard à la consistance de la liqueur, celle - ci n'en sera il est vrai que mieux filtrée, mais l'opération sera fort longue et pourra même s'arrêter avant que la chausse ne soit vide : si, au contraire, le filet est trop abondant, ce sera une preuve que le tissu est trop lâche, et la liqueur ne s'éclaircira qu'imparfaitement.

Si la liqueur, bien que filtrant à travers une étoffe convenable, paraît louche au premier abord, on attendra qu'elle coule parfaitement claire, pour reverser dans la chausse ce qui aura passé en premier lieu : cela fait, on couvrira l'appareil, et l'on n'aura plus à s'en occuper, si ce n'est pour le remplir quand il sera vidé, et changer le récipient quand celui-ci sera plein. La quantité de liqueur que peut filtrer en une journée une chausse de capacité connue, est subordonnée non seulement à la qualité de son tissu, mais encore à la consistance de la liqueur, à sa température, à celle de l'atmosphère, et à une foule de circonstances imprévues : cette opération est généralement longue.

Quand on filtre à l'entonnoir, il est essentiel qu'il soit couvert afin d'éviter l'évaporation, et il faut le placer sur une cruche ou un bocal à large ouverture. Sans cette dernière attention, l'entonnoir n'étant soutenu que par sa tige, le moindre choc suffirait pour lui faire perdre l'équilibre, pour le renverser, et même pour casser cette tige s'il est en verre.

Le filtrage pur et simple ne suffit pas toujours

à la parfaite clarification des liqueurs ; il en est
plusieurs auxquelles on est obligé d'ajouter diverses substances propres à séparer, à précipiter
les matières qui en troublent la transparence,
ou à les envelopper pour les retenir tandis que
la liqueur passe à travers les pores du filtre.
Quelques personnes emploient pour précipitant
l'alun ; mais ce sel étant doué d'une saveur âpre
et désagréable, ne doit être employé que dans la
préparation de quelques teintures colorantes
auxquelles il peut seul donner de l'éclat et de la
solidité. Quant à la pâte d'amande sèche employée par quelques personnes d'après les conseils de Demachy, elle absorbe en pure perte une
portion considérable de liqueur, et ne remplit
qu'imparfaitement le but proposé. Le collage au
lait, au blanc d'œuf, ou à la colle de poisson,
est préférable sous tous les rapports aux autres
intermèdes.

On délaie une ou deux cuillerées de lait ou de
crême par pinte de liqueur, et l'on agite le mélange. Le lait ne tarde pas à être coagulé par
l'acide de l'esprit de vin ; le précipité qui se
forme entraîne toutes les impuretés, et la liqueur
obtient toute la limpidité désirable : elle retient
à la vérité un peu de petit lait qui ne peut tout
au plus que l'affaiblir tant soit peu, sans lui
communiquer aucune mauvaise qualité.

Ou bien, on bat un blanc d'œuf jusqu'à ce
qu'il soit en mousse ; on le délaie avec une ou
deux pintes de liqueur, et on filtre sur-le-champ
ou après l'avoir fait coaguler au bain-marie : il
forme par sa viscosité une sorte de réseau que le
liquide est obligé de traverser en tout sens avant
de suinter par les pores de la chausse, et qui se
dépose sur les parois de celle ci avec les impu-

retés qu'il a retenues, à mesure que l'opération s'effectue.

Ou enfin, prenez une quantité quelconque de colle de poisson bien pure et bien blanche, divisée en petits morceaux ; placez-la sur les cendres chaudes avec un peu d'eau ; remuez de temps en temps, et ajoutez, à mesure qu'elle fond, la quantité d'eau nécessaire pour la réduire en consistance de sirop : passez la liqueur, et mettez-la en bouteille pour vous en servir au besoin. Une cuillerée de cette colle, employée de la même manière que le blanc d'œuf, produira le même effet. Mais ces divers moyens deviennent inutiles quand on a la précaution de n'employer que des substances très pures.

Avec quelque soin que la liqueur ait été filtrée, il arrive quelquefois qu'elle a perdu un peu de sa couleur, ou qu'elle a subi quelques modifications dans la combinaison des aromes. Il convient par conséquent de la goûter encore une fois après l'opération, et de la filtrer de nouveau si l'on est obligé d'y faire quelque addition importante.

Perfectionnement et conservation des Liqueurs.

Les liqueurs sont rarement parfaites au sortir de la chausse ; celles qui ne laisseraient rien à désirer sous ce rapport, finiraient d'ailleurs par se détériorer si l'on n'apportait à leur conservation les soins nécessaires. On a vu en effet, à l'article de leur coloration, les changemens de ton que l'effet de la lumière et celui de l'acide de l'esprit de vin leur font éprouver ; on verra tout à l'heure les résultats de l'espèce de fermentation sourde à laquelle elles sont sujettes.

Elles n'ont jamais dans leur nouveauté cette finesse, ce velouté, cette *uniformité de saveur* que le temps leur donne; le sucre n'y couvre pas aussi complétement que par la suite, la force de l'esprit et le montant de certains aromates : les saveurs en un mot sont mélangées, mais non *fondues* et combinées. D'un autre côté, les liqueurs préparées par distillation, ou avec des esprits aromatiques trop nouveaux, sont sujettes à conserver pendant quelque temps ce goût d'alambic qui nuit si fort à leur agrément, si l'on néglige les moyens de le leur faire perdre de suite.

M. Geoffroy, connu par plusieurs découvertes intéressantes dans la pharmacie et la chimie, ayant observé de l'eau de fleur d'orange qui avait été gelée, reconnut qu'elle avait non seulement perdu un goût de feu très fort qu'elle avait auparavant, mais encore acquis un parfum plus suave. Cette remarque, appliquée depuis aux liqueurs de table, a appris qu'en les plongeant pendant quelques instans, ou même pendant quelques heures dans la glace pilée, on parvient non seulement à les dépouiller de l'âcreté en question, mais encore à donner à leur parfum plus d'énergie et d'uniformité. Cette petite manipulation qui n'est pas à dédaigner, doit se faire de préférence après la filtration.

Il ne tarde pas à s'établir dans toutes les liqueurs composées de sucre et d'esprit, une sorte de fermentation sourde, très lente, mais continue, pendant laquelle les divers principes, qui n'étaient auparavant qu'à l'état de mélange pur et simple, se combinent et s'identifient en quelque sorte les uns aux autres de manière à ne plus former qu'un tout de même nature : l'esprit se fait beaucoup moins sentir après cette nouvelle combinaison ; non qu'il ait réellement perdu de sa force, mais parce que le sucre l'enveloppe plus intimement : le palais le mieux exercé et l'odorat le plus fin, ne sauraient alors distinguer isolément ni l'odeur ni la saveur des autres ingrédiens s'ils sont dosés convenablement.

Ce phénomène peut être comparé à une action mécanique ou à une sorte d'ébullition lente, qui tendrait à subdiviser à l'infini les molécules du mélange et à les tenir dans une agitation perpétuelle, quoique inaperçue. Ce mouvement intestin ne peut donc que concourir au perfectionnement des liqueurs, tant qu'il ne dépasse pas certaines bornes ; mais s'il était trop violent ou trop prolongé, il les ferait passer à un état de fermentation véritable qui les décomposerait entièrement.

En général les liqueurs se bonifient mieux en grandes masses, que divisées en petite fraction ; il y a par conséquent double avantage à opérer de suite sur de certaines quantités, économie de fabrication et qualité supérieure des produits. Pour leur donner et leur conserver tout le degré de perfection dont elles sont susceptibles, il faut en outre ne leur laisser que la quantité d'air nécessaire au développement du mouvement intestin dont il vient d'être parlé, et les soustraire à l'influence de toutes les causes qui pourraient l'arrêter, le troubler, ou l'exciter outre mesure.

Ces causes sont principalement : la température trop chaude ou trop froide ; le manque absolu d'air ou sa surabondance ; le contact direct d'une atmosphère humide, qui en délayant le principe sucré le rendrait plus fermentescible ;

les matières qui peuvent devenir des levains de fermentation ; l'agitation trop fréquente des vases ; l'influence des orages etc. , etc.

Il convient donc, après avoir filtré et clarifié les liqueurs de la manière la plus convenable, de les conserver dans des vases aussi grands que possible, et très propres ; remplir ceux-ci à très peu de chose près, les boucher avec soin, les ranger à poste fixe dans un lieu tempéré dont la chaleur soit toujours entre quinze et vingt degrés, éloigné, comme il a été dit ailleurs, du bruit des voitures, des forges, etc. Enfin lorsque l'on veut les avoir parfaites, il faut ne les mettre en bouteilles qu'au bout d'un an et plus, et les garder après cela quelques mois à la cave si l'on a le temps d'attendre. L'un des grands secrets des liquoristes les plus renommés, est d'avoir constamment en réserve de grandes quantités de liqueurs afin de les laisser vieillir.

La nature des vases employés à leur conservation n'est pas indifférente. On se sert de cruches de grès pour de petites quantités ; mais quand l'on opère en grand, on préfère les vases de bois, non seulement comme moins fragiles, mais comme plus propres à conserver autant que possible l'uniformité de température nécessaire. Ces vases doivent être faits d'un bois qui ne puisse communiquer ni mauvais goût ni couleur étrangère, et on les ébouillante avec soin avant de s'en servir ; ils doivent être tenus constamment pleins, sauf un très petit espace. Les vases de métal étant sujets à donner un mauvais goût, indépendamment du danger de la formation du vert-de-gris dans ceux de cuivre, on ne doit s'en servir que pendant la fabrication.

Les personnes qui sont forcées de mettre de

suite leurs liqueurs en bouteilles peuvent , ainsi que le conseille Demachy , les plonger pendant quelques heures dans l'eau un peu plus que tiède , dans des bocaux médiocrement remplis mais bien bouchés , et les plonger immédiatement dans l'eau à la glace. Cette méthode n'est pas mauvaise surtout si l'on prend toutes les précautions nécessaires pour prévenir l'évaporation ; mais cette sorte de *maturation* artificielle ne vaut pas celle du temps.

TROISIÈME PARTIE.

CHAPITRE XV.

LIQUEURS PAR INFUSION.

Des Ratafias.

L'ORIGINE de ce mot a, comme tant d'autres sujets non moins futiles, exercé et mis en défaut la sagacité des étymologistes. Les uns regardant les ratafias comme une importation de nos colonies, l'ont cherché dans le mot *tafia*, nom que l'on donne dans le pays à l'eau-de-vie de sucre ; d'autres l'ont vainement cherché dans la langue de Démosthènes et celle de Cicéron. D'autres enfin, considérant que plus d'un traité de paix et d'alliance s'est conclu à table, en trinquant entre la poire et le fromage, ont décidé que le mot en question provient évidemment de ceux ci : *pax rata fiat* (la paix soit conclue).

S'il fallait à toute force adopter une opinion, je pencherais fort pour cette dernière ; et que de remercîmens ne devrions-nous pas au talent du liquoriste, s'il était vrai que quelques verres de ratafia versés à propos eussent souvent plus de pouvoir que tous les ressorts de la diplomatie ! De combien de faits ne pourrait-on pas appuyer cette assertion, s'il ne s'agissait tout bonnement ici d'indiquer la manière de faire à peu de frais les meilleurs ratafias !

Quoi qu'il en soit, bien que les liqueurs de table puissent être considérées toutes comme de véritables ratafias, cependant on désigne plus spécialement sous ce nom, des liqueurs faites avec des portions de plantes fraîches ou sèches, infusées dans l'eau-de-vie, ou avec des sucs de fruits. J'y joindrai celles que l'on peut préparer à l'instant avec des teintures.

Malgré les titres de *fines*, *surfines*, etc., dont on décore les liqueurs distillées, le modeste ratafia, outre l'avantage de conserver dans toute leur délicatesse les saveurs et les parfums les plus fugaces, a encore le mérite non moins précieux de pouvoir se préparer dans le moindre ménage, d'être à la portée de toutes les fortunes, de pouvoir parfumer le palais du pauvre comme celui du riche. Aussi toutes les liqueurs de cette classe pourraient-elles être à bon droit appelées *liqueurs de ménage*, *liqueurs économiques*.

Rien n'est plus facile que la composition des ratafias; rien n'occupe plus agréablement l'esprit d'une bonne ménagère pendant les loisirs de la campagne, que ses recherches pour perfectionner ses recettes et en multiplier le nombre. Mais pour opérer méthodiquement et recueillir amplement le fruit de sa peine, il faut avant tout faire un bon choix de ses matières premières, consulter pour leur dosement plus encore le goût que les livres de formules, et se conformer d'ailleurs pour tout ce qui concerne l'infusion et la macération, à ce qui est dit à l'article qui traite de cet objet. C'est à tort que beaucoup de personnes mettent le sucre avec les autres ingrédiens, parce que l'eau-de-vie s'en chargeant de suite comme du principe le plus soluble, n'a plus la fluidité nécessaire pour pénétrer les autres substances , ni la force de dissoudre leurs principes.

Les ratafias doivent être assez saturés de sucre et d'esprit pour ne plus pouvoir fermenter. Cependant ils subissent pendant long-temps, comme les autres liqueurs, une sorte de fermentation sourde qui les bonifie singulièrement, en les mûrissant en quelque sorte, et en opérant un mélange plus parfait, une fusion plus intime des principes qui les composent. C'est pourquoi ils se font mieux dans des vaisseaux d'une certaine capacité qu'en bouteille.

Le cassis, la framboise, les quatre fruits, et tous les autres ratafias de cette nature, acquièrent en vieillissant la qualité des meilleurs vins de liqueurs : le premier notamment est peu agréable à boire pendant la première année ; le brou de noix et le cotignac perdent en vieillissant beaucoup de leur saveur acerbe et rude. Le travail qui se fait dans ces liqueurs doit pourtant être abandonné à lui-même sans être provoqué par une chaleur forcée, ni empêché par une température contraire. Il convient de porter les ratafias à la cave au bout de deux ou trois mois, sauf à ne les tirer en bouteille qu'à mesure du besoin, en observant toutefois de ne pas les laisser en vidange. Quant à ceux dont le mérite principal consiste dans le parfum, il faut au contraire les tenir le plus fraîchement possible.

On peut faire des ratafias avec toutes les substances propres à la préparation des liqueurs ; mais ce sont les fruits que l'on emploie le plus fréquemment à cet usage. On cueille ces fruits au moment de leur parfaite maturité ; on choisit les plus beaux et les meilleurs, ceux en un mot qui sont les plus succulens, les plus parfumés , et qui exigeront moins de sucre. On en enlève avec soin les parties pourries et verreuses : il ne faut pas les peler.

Ratafia d'Angélique.

Prenez , tiges d'angélique fraîche , 8 onces.
Racines fraîches et semences d'an-
    gélique , ensemble. 8
Amandes amères fraîches. 2
Esprit de vin $\frac{1}{6}$ . . . . 4 livres.
Eau. 4
Sucre. 2

Coupez en tranches minces les tiges mondées de leurs feuilles qui sont inutiles , et les racines ; concassez les semences ; écrasez grossièrement les amandes sans les peler. Faites macérer le tout pendant quatre ou cinq jours dans l'esprit de vin ; passez alors en exprimant légèrement , et mettez de côté le produit de la colature. D'un autre côté , versez sur le marc les quatre livres d'eau presque bouillante ; passez au bout de demi-heure en exprimant un peu fortement ; faites fondre le sucre dans cette infusion ; réunissez alors les deux liqueurs ; ajoutez-y si vous voulez un peu de va-nille triturée avec du sucre , ou un peu de macis. Laissez digérer à froid pendant une quinzaine de jours en remuant de loin en loin , et filtrez à la chausse après cette époque.

Ou bien

Remplissez à moitié, de tiges d'angélique mon-dées et coupées en tranches , une cruche de grès ou un grand bocal de verre que vous acheve-rez de remplir avec de l'eau-de-vie ordinaire ; ajoutez-y un peu de macis ou de vanille , avec

quelques amandes amères; exposez le vase au
soleil pendant trois semaines après l'avoir hermétiquement bouché. Passez en exprimant légèrement; nettoyez la cruche, dans laquelle vous reverserez votre eau-de-vie avec six onces de sucre
par pinte; laissez macérer encore pendant quinze
jours ou trois semaines, et filtrez. Ce ratafia sera
plus fort que le précédent. On pourra même, si
l'on veut, y ajouter de l'eau-de-vie.

Ratafia de Flore.

Prenez, à mesure de leur floraison, des fleurs
de violettes, de roses des plus parfumés, d'œillets
à ratafia, d'oranger, de jasmin, de myrte, de
sureau, de fenouil, de giroflée jaune, de pêcher,
d'amandier, fleurs et feuilles de cassis, chatons
de noyer, etc., etc.; quelques zestes de citron.

Cueillez les fleurs au moment de leur épanouissement et par un beau temps; mondez-les, jetez-
les à mesure dans une cruche; versez-y de l'esprit
de vin de manière à ce que les fleurs baignent à
l'aise. Laissez macérer à froid pendant une semaine; passez en exprimant, et conservez chaque
liqueur dans des vases bien bouchés jusqu'à ce
que vous ayez pu vous procurer toutes les fleurs
désignées.

Alors, réunissez les produits de vos macérations; ajoutez-y l'eau et le sucre dans les proportions indiquées pour les autres ratafias, avec un
peu de cannelle concassée: filtrez au bout d'une
huitaine de jours de digestion au soleil. On peut
varier à l'infini la composition de ce ratafia, en y
faisant entrer les fleurs que l'on jugera le plus
propres à le parfumer agréablement.

Ratafia de Tilleul.

Cueillez, un peu après le lever du soleil, des fleurs de tilleul bien épanouies ; mettez-les sans les tasser dans une cruche de grès que vous remplirez d'esprit de vin. Exposez la cruche à la chaleur du soleil après l'avoir parfaitement bouchée ; passez au bout d'une huitaine de jours en exprimant légèrement, et ajoutez à la colature partie égale d'eau dans laquelle vous aurez fait fondre de cinq à six onces de sucre par pinte de ratafia.

Cette liqueur, trop peu connue, est fort agréable.

Ratafia d'écorces.

Prenez des zestes de cédrat, de citron, de bergamote, d'orange, de bigarade, avec quelques uns de ces fruits verts coupés en tranches, (ensemble) huit à douze onces ; faites macérer à froid pendant quatre ou cinq jours dans quatre livres d'esprit de vin, et passez en exprimant légèrement. D'un autre côté, faites fondre dans quatre livres d'eau, vingt à vingt-quatre onces de sucre; réunissez les deux liqueurs, et filtrez après une semaine ou deux de digestion.

On prépare de la même manière les ratafias de cédrat, de limon, d'orange, de citron, de bergamote, en traitant isolément comme ci-dessus l'une ou l'autre de ces écorces, à laquelle on ajoute si l'on veut un peu de coriandre.

Ratafia chinois.

Prenez des petites oranges et des petits citrons verts fraîchement cueillis, (ensemble) huit onces ; côtes fraîches d'angélique, une once ; coupez le

tout en tranches minces ; faites macérer pendant
sept à huit jours dans quatre livres d'esprit de
vin, et terminez le ratafia comme le précédent,
sauf la dose de sucre qui peut être un peu plus
forte.

Ratafia stomachique.

Faites infuser à froid pendant quinze jours,
dans quatre livres d'esprit de vin, quatre onces
d'écorce d'orange amère, six gros de coriandre,
trois gros de safran ; cannelle et gérofle, de chaque, deux gros ; macis, un gros. Passez en exprimant légèrement le marc ; ajoutez à la colature
vingt-quatre onces de sucre fondu dans quatre
livres d'une infusion légère de menthe poivrée,
et filtrez au bout de huit jours.

Si l'on trouve ce ratafia trop fort, il sera facile
d'y remédier.

Ratafias anglais.

Mettez dans une cruche six pintes de suc
d'orange passé à travers un linge, avec cinq livres de sucre et la râpure des zestes des fruits ;
remuez jusqu'à ce que le sucre soit fondu ; ajoutez
alors dix pintes de rum de la Jamaïque avec un
peu de macis. Bouchez la cruche et laissez digérer
pendant une huitaine de jours avant de filtrer.

Ou bien

Substituez du suc de groseilles blanches ou
rouges mélangées avec un peu de framboises, au
suc d'orange, et opérez de même.

Autre.

Prenez quatre pintes de suc d'orange ou de

citron, cinq pintes de rum, trois pintes d'une forte infusion de thé vert ou de feuilles de cassis, avec quatre livres de sucre.

Autre.

Prenez cinq pintes de suc de raisin muscat, deux pintes de suc de citron, cinq pintes de rum, et la même quantité de sucre.

On peut varier ces recettes à l'infini, soit en y introduisant de nouveaux ingrédiens, tels que la feuille de cassis avec le suc de groseilles blanches, soit en variant les proportions respectives de rum, de sucre et de jus de fruit, etc.

Bigarade.

Prenez les zestes et le suc exprimé de huit belles bigarades ou oranges amères, de deux citrons, une poignée de fleurs d'oranger, deux pintes de suc de raisin muscat, six pintes d'eau-de-vie à 21°, quatre livres de sucre ; faites infuser pendant quinze jours à la chaleur du soleil dans une cruche bien bouchée. Passez et filtrez.

Ratafia Caraïbe.

Prenez une once de cannelle ; quatre gros de racine de gingembre ; gérofle et muscade, de chaque, deux gros ; macis, un gros ; safran, deux gros ; poivre de Cayenne, un gros. Faites infuser pendant quinze jours toutes ces épices concassées, dans cinq livres d'esprit de vin ; passez en exprimant. D'un autre côté, faites roussir à petit feu trois livres et demie de belle cassonade jusqu'à ce qu'elle commence à se caraméliser ; dissolvez-la alors dans six livres d'eau que vous réunirez à l'esprit épicé, et filtrez au bout de quelques jours. On peut, si l'on veut, diminuer la quantité de poivre de Cayenne, ou même le supprimer tout-à-fait.

Ratafia des Barbades.

Les eaux et crêmes des Barbades sont encore fort en vogue aujourd'hui ; mais leur préparation n'étant pas à la portée des personnes privées d'appareils distillatoires, voici la recette d'un ratafia qui vaut bien les liqueurs distillées.

Mettez dans une cruche quatre gros de macis, trois gros de cannelle, un demi-gros de gérofle et six livres d'esprit de vin dans lequel vous râperez le zeste de six cédrats et de quatre oranges ; bouchez la cruche avec soin, et laissez-la dans un coin pendant quatre ou cinq semaines, en remuant de loin en loin. Passez alors la liqueur et ajoutez-y trois livres et demi à quatre de sucre fondu dans six livres d'eau, six ou huit gouttes d'essence d'ambre, et un peu de caramel pour donner une couleur ambrée. Filtrez au bout de quelques jours.

Ce ratafia est extrêmement agréable ; mais on peut en varier la recette à l'infini, soit en augmentant la dose de cannelle aux dépens du macis, ou en y ajoutant de la muscade si l'on en aime le parfum ; soit en diminuant la dose des écorces pour augmenter celle des épices, etc.

Ratafia de Malte ou de Portugal.

Choisissez la quantité nécessaire de belles oranges de Malte ou de Portugal, les plus juteuses et les plus douces possible. Râpez-en légèrement l'écorce superficielle en la laissant tomber sur du sucre en poudre ; coupez ensuite ces oranges en deux pour en exprimer le suc sur un tamis ou un linge mouillé. Mettez dans un vase convenable, parties égales de ce suc et d'esprit de vin, avec cinq ou six onces par pinte de liqueur, de sucre en poudre, et la râpure des écorces. Laissez digérer à froid pendant un un mois, et filtrez.

Ce ratafia est délicieux lorsqu'il est bien fait : on peut le colorer avec un peu de caramel si l'on a employé des oranges blanches, ou avec la cochenille si elles sont rouges. On peut avoir un ratafia plus économique, mais moins parfait, en mettant parties égales de suc d'oranges et d'eau.

Ratafia de Grenades.

Choisissez des grenades bien mûres, dont les grains soient bien juteux ; froissez légèrement ces grains sur un tamis en ayant soin de ne pas écraser les pepins, qui donneraient une âcreté désagréable, et faites-leur rendre tout leur suc. Ajoutez à chaque pinte de ce suc dix onces de sucre en poudre, une pinte d'esprit de vin, très peu de vanille, de macis, de gérofle ou de tout autre aromate qui plaira le plus. Laissez digérer pendant quelques semaines avant de filtrer.

Ce ratafia bien fait est presque aussi agréable que le précédent. L'un et l'autre ne peuvent se préparer que dans les pays méridionaux, où la grenade et l'orange sont en abondance.

Ratafia de Fruits à noyaux.

Prenez une certaine quantité de pêches fines,

d'abricots, de brugnons ou autres fruits à noyaux bien mûrs, et extrayez-en le suc comme il est dit en son lieu, mais sans le dépurer ; ajoutez par chaque pinte de ce suc une pinte d'esprit un peu faible, six onces de sucre en poudre, les noyaux du fruit et deux clous de gérofle ; exposez le tout pendant un mois au soleil dans une cruche bien bouchée, et filtrez après cette époque. On peut faire un ratafia de tous les fruits à noyaux mêlés ensemble, ou de chacun en particulier, et y associer même le coing. Enfin on peut faire infuser dans l'esprit de vin le fruit écrasé ; mais cette seconde méthode, bien que bonne, et surtout plus économique que la première, ne donne pas un ratafia aussi parfait.

Ratafia de Graines.

Prenez graines d'anis,
        de carvi,
        d'angélique,
        de badiane,   de chaque, 5 onces.
        de coriandre,
        de fenouil,
        d'aneth,
        esprit $\frac{1}{6}$,
        eau,   9 liv. de chaque.
        sucre, trois livres et demie.

Macérez à froid pendant huit jours les semences dans l'esprit de vin, sans les concasser. Passez sans filtrer ; jetez l'eau bouillante sur le marc ; passez au bout d'une heure d'infusion ; faites fondre le sucre dans la colature ; et terminez le ratafia à l'ordinaire.

On peut à volonté varier les proportions de

chaque graine si l'on veut en faire dominer quelqu'une, et leur associer ou leur substituer une foule d'autres semences aromatiques, telles que celles de persil, d'ache, de céleri, de daucus, carotte sauvage, etc., etc. : comme aussi ajouter aux autres ingrédiens un soupçon de vanille ou de macis.

Enfin on peut, si l'on veut, faire un ratafia d'anis, de fenouil, de coriandre, en employant de deux à trois onces de l'une de ces graines par pinte.

Ratafia de Genièvre.

Faites macérer, pendant quarante-huit heures, douze onces de baies de genièvre fraîches, bien mûres et bien saines, dans quatre livres de $\frac{3}{6}$; après avoir retiré l'esprit de vin, versez sur les baies quatre livres d'eau chaude sans être bouillante; passez sans exprimer au bout de douze heures d'infusion en lieu tiède; dissolvez vingt-quatre onces de sucre dans cette seconde colature; remettez les deux liqueurs dans un vase convenable avec deux gros de cannelle, un gros de gérofle et autant de macis, le tout en poudre grossière. Passez au bout de huit ou quinze jours, et filtrez.

Le genièvre contient, outre un principe sucré aromatique et très agréable, un principe résineux et âcre qui se dissout plus difficilement que le premier. C'est pour cela qu'il convient de ne pas concasser ces baies et de ne les soumettre qu'à de légères infusions. On peut lui associer au lieu des aromates ci-dessus, un peu d'angélique fraîche.

Brou de Noix.

Enlevez l'écorce extérieure d'environ un cent de belles noix mûres et fraîches ; faites-la tomber à mesure dans une cruche contenant quatre livres d'esprit de vin et trois livres d'eau. Ajoutez macis, girofle et cannelle, de chaque, un ou deux gros ; les zestes de deux citrons ; faites macérer le tout à la chaleur du soleil pendant quinze jours ou trois semaines. Passez avec expression sans filtrer ; ajoutez à la colature vingt-huit à trente-deux onces de sucre fondu dans une livre d'eau. Faites digérer de nouveau à la même température, et filtrez à la chausse au bout de quinze jours ou un mois, si vous n'êtes pas pressé. On peut augmenter d'un bon tiers, selon la qualité des noix, les proportions d'eau-de-vie et de sucre.

Il convient de préparer ce ratafia et les deux suivans, en certaine quantité pour les laisser vieillir.

Ratafia de Noix vertes.

Prenez, selon leur grosseur, cent ou cent cinquante noix un peu avant leur maturité ; écrasez-les dans un mortier, et faites-les digérer au soleil avec cinq livres d'esprit de vin, trois livres d'eau, une demi-once de cannelle en poudre, quatre gros d'anis et deux gros de girofle. Passez au bout de quinze jours ou trois semaines, en exprimant légèrement le marc ; ajoutez à la colature trois livres de sucre fondu dans deux livres d'eau, et terminez le ratafia comme le précédent : vous en modérerez à volonté la force et l'amertume en ajoutant, selon le besoin, de l'esprit de vin tempéré ou du sucre. On peut aussi varier à volonté les aromates.

Ratafia des trois Noix.

Faites macérer une livre de fleurs fraîches de noyer écrasées, dans cinq livres d'une forte décoction des mêmes fleurs, et retirez, par une distillation au bain-marie ou à feu modéré, les quatre cinquièmes de la liqueur. Gardez cette eau dans une bouteille bien bouchée, jusqu'à ce que les noix soient *nouées*; pilez une livre de ces noix encore mucilagineuses, avec l'eau de la première distillation, et redistillez de nouveau. Enfin, lorsque les cerneaux sont mûrs, pilez-en une livre avec écorce et coquille; faites macérer pendant vingt-quatre heures dans votre eau de noix; passez en exprimant fortement, et filtrez.

Faites fondre, dans trois livres de cette infusion, une livre et demie de sucre; versez peu à peu dans ce sirop quatre livres d'esprit $\frac{5}{6}$, une once ou deux d'esprits de gérofle, de cannelle et de macis. Passez le ratafia à la chausse après une huitaine de jours.

Ou bien,

Faites infuser les fleurs de noyer dans cinq livres d'esprit de vin jusqu'à la saison des premières noix; passez alors l'infusion à travers un linge, et mettez-y les noix; passez de nouveau au moment des cerneaux; enfin, pilez ceux-ci et les faites macérer pendant quarante-huit heures dans le produit des deux premières macérations; passez une troisième fois, et pesez la liqueur pour compléter ce qui pourrait manquer aux cinq livres d'esprit employé.

D'autre part, jetez cinq livres d'eau bouillante sur deux gros de macis, un gros de cannelle et un gros de gérofle. Faites fondre trois livres et demie ou quatre livres de sucre dans cette infusion tirée à clair, et réunissez ce sirop à l'esprit de noix.

Cachou.

Versez quatre livres d'eau bouillante sur huit onces de cachou brut concassé; laissez digérer à une très douce chaleur pendant trois ou quatre heures, en remuant de temps à autre. Passez au tamis de soie; faites fondre vingt-quatre onces de sucre dans la colature; versez-y quatre livres d'esprit de vin, et ajoutez quatre gros de cannelle, autant d'anis, deux gros de macis et autant de gérofle. Laissez macérer à froid pendant quinze jours à un mois, et filtrez.

Autre.

Prenez huit onces de cachou, quatre gros d'anis, deux gros de gérofle et de cannelle; faites digérer pendant quinze jours dans quatre livres d'esprit de vin; tirez la liqueur au clair; ajoutez deux livres de sucre, une livre eau de fleurs d'orange et trois livres d'eau. Laissez digérer de nouveau pendant quinze jours, et filtrez.

Ratafia de Café.

Faites infuser pendant toute la nuit, dans un vase bien clos, une livre d'excellent café moulu, dans trois livres d'eau bouillante; versez sur l'infusion refroidie six livres d'esprit de vin; exposez le tout au soleil dans une cruche bien bouchée. Passez la liqueur avec expression au bout de huit jours, et filtrez : remettez-la alors dans la même cruche avec trente-six onces de sucre fondu dans trois livres d'eau ; replacez la cruche au soleil pendant une quinzaine de jours, et filtrez de nouveau le ratafia après cette époque.

Café vert.

Prenez vingt-quatre onces de café vert bien concassé ; traitez-le absolument de la même manière que le café grillé, sauf la première infusion au soleil, qui pourra être de quinze jours, et aromatisez ce ratafia avec un peu de vanille.

Ratafia au Cacao.

Faites infuser pendant quinze jours, au soleil, une livre de cacao grillé et concassé, dans quatre livres d'esprit de vin : après avoir passé la liqueur et exprimé le marc, remettez-la dans la cruche avec quatre livres d'eau, vingt-quatre onces de sucre, trois gros de cannelle, un gros de vanille triturée avec un peu de sucre, et terminez le ratafia comme ceux de café.

Ratafia de Cassis.

Faites macérer au soleil, pendant huit jours, quatre livres de cassis égrappé, bien mûr, et trois ou quatre poignées de feuilles de la plante dans cinq livres d'esprit de vin. Jetez le contenu de la cruche dans un tamis de crin ou autre ; laissez égoutter pendant toute la nuit : mêlez à la colature vingt-huit à trente-deux onces de sucre fondu dans quatre livres d'eau, deux gros de cannelle, un gros de macis et autant de gérofle, le tout en poudre, et filtrez au bout d'un mois de digestion au soleil.

Beaucoup de personnes écrasent le fruit, le font macérer pendant long-temps au soleil, et expriment le marc avec soin. Cette méthode est infiniment plus économique, mais donne une liqueur moins délicate, parce que le suc du cassis a une odeur assez désagréable quand elle domine trop, tandis que l'arome le plus suave réside dans la pellicule du fruit et dans les feuilles. Ce ratafia est l'un de ceux qui ont le plus besoin de cette fermentation sourde dont j'ai parlé.

Muscat.

Choisissez, par un temps chaud, du muscat le plus beau et le plus mûr. Faites macérer au soleil pendant huit jours, cinq livres de ce fruit égrappé et bien écrasé, dans quatre livres d'esprit de vin. Passez en exprimant le marc : ajoutez à la liqueur vingt-quatre onces de sucre fondu dans une livre d'eau, un peu de macis, ou mieux encore quelques gouttes d'ambre ou de vanille en teinture. Laissez digérer à froid pendant un mois, et filtrez.

Ce ratafia est l'un des plus délicats, quoique des plus économiques que l'on puisse préparer à la campagne. Quelques personnes passent le suc du raisin avant de le mêler avec l'esprit de vin ; mais l'arome de ce fruit résidant essentiellement dans sa pellicule, il convient de ne pas la séparer.

Franc-Pineau.

On appelle *franc-pineau*, un raisin noir à petits grains peu serrés, extrêmement sucré. Faites digérer au soleil, pendant quinze jours, douze livres de ce fruit égrappé et bien écrasé, avec huit livres d'esprit de vin. Passez alors en exprimant fortement le marc ; ajoutez deux livres ou deux livres et demie de cassonade, une once de cannelle, deux gros de gérofle : faites digérer de nouveau pendant un mois ; filtrez.

Ratafia de Groseilles.

Il se prépare absolument de même que le précédent : mais l'on peut employer pour aromate quelques grains de vanille triturée avec un peu de sucre ; ou bien encore, quelques noyaux de pêches, des feuilles de cassis, ou enfin la framboise.

Ratafia de Cerises.

Séparez de leurs queues et noyaux suffisante quantité de cerises de Montmorency, ou de celles dites *anglaises*, avec quelques merises ou cerises noires. Soumettez ces fruits à la presse, après les avoir écrasés et laissés macérer à la cave pendant vingt-quatre heures : mettez alors dans une cruche douze livres de ce suc et huit livres d'esprit de vin, avec les mêmes aromates que pour le ratafia de groseilles, les noyaux de vos cerises, deux livres ou deux livres et demie de sucre ; et faites digérer au soleil pendant quinze jours ou un mois.

On donne à ce ratafia un parfum fort agréable, en ajoutant aux cerises un cinquième ou un sixième de fraises ou de framboises. Mais il est nécessaire de ne pas oublier les noyaux : on peut même jeter un peu d'eau bouillante sur les queues, exprimer cette infusion à travers un linge, et l'ajouter au reste.

Ratafia de Fraises ou de Framboises.

Écrasez la quantité que vous voudrez, de l'un ou l'autre de ces fruits bien mûrs et mondés de leurs queues ; mêlez-y , si vous le jugez à propos, un quart de groseilles ou du raisin muscat. Exprimez le suc après , vingt-quatre heures de repos à la cave, et mettez dans une cruche douze livres de ce suc, avec huit à neuf livres d'esprit de vin , trois gros d'iris de Florence , deux livres et demie à trois livres de sucre ; et terminez le ratafia comme le précédent. On peut ajouter aux autres ingrédiens le suc de six citrons ou d'autant d'oranges , avec le zeste d'un ou deux de ces fruits. Comme aussi employer , au lieu du suc , le fruit écrasé dans la proportion de deux parties pour une d'esprit de vin.

Ratafia de Groseilles à maquereau.

Il se prépare comme celui de groseille ordinaire , et l'on peut le parfumer soit avec un quart de bon raisin muscat, soit avec un peu de framboises , ou quelques noyaux de pêches.

Ratafia de Mûres.

Il se prépare comme ceux de fraises et de framboises.

Ratafia de Fruits rouges.

(*De Neuilly, de Beaumont.*)

Préparez comme pour le ratafia de cerises simple douze livres de belles cerises, les plus succulentes et les plus douces ; quatre livres de merises bien mûres, quatre livres de groseilles, autant de fraises et de framboises. Extrayez le suc de ces fruits comme il est dit pour le ratafia de cerises; mettez-le dans une grande cruche avec les deux tiers en poids d'esprit de vin, quatre ou cinq onces de sucre par pinte de mélange, les noyaux des cerises, et un peu de vanille triturée avec du sucre. Faites digérer pendant un mois à la chaleur du soleil, et filtrez.

Telle est à peu près la recette d'un ratafia qui a pendant long-temps fait fortune sous les noms de ratafia de Neuilly, de Beaumont, etc. Mais, étant rarement préparé avec les soins convenables, il était loin d'avoir la délicatesse de celui-ci. C'est une très mauvaise méthode de faire cuire les fruits avant d'en exprimer le suc, ou d'écraser les noyaux, ainsi que le pratiquent beaucoup de personnes surtout dans les campagnes. On peut ajouter à volonté à cette recette deux ou trois poignées d'amandes amères écrasées, ou un peu d'angélique fraîche.

Ratafia de Grenoble.

Séparez de leurs queues et noyaux la quantité nécessaire de cerises noires sauvages, bien mûres; exprimez-en le suc comme celui des fruits ci-dessus, et ajoutez sur douze livres de ce suc neuf à dix livres d'esprit de vin, les zestes de cinq à six citrons, deux ou trois gros de macis, les noyaux, deux ou trois poignées de feuilles de l'arbre, et quatre ou cinq onces de sucre par pinte de mélange. Faites digérer le tout à la température du soleil pendant un mois ou cinq semaines, et filtrez. Il serait bon de ne mettre les feuilles que sur la fin de la macération.

Autre manière.

Écrasez vos merises sur un tamis de crin jusqu'à ce qu'il n'y reste que les noyaux ; mettez d'une part cette pulpe sur le feu pour lui faire jeter deux ou trois bouillons ; passez et soumettez le marc à la presse. D'autre part, faites fondre dans ce suc quatre onces de sucre par livre ; ajoutez pour vingt livres de ce sirop, quinze à seize livres d'esprit de vin, deux gros de cannelle, un gros de gérofle, les noyaux entiers, et quatre ou cinq poignées de feuilles fraîches de l'arbre. Versez le tout dans un baril ou une grande cruche que vous tiendrez à une température de quinze à dix-huit degrés pendant un mois ou six semaines : soutirez alors le ratafia et le mettez en bouteilles après l'avoir filtré, et collé s'il est nécessaire.

Cette liqueur, qui seule a suffi pour faire la fortune et la réputation de Teysser, son inventeur, tient encore aujourd'hui parmi les ratafias un rang distingué ; mais elle a besoin d'être gardée pendant plusieurs années pour être parfaite.

Cotignac ou ratafia de Coings.

Prenez, au moment de leur parfaite maturité, un certain nombre de coings bien charnus, bien sains et d'un beau jaune : après les avoir frottés avec un linge rude pour en enlever le duvet, vous les fendrez en deux pour en enlever le cœur, sans les peler, et vous les râperez avec une râpe fine. Portez à la cave la pulpe qui en sera résulté ; soumettez-la à la presse au bout de vingt-quatre heures, pour en extraire le suc qui, par ce procédé, coulera plus facilement et acquerra d'ailleurs un parfum plus agréable.

Mettez dans une cruche douze livres de ce suc, neuf à dix livres d'esprit de vin, trois gros de gérofle, deux gros de macis, et quatre à cinq livres de sucre. Exposez la cruche pendant un mois au soleil, en remuant de loin en loin pour faire fondre le sucre, si vous ne l'avez déjà fait fondre dans le jus du fruit. Ajoutez alors un ou deux gros de teinture de vanille ou quelques gouttes d'essence d'ambre, un peu de caramel ou de teinture de safran si vous ne trouvez pas la couleur assez prononcée, et filtrez.

Ratafia de Coings, économique.

Versez sur le marc du suc de coings exprimé ci-dessus, du moût de raisin blanc bouillant, et laissez infuser à une douce chaleur pendant cinq à six heures. Ajoutez alors deux livres d'eau-de-vie forte par livre de sirop, avec un peu de gérofle ou de cannelle en poudre, et passez après trois ou quatre jours de digestion au soleil.

On pourra obtenir ainsi un ratafia fort peu coûteux, quoique assez agréable si l'on ne prolonge pas l'infusion trop long-temps. Les propriétés stomachiques du ratafia de coings sont connues.

Ratafia de Poires de Rousselet.

Il se prépare absolument de la même manière que celui de coings, et n'est guère moins agréable. Il a sur lui l'avantage de pouvoir être bu plus tôt.

Scubac.

Prenez safran de Gatinais, ⎫
   Baies de genièvre, ⎬ de chaque, 1 once.
   Anis, coriandre, semence ⎱
d'angélique, ⎰ de chaque, 2 gros.
   Cannelle fine. . . . . 4 gros.
   Macis et gérofle, de chaque . . . 1 gros ½.
   Deux zestes de citron.

Concassez chacune de ces substances à part ; versez une tasse d'eau bouillante sur le safran, dans un vase qui ferme hermétiquement ; après l'avoir laissé infuser pendant une heure, jettez-le avec les autres ingrédiens, dans une cruche contenant huit livres d'esprit de vin. Exposez pendant quinze jours la cruche bien bouchée à l'ardeur du soleil : alors faites cuire, dans suffisante quantité d'eau pour qu'il en reste huit livres, quatre onces de jujubes, autant de dattes et de raisin de Damas, après avoir mondé ces fruits de leurs queues, noyaux et pepins : faites fondre trois livres de sucre dans cette décoction ; passez en exprimant le marc, et versez le sirop dans la cruche quand il sera presque froid ; passez après une nouvelle digestion de trois semaines ou un mois ; ajoutez quatre onces d'eau de fleur d'orange triple, et filtrez La recette du scubac varie à l'infini ; cette liqueur, originaire d'Irlande, se prépare dans le pays avec l'esprit de grains.

Curaçao.

Enlevez finement les zestes d'un certain nombre de belles oranges amères ou bigarades, et joi-

guez-y quelques cédrats ou quelques citrons ordinaires. Faites macérer à froid pendant quarante-huit heures, huit onces de ces écorces dans
huit livres de bon esprit de vin ; passez sans exprimer : mêlez à la liqueur deux livres et demie
de sucre fondu dans huit livres d'eau, trois gros
d'anis, deux gros de cannelle, autant de safran,
un gros de gérofle, et autant de macis. Laissez
digérer le tout à froid pendant un mois avant
de filtrer.

Vespetro.

Prenez graines d'angélique, ... 3 onces.
De coriandre, d'anis, de fenouil, . . 1 once.
(chaque.)
Macis et gérofle, de chaque, ... 1 gros.
Deux oranges et deux citrons.

Concassez les choses qui peuvent l'être ; coupez en tranches les oranges et les citrons ; exposez le tout au soleil pendant huit jours avec
quatre livres d'esprit de vin. Ajoutez alors une
livre et demie à deux livres de sucre fondu dans
quatre livres d'eau ; exposez de nouveau la cruche
au soleil pendant huit jours ; passez et filtrez.

Ratafia de Noyaux.

Mettez des noyaux entiers d'abricot ou de
pêche, ou les uns et les autres mélangés, dans
une cruche jusqu'à près de moitié de sa hauteur, et remplissez-la d'esprit de vin. Faites digérer le tout pendant six semaines à une chaleur
équivalente à celle du soleil ; cassez alors environ un quart des noyaux, que vous remettrez
dans la cruche avec leurs coquilles. Faites ma-

cérer de nouveau pendant quinze jours à la même
température ; soutirez alors la liqueur , ajoutez-y
partie égale d'eau dans laquelle vous aurez fait
fondre environ six onces de sucre par livre. Laissez digérer de nouveau le mélange à froid pendant une quinzaine avant de filtrer.

On peut abréger de beaucoup la première opération en cassant de suite les noyaux, et passant
la liqueur au bout de huit jours. Mais la coquille
du noyau contient un arome très agréable dont
l'esprit de vin ne peut se charger en si peu de
temps. D'autres personnes laissent infuser leurs
noyaux ainsi cassés pendant un mois ou deux ;
mais alors l'amande de ces noyaux finit par donner à la liqueur un goût peu agréable.

Si l'on voulait associer à cette liqueur (qui
n'en a pas besoin) un parfum étranger, on pourrait choisir de préférence le macis, l'ambre ou la
vanille, mais en petite quantité. On peut aussi
le rendre beaucoup plus agréable en y ajoutant
un peu de suc de pêche ou de raisin muscat.

Ratafia d'OEillets.

Prenez pétales d'œillets rouges mondés de leurs
calices et onglets . . . . 3 livres.
   Gérofle concassé. . . . 3 gros.
   Cannelle fine , *id.* . . . 1 gros.
   Esprit de vin . . . . . . 4 livres.

Exposez le tout au soleil, pendant quatre jours,
dans une cruche bien bouchée ; passez à travers
un linge ; versez quatre livres d'eau presque
bouillante sur le marc ; passez de nouveau au
bout d'une demi-heure d'infusion ; remettez les
deux liqueurs dans la cruche avec deux livres

de sucre ; exposez de nouveau au soleil pendant quinze jours, et filtrez. Quelques personnes emploient le sirop d'œillet au lieu de sucre, mais cette augmentation de dépenses est superflue.

Ratafia provençal.

Prenez trois livres d'œillets jaspés mondés de leurs calices et onglets, une livre de framboises bien mûres, un gros de safran coupé en petits morceaux, et quatre livres d'esprit de vin ; faites digérer le tout au soleil pendant huit jours ; passez en exprimant fortement ; et terminez ce ratafia comme le précédent. On peut employer des framboises jaunes pour ne pas louchir la couleur du safran.

Ratafia de Fleurs d'Orange.

Jetez une livre de belle fleur d'orange mondée, bien fraîche et point trop épanouie, dans une cruche contenant quatre livres d'esprit de vin. Après vingt-quatre heures de macération, passez la liqueur au tamis sans exprimer les fleurs ; ajoutez-y vingt-huit à trente onces de sucre, fondu dans huit onces d'eau de fleurs d'orange et trois livres et demie d'eau.

Cette liqueur est beaucoup plus suave et moins amère que celle que l'on prépare par une longue digestion au soleil, ou à l'aide du feu, comme quelques personnes le pratiquent encore. Les fleurs n'étant pas à beaucoup près épuisées, peuvent servir à divers usages. Ces fleurs doivent être choisies comme je l'ai dit ailleurs, un peu avant leur parfait épanouissement ; cueillies par un temps sec, et employées pour ainsi dire au sortir de l'arbre.

Les personnes qui n'ayant que quelques orangers veulent en utiliser les fleurs, les mettent dans un bocal d'eau-de-vie à mesure qu'elles s'épanouissent, et terminent leur liqueur à la fin de la saison. Il est inutile de dire combien ce procédé est défectueux; je me contenterai d'en indiquer un infiniment préférable. Il consiste à faire faire un entonnoir garni de deux grilles en fer-blanc : on met entre ces deux grilles ou soupapes les fleurs à mesure qu'on les cueille, en les tassant légèrement; on met l'entonnoir sur une bouteille; on le remplit d'eau-de-vie, qui filtre ainsi à travers les fleurs, et on la reverse une fois ou deux dans l'entonnoir, si l'on juge qu'elle n'ait pas eu le temps de s'imprégner de leur arome. On passe successivement cette eau-de-vie sur de nouvelles fleurs jusqu'à ce qu'elle soit bien saturée de leur parfum; et l'on y ajoute ensuite le sucre nécessaire. Cet instrument peut servir pour toutes les opérations de ce genre que l'on est forcé de faire en plusieurs fois.

Autre.

Prenez environ parties égales de fleurs d'orange mondées comme ci-dessus, et de sucre en poudre; disposez-les par lits dans une terrine ou un linge, que vous déposerez pendant vingt-quatre heures à la cave; séparez alors les fleurs et faites fondre le sucre aromatisé dans cinq fois son poids d'eau-de-vie, dans laquelle on aura préalablement lavé les fleurs pour enlever le peu de sucre qu'elles peuvent retenir; filtrez.

Géranium.

On prépare avec la feuille et la fleur du géranium à odeur de roses, un ratafia assez agréable surtout si l'on ajoute au sirop un peu d'eau de rose double. Il se prépare de la même manière que le précédent.

La fleur du seringat traitée de la même manière, fournit encore un ratafia qui le cède peu à celui de fleurs d'orange, surtout si l'on y ajoute un peu de vanille ou quelques gouttes de néroli.

Ratafia à la Violette.

Faites macérer pendant huit jours trois gros d'iris de Florence en poudre, dans quatre livres d'esprit de vin ; filtrez alors la liqueur, et ajoutez-y deux livres et demie de sirop de violette, une livre et demie d'eau, et ce qu'il faudra de teinture de tournesol pour donner une belle couleur. Faites digérer pendant quinze jours ou trois semaines à froid, et filtrez. On peut encore tirer de l'infusion des fleurs de violette un véritable ratafia, en s'y prenant comme pour celui de tilleul.

Ratafia de Garus.

Prenez aloès succotrin. . . . . 1 once.
Myrrhe et safran de Gatinais, de cha-
que. . . . . 4 gros.
Cannelle fine, gérofle et muscade, de
chaque. . . . . 1 gros.
Zeste d'orange ou de citron. . . . . . . 4 gros.

Cassez l'aloès en morceaux sans faire de poussière, et faites-le macérer à froid avec la myrrhe légèrement écrasée, dans quatre livres de ⅙ pendant douze heures. Filtrez alors la liqueur; jetez-y les autres ingrédiens concassés ou hachés, et le safran ramolli par l'eau bouillante comme pour le scubac; faites macérer à froid pendant huit jours; passez en exprimant le marc; ajoutez à la colature trois livres et demie de sirop de capillaire peu cuit, et huit onces d'eau de fleurs d'orange; passez au bout d'une quinzaine de jours.

L'aloès, qui faisait autrefois la base de l'élixir de Garus, y entrait en bien plus grande quantité et supportait une bien plus longue macération; mais comme cette drogue donnait à la liqueur une amertume presque insupportable malgré la grande quantité de sirop, quelques liquoristes prétendirent avoir trouvé le moyen d'ôter à l'aloès son amertume, et ce moyen était de le supprimer tout-à-fait. Le procédé que je propose ici permet de le conserver sans donner une liqueur trop amère. Du reste, l'élixir de Garus est plutôt un médicament recherché qu'une liqueur de table bien délicate.

Alkermès.

Prenez cannelle superfine, gérofle, de
    chaque. 2 gros.
Muscade. . . . . 4 gros.
Graine de kermès fraîche, quantité suffisante.

Faites macérer pendant une semaine les aromates réduits en poudre grossière, dans quatre livres d'esprit-de-vin affaibli par trois livres d'eau, et filtrez. D'autre part, écrasez le kermès dans un mortier de marbre, et le laissez reposer pendant quelques heures avant d'en exprimer le suc, que vous ferez déposer encore pendant quelques heures pour en séparer un précipité assez considérable. Battez alors dix-huit ou vingt onces de ce suc avec un ou deux blancs d'œufs ; mettez la bassine sur un feu doux avec deux livres de sucre ; clarifiez et faites cuire le sirop ; mêlez-le avec l'eau-de-vie aromatisée ; ajoutez, si vous le voulez, quelques gouttes d'ambre, et filtrez au bout d'une quinzaine de jours.

La *graine de kermès* est une sorte d'excroissance *végéto-animale* que l'on récolte aux mois de mai et juin, sur les branches d'une sorte de chêne vert, abondant dans les pays méridionaux, tels que l'Italie, la Provence et le Languedoc ; mais le sirop de kermès ne pouvant être préparé que sur les lieux et au moment de la récolte, beaucoup de personnes le remplacent par le sirop de sucre, coloré avec la cochenille.

Le ratafia d'alkermès est en très grande faveur chez les Italiens, qui lui attribuent des vertus merveilleuses ; il joue notamment un rôle important dans les festins nuptiaux. Le fait est, que c'est en même temps qu'une liqueur agréable, un excellent tonique, très propre à réveiller les forces assoupies par une cause quelconque. Les Italiens sont dans l'usage d'y mélanger des feuilles d'or, apparemment pour prouver le grand cas qu'ils en font.

Rossolio de Turin.

Prenez six onces de pétales de roses musquées, trois onces de fleurs d'orange, quatre onces de jasmin, quatre gros d'iris et de cannelle, un gros de gérofle, un gros de vanille triturée avec un peu de sucre. Mettez toutes ces substances dans une cruche avec six livres d'esprit de vin ; passez en exprimant fortement, au bout de sept à huit jours d'infusion au soleil ; ajoutez alors trois livres ou trois livres et demie de sucre fondu dans six livres d'eau ; colorez la liqueur en rouge cramoisi avec la teinture de cochenille, ou en rouge foncé avec le suc de mûre ou celui de merises. Laissez déposer pendant quinze jours, et filtrez.

Cette liqueur, originaire d'Italie, comme son nom l'indique, est préférable à celle que l'on prépare par distillation.

Ratafia de Truffes.

Choisissez des truffes de Périgord, noires, bien parfumées et de moyenne grosseur ; brossez-les dans l'eau froide pour en enlever toute la terre sans endommager la peau, et les séchez dans un linge. Mettez dans une cruche de grès une livre de ces truffes coupées en tranches, deux gros de cannelle, un gros de gérofle, autant de macis, cinq livres d'eau-de-vie à 22° ; placez la cruche dans un lieu frais ; passez au bout de huit jours de macération ; ajoutez à la colature trois livres de sirop de sucre ; laissez reposer pendant quelques jours, et filtrez.

Cette liqueur est digne d'occuper un rang distingué parmi les compositions de ce genre. Mais il est impossible d'en donner une recette bien exacte, parce que les truffes n'étant pas toujours parfumées au même point, il faut quelquefois forcer la dose, comme aussi varier les proportions des aromates qu'on y ajoute. Il faut même avoir la précaution de s'assurer si l'eau-de-vie est assez parfumée, avant d'ajouter le sirop, sinon la repasser sur de nouvelles truffes.

Ambroisie.

Prenez les zestes de six cédrats de moyenne grosseur, ou d'autant de citrons; cannelle fine et safran, de chaque, deux gros ; gérofle, baume du Pérou liquide, de chaque, un gros. Faites digérer le tout pendant huit jours dans huit livres d'esprit de vin ; passez, ajoutez à la colature quatre livres de sirop, quatre onces d'eau de fleurs d'oranger, et filtrez au bout d'une huitaine de jours.

CHAPITRE XVI.

LIQUEURS DISTILLÉES.

Liqueur simple, ou base de Liqueur.

Battez deux ou trois blancs d'œufs avec vingt-quatre livres d'eau ; faites fondre dans cette eau blanchie sept livres et demie de belle cassonade sèche ou de sucre en pain ; faites bouillir à petit feu pendant quelques instans pour enlever les écumes, et passez à la chausse. Mêlez vingt-quatre livres d'esprit de vin dit $\frac{1}{6}$ à ce sirop quand il sera froid, et filtrez.

Ou, ce qui revient au même, mêlez vingt-quatre livres d'esprit avec vingt livres d'eau et onze à douze livres de sirop de sucre bien clarifié et bien cuit.

Cette liqueur, décorée dans toutes les anciennes pharmacopées et dans les vieux formulaires, du titre pompeux d'eau divine, se sert encore quelquefois sous ce nom, mais presque toujours aromatisée, soit avec l'eau de fleur d'orange double, soit avec quelques huiles essentielles. Dans sa simplicité naturelle elle peut être considérée comme le type et la base de toutes les liqueurs composées ; car il suffit de l'aromatiser avec des esprits très saturés ou avec des huiles essentielles, pour obtenir sans distillation ultérieure telle variété de liqueurs fines que l'on pourra désirer; et c'est la méthode généralement employée aujourd'hui. Cette liqueur contient deux onces et demie de sucre par livre d'esprit affaibli. On peut augmenter cette dose.

On prépare de la même manière des bases pour les liqueurs connues sous les noms de *crêmes* et d'huile : le procédé est le même, il n'y a que les proportions de sucre à changer. Ainsi, par exemple, on pourra en mettre onze livres pour les crêmes, et de quatorze à seize livres pour les huiles ; c'est-à-dire près de quatre onces par livre d'esprit affaibli pour les premières, et de cinq à six pour les secondes. Mais encore une fois, ces diverses proportions ne sont pas tellement invariables qu'elles ne soient sujettes à beaucoup de modifications. On n'emploie même communément, comme j'ai eu l'occasion de le dire, que deux cinquièmes ou deux sixièmes d'esprit pour les liqueurs ordinaires ; et quand on fabrique une liqueur avec des esprits aromatiques ou des eaux, on doit diminuer proportionnellement la quantité d'esprit ou d'eau à employer dans la base.

Comme il est impossible d'établir d'une manière uniforme et générale la quantité de principe odorant contenue dans une dose quelconque d'esprits ou d'eaux aromatiques, et de déterminer par conséquent, même approximativement, les proportions à observer dans l'emploi de ces substances, je me servirai dans les formules ci-dessous du procédé de la distillation. Il suffira ensuite de quelques expériences et d'un peu d'habitude, pour indiquer à chacun en particulier la marche à suivre dans ses mélanges, selon la qualité de ses essences, esprits ou eaux aromatiques.

Eau Divine.

Employez, au lieu de sirop de sucre ordinaire, du sirop fait à l'eau de fleur d'orange double ou triple; ajoutez deux ou trois gouttes d'huile essentielle de cédrat par pinte de mélange, et filtrez au bout de quelques jours. Toutes les fois que l'on emploie des essences dans la fabrication d'une liqueur quelconque, on ne doit pas oublier de les mettre avant le sirop, ou du moins de les dissoudre à part avec un peu d'esprit de vin.

Eau Cordiale.

Versez sur une certaine quantité de citronnelle ou d'eau de cédrat (*voyez* ces mots), quelques gouttes de teinture d'ambre musquée, en remuant avec soin; colorez en rouge clair avec un peu de cochenille, et ne filtrez qu'au bout d'une quinzaine de jours. Cette liqueur bien faite est l'une des plus gracieuses, et l'on pourrait dire, *des plus gaies*, surtout quand elle a quelques années de bouteille.

Eau du Chasseur.

Faites dissoudre cinq à six gouttes d'essence de girofle, de menthe, ou de cannelle, dans cinq livres d'esprit de vin; ajoutez-y cinq livres de bonne eau de menthe poivrée dans laquelle vous aurez fait fondre trente onces de sucre blanc. Filtrez au bout de quelques jours.

Eau de la Côte.

Prenez une demi-livre de cannelle super-fine concassée, les zestes de six cédrats, un gros d'essence de menthe; distillez après trois ou quatre jours de macération dans vingt-quatre livres d'esprit de vin et six livres d'eau. Coupez les vingt-quatre livres d'esprit obtenu, avec un sirop composé de vingt livres d'eau, quatre livres d'eau de fleur d'orange, huit livres de sucre, et filtrez.

Eau d'Ardelles de Chambéry.

Prenez trois gros de gérofle, une once et demie de macis, le tout pulvérisé grossièrement, et traitez ces substances tout comme dans la recette précédente.

Eau de Framboises.

Faites macérer, pendant quarante-huit heures, douze livres de framboises épluchées et bien fraîches, dans vingt-quatre livres d'esprit de vin. Passez, en n'exprimant qu'autant qu'il faudra pour retirer à peu près tout l'esprit employé; filtrez la liqueur avec soin; ajoutez-y un gros de bonne vanille triturée avec un peu de sucre, ou quelque peu d'esprit d'iris, et huit livres de sucre fondu dans vingt-quatre livres d'eau. Colorez en rouge pâle; filtrez de nouveau au bout de quelques jours.

Ou bien, faites fondre sept livres de sucre fin dans vingt-quatre livres de suc de framboises dépuré (*voyez* ce mot *aux sucs de fruits*); ajoutez vingt-quatre livres d'esprit, le parfum que vous jugerez nécessaire sans masquer de celui de la framboise; donnez le degré de nuance convenable, et filtrez au bout de quelques jours de mélange.

On peut encore se servir de l'esprit de framboises distillé.

Autre.

Jetez quatre livres de sirop bouillant sur deux livres de framboises entières. Ajoutez, au bout de deux heures, huit livres d'eau-de-vie à vingt et un degrés, jetez le tout sur un tamis de crin, laissez égoutter les fruits, et filtrez après quelques jours de repos.

Liqueur de Fraises.

Elle se prépare de la même manière que la précédente; on choisit de préférence la petite fraise de bois.

Eau d'Abricots.

Cassez, sans écraser les amandes, environ deux cents noyaux d'abricots que vous ferez infuser dans vingt-quatre livres d'esprit de vin; passez et filtrez au bout de huit à dix jours. Préparez, d'autre part un sirop, avec sept livres de sucre le suc des abricots allongé avec suffisante quantité d'eau pour en avoir vingt-quatre livres; mêlez les deux liqueurs; ajoutez-y la quantité nécessaire de caramel pour produire le jaune d'abricot; et filtrez au bout de quelques jours.

Eau de Pêche.

Elle se prépare comme la précédente, en proportionnant seulement le nombre des fruits à employer, selon leur grosseur.

Eau de Genièvre.

Distillez six livres de baies de genièvre fraîches avec trente livres d'esprit affaibli, pour en retirer vingt-quatre livres, que vous mélangerez avec pareille quantité d'eau et huit livres de sucre.

Eau de Cassis.

Employez, comme ci-dessus, huit livres de cassis non écrasé, cinq à six poignées de feuilles de la même plante, et agissez de même.

Eau de Cédrat.

Prenez les zestes de dix-huit beaux cédrats, vingt-quatre livres d'esprit et six livres d'eau; retirez par la distillation tout l'esprit employé, et coupez-le avec un sirop composé de sept livres et demie de sucre et vingt-quatre livres d'eau.

Eau d'Anis.

Prenez huit onces d'anis et quatre onces de fenouil, que vous distillerez dans la même quantité d'esprit de vin et d'eau que ci-dessus. Faites le sirop comme à l'ordinaire avec sept livres et demie de sucre et vingt-quatre livres d'eau.

Eau de Cannelle.

Prenez six onces de la meilleure cannelle réduite en poudre grossière, vingt-quatre livres d'esprit, six livres d'eau; retirez par la distillation environ vingt-six livres de liqueur, et employez pour le sirop huit livres de sucre, avec vingt deux livres d'eau.

Eau de Gérofle.

Prenez quatre onces de gérofle concassé, et conduisez-vous en tous points comme dans la recette de l'eau de cannelle.

Eaux de Macis et de Muscade.

Prenez trois onces de macis ou de muscade en poudre grossière, et employez-les, du reste, de la même manière que la cannelle ou le gérofle.

On recommande de retirer dans la distillation de ces épices un peu plus que l'esprit employé, parce que leur huile essentielle étant très pesante, ne monterait pas si l'on ne poussait l'opération un peu plus loin qu'à l'ordinaire. On pourrait même préparer ces liqueurs par simple infusion, et elles seraient tout aussi bonnes.

Eau de Menthe.

Faites macérer pendant quelques jours, trois livres de sommités fraîches de menthe dans trente livres d'esprit affaibli; coulez la liqueur avec expression avant de la distiller, pour retirer les vingt-quatre livres d'esprit employé. Terminez cette liqueur comme celle de cédrat.

Eau-de-vie d'Andaye.

On fabrique, dans le bourg d'Andaye auprès

de Bordeaux, des eaux-de-vie de choix qui doivent à un bouquet particulier analogue à celui de l'anis, et à la vétusté qu'on leur laisse acquérir avant de les mettre en consommation, la grande réputation dont elles jouissent encore. Les liquoristes débitent sous ce nom une liqueur pour laquelle chacun a en quelque sorte une recette différente : la meilleure, selon moi, et celle qui imite le mieux la véritable eau-de-vie d'Andaye, consiste à mêler, sur deux pintes de bonne eau-de-vie bien naturelle, trois gouttes d'essence d'anis et quatre onces de sirop de sucre.

Fenouillette de l'île de Rhé.

Cette liqueur ressemble beaucoup à la précédente, à cela près que l'on doit substituer le parfum du fenouil à celui de l'anis.

Eau de Chypre.

Faites macérer pendant trois ou quatre jours, trois onces d'iris en poudre dans vingt-quatre livres d'esprit de vin : dissolvez dans la liqueur, après l'avoir tirée au clair, trente-six à quarante gouttes d'essence de bergamote, la meilleure possible, et deux ou trois gros d'essence d'ambre musquée; filtrez. Faites d'autre part un sirop avec huit livres de sucre fin, trois livres d'eau de fleur d'orange double, autant de celle de roses, et dix-huit livres d'eau de fontaine. Réunissez les deux liqueurs; colorez en rouge ou en jaune, et filtrez lorsqu'il en sera temps. L'ambre faisant la base de cette liqueur doit dominer un peu les autres parfums, et l'on ne peut déterminer au juste la quantité qu'il convient d'en mettre.

Absinthe citronnée.

Faites infuser, pendant huit jours, les zestes de douze citrons dans vingt-quatre livres d'esprit ; ajoutez alors trois livres de feuilles fraîches de petite absinthe : passez en' exprimant légèrement après six heures de macération nouvelle, et distillez avec six livres d'eau pour retirer l'esprit employé. Prenez neuf livres de sucre pour le sirop, et faites-y entrer le suc dépuré des citrons. Colorez, si vous le voulez, en jaune citron ou en vert.

Si l'on veut se contenter de faire cette liqueur par simple infusion, on peut diminuer l'absinthe d'un tiers.

Angélique citronnée.

Cette liqueur se prépare de la même manière que la précédente.

Eau des Cinq Fruits.

Prenez les zestes de trois cédrats moyens, de trois poncires, quatre citrons, six oranges et autant de bergamotes. Traitez cette liqueur comme la citronelle. Si vous voulez l'avoir en crême, vous augmenterez un peu la dose de fruits et celle de sucre.

Eau des Sept Graines.

Prenez semences d'anis et de fenouil, ensemble six onces ; de coriandre, de carvi et d'aneth, ensemble six onces ; d'angélique et de carotte, ensemble deux onces. Les mêmes proportions d'esprit, de sucre et d'eau que pour la précédente, et traitez de même.

On peut faire une liqueur fort agréable en prenant moitié des ingrédiens portés dans chacune des deux recettes ci-dessus, que l'on réunira ensemble, et auxquels on peut ajouter, pour donner un peu plus de montant à la liqueur, un gros ou un gros et demi d'essence de gérofle.

Eau Romaine.

Ajoutez trois ou quatre gros de macis à la recette de la citronnelle, et colorez la liqueur en beau rouge. Comme elle sera d'un parfum très suave, il suffira, pour la faire en crême, d'augmenter un peu la dose de sucre et de supprimer la couleur.

La liqueur connue sous le nom de *favorite de Florence*, est la même que la précédente, à la cochenille près que l'on n'y met pas ; et la saveur de cette drogue constitue toute la différence que l'on trouve entre celles de ces deux liqueurs.

Belle de Nuit.

Voici encore une de ces liqueurs dont le nom est absolument étranger à la chose. Quoique ancienne, elle est agréable, c'est l'essentiel : quant au nom, libre à chacun de lui en trouver un plus nouveau et surtout plus approprié.

Prenez les zestes de six bergamotes ; six gros de muscade en poudre ; deux onces de graine d'angélique, autant de chervis, concassées ; vingt-quatre livres d'esprit de vin, et six livres d'eau de roses double. Coupez le produit de la distillation avec quatorze livres de bon sirop de violette et dix livres d'eau.

Clairette.

Pilez dans un mortier de marbre environ deux cents belles poires de rousselet de Reims, sans ôter la peau ni les pepins, avec quatre onces d'amandes amères et deux onces de coriandre : faites macérer la pulpe pendant quatre jours dans vingt-quatre livres d'esprit de vin, que vous retirerez par la distillation au bain-marie : faites le sirop avec huit livres de sucre, vingt-quatre livres d'eau, et un peu d'eau de fleur d'orange.

Eau Royale.

Faites infuser à froid six onces d'iris de Florence en poudre dans vingt-quatre livres d'esprit : tirez la liqueur au clair au bout de quelques jours, pour y dissoudre deux gros d'essence de gérofle, un gros de celle de bergamote, autant de néroli, et quelques gouttes d'essence d'ambre. Faites le sirop avec huit livres de sucre sur vingt-quatre livres d'eau, et colorez la liqueur en jaune ambré.

Eau Virginale.

Prenez huit onces de graine de carotte concassée et les zestes de huit cédrats ; distillez à l'ordinaire pour retirer vingt-quatre livres d'esprit, auquel vous ajouterez un peu d'essence de roses. Faites le sirop comme pour la recette précédente, et colorez en rose tendre.

Eau de Bouquet.

Faites infuser une once et demie de bois de Rhodes râpé et six gros de gérofle, dans trente livres d'esprit affaibli ; distillez au bout de huit jours, pour retirer vingt-quatre livres d'esprit, auquel vous ajouterez un gros et demi d'essence de néroli et un gros de vanille triturée avec un peu de sucre. Faites d'autre part, avec huit à neuf livres de sucre et vingt-quatre livres d'eau, un sirop dans lequel vous infuserez une once et demie d'iris de Florence ; réunissez les deux liqueurs, en y ajoutant, si vous le jugez à propos, quelques gouttes d'essence d'ambre ; filtrez au bout de quelques jours.

Eau Nuptiale.

Prenez graines de chervis et de daucus de Crète, ensemble neuf onces ; trois onces de graine de carotte, six gros de muscade, les zestes de six cédrats, vingt-quatre livres d'esprit de vin, six livres d'eau, et distillez le tout après quelques jours de macération pour retirer l'esprit employé. Employez, pour le sirop, neuf ou même dix livres de sucre, vingt-deux livres d'eau et deux livres d'eau de rose double ; réunissez les deux liqueurs ; colorez en rouge vif, et filtrez au bout de huit jours. Cette liqueur doit vraisemblablement son nom à la délicatesse de son parfum, et aux propriétés merveilleuses qu'on lui attribue.

Eau de Noyaux de Phalsbourg.

Prenez quatre livres de noyaux d'abricots, deux livres de noyaux de pêche ; cassez-les sans les écraser ; faites infuser les amandes et le bois pendant quinze jours, dans vingt-quatre livres d'esprit de vin : tirez alors la liqueur au clair, et ajoutez-y six ou huit livres d'eau pour retirer, par la distillation, l'esprit employé. Faites le sirop avec dix livres de sucre, deux livres d'eau de fleur d'orange, vingt-deux livres d'eau de fontaine : réunissez les deux liqueurs, ajoutez un gros de vanille triturée avec un peu de sucre, et filtrez quand il en sera temps.

Il est bon de remarquer que si l'on voulait distiller les noyaux en nature, il faudrait les laisser entiers, sans quoi l'huile de l'amande donnerait un très mauvais goût. Si l'on porte la dose du sucre à douze ou même seize livres, on aura la crême et l'huile de noyau. Si l'on ne tenait à avoir la liqueur parfaitement blanche, il vaudrait mieux ne pas la distiller.

Persicot.

Prenez environ un cent de belles pêches fines bien mûres ; séparez-en les noyaux que vous jetterez à mesure dans vingt-quatre livres d'esprit de vin. Laissez les fruits à la cave pendant vingt-quatre heures après les avoir bien écrasés ; ajoutez alors cette pulpe à l'esprit de vin, avec trois gros de macis ou de muscade en poudre ; distillez après une nouvelle macération de deux jours, pour retirer tout le spiritueux.

Faites le sirop avec dix livres de sucre, et aromatisez-le, si vous voulez, avec une livre d'excellente eau de fleur d'orange.

Cinnamome.

Le cinnamome est une liqueur fort estimée, dont la cannelle fait la base. On prend six onces de cette écorce, une once de macis, le tout en poudre ; un gros et demi d'essence de bergamote ou de cédrat, vingt-quatre livres d'esprit avec six livres d'eau : on distille comme pour l'eau de cannelle ; on fait entrer dans le sirop dix livres de sucre, une livre ou deux d'excellente eau de fleur d'orange, et l'on termine comme pour la liqueur susdite.

Cette liqueur devant être un peu chargée en cannelle, on peut la relever avec quelques gouttes d'huile essentielle de cette épice, si on la trouve faible.

Anisette de Bordeaux.

Prenez huit onces d'anis vert, quatre onces de badiane, fenouil et coriandre, ensemble quatre onces. Faites infuser pendant vingt-quatre heures, toutes ces semences concassées, dans vingt-quatre livres d'esprit et six livres d'eau, pour retirer par la distillation, tout l'esprit employé. Faites infuser une once d'iris en poudre grossière, dans un sirop composé de sept livres et demie de sucre et vingt-quatre livres d'eau ; réunissez les deux liqueurs, et filtrez.

Autre Anisette.

Prenez anis vert, huit onces ; coriandre, amandes amères, iris de Florence, quatre onces de chaque. Traitez cette liqueur comme la précédente.

Lait de Vénus.

Prenez néroli, trois gros ; teinture de vanille, deux gros ; essence d'ambre, demi-gros ; dissolvez dans vingt-quatre livres d'esprit de vin ; ajoutez dix-huit livres de sirop de sucre très blanc, et six livres d'eau.

Citronnelle.

Faites tomber dans l'esprit de vin, à mesure que vous les enleverez, les zestes de vingt-quatre citrons fins et de huit cédrats. Après une journée de macération, ajoutez six livres d'eau pour retirer, par la distillation, l'esprit employé (vingt-quatre livres) : terminez à l'ordinaire cette liqueur, qui est fort agréable quand elle est bien faite. Si l'on veut l'avoir encore plus suave, on n'a qu'à prolonger la macération pendant quelques jours, et passer la liqueur avant de la distiller.

Parfait Amour.

Ce n'est autre chose que la liqueur précédente ou une eau double de cédrat, colorée en rouge, et relevée soit d'un peu de vanille, soit de quelques gouttes d'essence d'ambre. Comme cette liqueur est spécialement consacrée aux dames, comme son nom le donne à entendre, on peut la charger un peu plus en sucre.

Fine Orange.

Enlevez finement les zestes de trois ou quatre douzaines d'oranges, selon leur grosseur, et traitez-les comme pour la citronnelle. Aromatisez le sirop avec quatre livres de bonne eau de fleur d'orange. Vous pouvez donner à volonté le nom de Malte ou de Portugal à cette liqueur, et la faire en *créme*, en augmentant la portion de sucre.

Liqueur des Barbades.

Prenez les zestes de douze oranges, de huit

citrons, de quatre cédrats; six onces de cannelle, quatre gros de gérofle, autant de macis : concassez les aromates, faites-les infuser pendant huit jours avec les zestes dans la quantité accoutumée d'esprit de vin; passez la liqueur et distillez-la avec huit livres d'eau, pour retirer environ vingt-six livres de produit. Mettez dans le sirop, de neuf à douze livres de sucre, selon que vous voudrez avoir l'eau ou la crême des Barbades. Colorez en rouge si vous le voulez.

On peut aussi employer, au lieu d'esprit, du bon rum, et mettre quelques livres d'eau de moins dans le sirop, la liqueur n'en sera que meilleure.

Crême de Badiane.

Prenez dix onces de badiane, deux onces d'anis, et conduisez-vous du reste comme pour l'anisette de Bordeaux. Faites le sirop avec vingt livres d'eau et douze livres de sucre; vous pourrez réduire d'un tiers les aromates et le sucre, si vous voulez avoir la liqueur de badiane.

Crême de Moka.

Prenez huit livres d'excellent café en poudre, douze livres d'eau bouillante, vingt-quatre livres d'esprit : conduisez-vous tant pour l'infusion que pour la distillation, ainsi qu'il est dit pour l'esprit de café, et retirez vingt-six livres de liqueur. Faites le sirop avec vingt livres d'eau, douze livres de sucre; réunissez les deux liqueurs, auxquelles vous ajouterez tant soit peu de vanille triturée avec du sucre, et filtrez.

Si l'on préfère le café vert, il faut en employer au moins dix livres pour la quantité de liqueur ci-dessus ; le concasser le plus possible ; le faire infuser chaudement pendant vingt-quatre heures avant de verser l'esprit dans la cucurbite , et se conduire d'ailleurs en tous points comme dans la recette précédente.

Crème de Cacao.

Préparez et disposez comme pour l'esprit de cacao, six livres de cette amande : après huit jours de macération dans vingt - quatre livres d'esprit de vin, vous ajouterez quelques pintes d'eau, trois onces de cannelle, et retirerez par la distillation l'esprit employé. Vous terminerez la liqueur comme celle de café, et y ajouterez de quatre à huit gros de vanille en faisant le mélange.

Le café et le cacao fournissant très peu d'arome par la distillation, les liqueurs que l'on en prépare seraient tout aussi bonnes par infusion, et beaucoup moins dispendieuses.

Crème de Thé.

Prenez douze onces de thé impérial de la Chine, ou le meilleur thé vert que vous pourrez avoir à son défaut ; vingt-quatre livres d'esprit, six livres d'eau bouillante. Placez le thé dans le fond d'un bain-marie d'étain ; versez le tiers de l'eau par-dessus ; couvrez hermétiquement le vase, et versez le reste de l'eau au bout d'un quart-d'heure, en recouvrant aussi exactement que la première fois. Lorsque l'infusion sera refroidie, vous y ajouterez l'esprit de vin et distillerez après deux ou trois jours d'infusion à froid, pour retirer l'esprit employé. Terminez la liqueur comme les deux précédentes : celle-ci est assez gracieuse par elle-même quand elle est bien faite, pour n'avoir besoin d'aucun parfum étranger. On réduirait d'un tiers la dose de thé et celle de sucre, si l'on voulait l'avoir en liqueur simple.

On traitera de la même manière toutes les plantes que l'on voudrait employer sèches : le tilleul notamment, fournirait une liqueur des plus agréables. Il en serait de même de la fleur de sain-foin séchée avec soin.

Créme de Noyaux.

Augmentez la recette de l'eau de noyaux de Phalsbourg, de deux livres de noyaux, deux ou trois livres de sucre, un ou deux gros de vanille; et du reste conduisez-vous de même, vous aurez une crême de noyau excellente.

Créme de Rossolio.

Plusieurs des substances qui entrent dans la composition de cette liqueur (*voyez* le ratafia de ce nom), ne fournissant presque rien à la distillation, il convient de la préparer par un double procédé.

On distille dans l'esprit affaibli, les roses, la fleur d'orange et les épices pour retirer la quantité d'esprit employé (six livres) : d'autre part, on fait avec quatre livres de sucre blanc et six livres d'eau, un sirop que l'on jette bouillant sur le jasmin, la vanille et l'iris : on couvre le vase hermétiquement, et après douze heures d'infusion hors du feu, on passe le sirop à la chausse pour le réunir à l'esprit aromatisé.

Créme de Kirschen-Wasser.

Mêlez quatorze pintes de kirsch, le plus vieux et le meilleur possible, avec dix pintes de bon sirop de sucre aromatisé avec un peu de vanille.

En substituant au kirsch tout autre esprit de fruits, on aura la crème de marasquin.

Créme de Myrte.

Distillez huit onces de feuilles fraîches de pêcher, et trois gros de macis avec trente livres d'esprit affaibli, pour retirer vingt-quatre livres de produit. Faites infuser pendant quarante-huit heures deux livres de fleurs de myrte mondées, dans cet esprit aromatisé ; passez et filtrez ; faites le sirop avec douze livres de sucre et vingt-deux livres d'eau.

Élixir de Garus.

Prenez, aloès succotrin cassé en morceaux. . . . . 2 onces.
Myrrhe concassée. . . . . . . 1 once.
Cannelle fine, gérofle et muscade (de chaque). . . . . . 2 gros.
Safran, zeste d'orange ou de citron (de chaque). . . . . . 4 gros.

Traitez comme pour le ratafia de ce nom ces diverses substances, à l'exception du safran, que vous garderez. Ajoutez à la liqueur deux livres d'eau, pour retirer par la distillation au bain-marie les quatre livres d'esprit employé, dans lequel vous ferez macérer à froid le safran pendant une huitaine de jours ; filtrez et coupez avec quatre livres de sirop de capillaire ou de fleur d'orange.

Scubac blanc.

Augmentez d'un bon tiers la dose des ingrédiens prescrits pour le ratafia de ce nom ; faites infuser toutes ces substances pendant trois ou quatre jours dans la quantité d'esprit porté dans la recette ; ajoutez trois livres d'eau pour retirer par la distillation au bain-marie environ neuf livres d'esprit ; faites le sirop avec quatre livres de sucre, une livre d'eau de fleurs d'orange double, et six livres d'eau de fontaine.

Liqueur d'Ananas.

Prenez, Esprit de fraises. . . . . 4 onces.
De framboises. . . . . 2 *Idem.*
De cassis. . . . . 2 *Idem.*
De pêche. . . . . 2 *Idem.*
D'abricot. . . . . 2 *Idem.*
De cédrat. . . . . 2 *Idem.*
D'iris, de rose, de fleur d'orange, ensemble. . . . . 3 onces.
De vanille. . . . . 4 gros.
Esprit de vin $\frac{1}{6}$. . . . . 4 livres.

Mêlez les esprits ; d'autre part faites un sirop avec vingt-huit onces de sucre blanc et cinq livres d'eau. Ne mêlez les deux liqueurs qu'après vous être assuré que le mélange sera parfumé convenablement. Ce point est assez difficile à saisir, parce que le grand mérite de cette liqueur consiste dans l'art avec lequel les divers parfums sont combinés pour qu'aucun ne domine trop.

Huile d'Anis.

Distillez vingt-quatre livres d'esprit de vin et six livres d'eau, sur huit onces d'anis vert et autant d'anis étoilé : retirez vingt-quatre livres d'esprit que vous couperez avec partie égale de beau sirop de sucre ; ajoutez quelques gouttes de vanille en teinture, et filtrez quand il en sera temps. On peut allonger un peu cette liqueur si on la trouve trop anisée.

On prépare de la même manière les huiles de fenouil, de badiane et des autres graines aromatiques, en prenant de douze à seize onces de la graine qui plaira le mieux.

Huile de Cannelle.

Faites macérer pendant quelques jours, douze onces de la meilleure cannelle concassée, dans vingt-quatre livres d'esprit et six livres d'eau ; coupez la liqueur obtenue, avec poids égal de sirop de sucre. Une légère pointe d'ambre releverait agréablement cette liqueur.

Huile de Gérofle.

Elle se prépare comme l'huile de cannelle, en substituant à cette écorce huit onces de gérofle concassé. Cette huile n'a besoin d'aucun parfum étranger.

Huile de Muscade.

Même procédé que pour l'huile de gérofle. L'huile de macis se prépare aussi de même. L'ambre gris se marie bien dans ces deux dernières liqueurs s'il n'y domine pas.

Huile de Vanille.

Faites macérer à froid pendant huit jours quatre onces de bonne vanille coupée en petits morceaux, dans vingt-quatre livres d'esprit de vin ; passez, filtrez : coupez la liqueur avec vingt-quatre livres de beau sirop de sucre ; ajoutez quelques gouttes d'essence de roses sans la laisser dominer, et colorez en rose. Filtrez la liqueur quand il en sera temps.

Huile d'Ambre.

Faites macérer, comme ci-dessus, une once de vanille ; et lorsque le mélange d'esprit et de sirop sera fait, versez-y goutte à goutte, et en remuant avec soin, la quantité de teinture d'ambre que vous jugerez nécessaire. Vous pourrez y ajouter si vous voulez quelques gouttes de musc, mais en très petite quantité. Colorez en jaune.

Huile de Roses.

Dissolvez un gros d'essence de roses dans vingt-quatre livres d'esprit de vin ; ajoutez vingt-quatre livres de sirop de sucre ; colorez d'une jolie nuance, et filtrez au bout de quelques jours.

Ou bien, mêlez parties égales d'esprit de vin et de sirop de roses bien parfumé.

On peut encore préparer cette liqueur en distillant douze livres de roses, avec vingt-quatre livres d'esprit de vin et six livres d'eau, pour retirer l'esprit employé.

Huile de Fleur d'Orange.

Elle se prépare absolument de la même manière, si ce n'est que l'on peut augmenter de moitié la quantité d'essence de néroli.

Huile de Menthe.

Cette liqueur, et toutes celles de fleurs et de plantes dont on peut se procurer l'huile essentielle, ou l'eau distillée pour faire le sirop, peuvent se préparer d'après les mêmes doses et les mêmes procédés que l'huile de fleur d'orange.

Huile de Vénus.

Prenez douze onces de fleurs fraîches de carotte sauvage; cannelle, macis et gingembre, de chaque, une demi-once : mondez les fleurs de leurs calices; concassez les aromates; faites macérer le tout pendant quelques heures dans vingt-quatre livres d'esprit de vin; ajoutez six livres d'eau, pour retirer par la distillation vingt-quatre livres d'esprit, que vous mêlerez avec autant de sirop de capillaire. Ajoutez quelques gouttes d'ambre, et ce qu'il faudra de teinture de safran pour donner à la liqueur la couleur d'huile d'olive.

Ou bien,

Substituez aux ingrédiens susdits, semences concassées de chervis, de carvi, de daucus de crête, de chaque, cinq onces; une once de macis; et conduisez-vous comme pour la recette précédente.

Peu de liqueurs ont été plus renommées et, par conséquent, plus souvent contrefaites que l'huile de Vénus. Celle-ci fut, dit-on, inventée et mise en vogue bien long-temps avant la révolution, par un homme qui, après avoir dissipé son patrimoine, parvint en quelques années à faire une brillante fortune en donnant à boire cette liqueur-là chez lui. La provision énorme que l'on en trouva après sa mort, apprit, ce que l'expérience a confirmé depuis, que son principal secret était de la laisser vieillir pendant long-temps avant de l'employer.

Extrait d'Absinthe Suisse.

Prenez Sommités fraîches d'absinthe
grande et petite. . . . . . 6 livres.
Tiges d'angélique fraîche. . . 6 onces.
Roseau aromatique. . . . . . 4 onces.
Anis. . . . . 2 onces.
Cannelle et gérofle (de chaque). 2 gros.
Les zestes de quelques cédrats.

Faites macérer l'absinthe pendant vingt-quatre heures dans vingt-quatre livres d'esprit et six livres d'eau ; passez sans exprimer. Jetez alors dans cette eau-de-vie d'absinthe les autres substances hachées et concassées ; distillez au bout de quelques jours de macération ; faites le sirop avec neuf livres de sucre blanc, vingt-quatre livres d'eau, et terminez la liqueur à l'ordinaire. Elle aura tout le parfum de l'absinthe sans avoir une amertume aussi insupportable que si l'on avait distillé cette plante.

Extrait d'Angélique.

Prenez Côtes et racines fraîches d'an-
gélique (ensemble). . . . . 3 livres.
Semences de la même plante. 8 onces.
Anis vert et coriandre (de
chaque). . . . . 2 onces.
Les zestes d'une demi-douzaine de citrons.

Coupez en tranches minces les côtes, les racines et les écorces ; concassez les semences ; macérez le tout pendant sept à huit jours dans vingt-quatre livres d'esprit et six livres d'eau ; passez en exprimant le marc avant de distiller, si vous voulez avoir une liqueur très délicate ; et terminez-la comme la précédente. On peut lui donner une légère nuance verte, et relever son parfum avec une très petite quantité d'ambre ou de vanille, comme aussi ajouter aux autres ingrédiens quelques onces de genièvre.

Si l'on préfère distiller les ingrédiens en nature, on peut abréger de plusieurs jours la macération et diminuer les doses ; mais la liqueur sera moins suave.

Extrait de Vulnéraire.

Prenez Sommités fleuries de menthe, mélisse, basilic, hyssope, mille-pertuis, sarriette, fenouil, calament, fleurs de myrte, tiges et racines d'angélique, etc. (ensemble). . . . . 5 livres.
Baies de genièvre. . . . . . 8 onces.
Cannelle. . . . . 2 onces.
Roseau aromatique. . . . . . . 4 onces.

Choisissez les plantes fraîches, et suivez en tous points le procédé de la formule précédente ; à cela près, qu'au lieu d'ambre ou de vanille, vous pourrez, si le parfum laisse quelque chose à désirer, faire dominer celui de la menthe ou de la mélisse au moyen d'une petite quantité de leur essence. Cette liqueur peut se colorer en rouge ou en vert.

Extrait de Menthe.

Prenez sommités fraîches de menthe crépue et poivrée, ensemble, trois livres ; de mélisse, huit onces ; tiges fraîches d'angélique, quatre onces ; anis vert et étoilé, ensemble, trois onces ; gérofle concassé, quatre gros ; les zestes de quelques cédrats : traitez toutes ces substances absolument comme dans les trois recettes précédentes. On pourrait, d'après les mêmes principes, préparer des extraits de toutes les plantes susceptibles de fournir de bonnes liqueurs.

Extrait de Cédrat.

Prenez des zestes de cédrat, une livre ; de citron, d'orange, de bergamote, ensemble, huit onces ; fleurs d'orange épluchées, quatre onces ; baies de genièvre, quatre onces ; anis et badiane, ensemble, deux onces ; cannelle, gérofle et muscade, ensemble, une once ; faites digérer pendant sept à huit jours dans vingt-quatre livres d'esprit et six livres d'eau ; passez en exprimant le marc, et retirez par la distillation l'esprit employé. Si quelqu'un des parfums est trop couvert par les autres, relevez-le avec quelques gouttes d'huile essentielle, et terminez la liqueur comme les précédentes.

L'extrait de bergamote et celui de chacun des autres fruits à écorce se prépareraient de la même manière.

CHAPITRE XVII.

DES LIQUEURS PRODUITES PAR LA FERMENTATION.

Vins artificiels.

En récapitulant ce qui a été dit sur les conditions et les phénomènes de la fermentation vineuse, on se rappellera que toutes les matières végétales sucrées peuvent fournir de véritables vins qui n'ont d'autre différence avec celui du raisin, que celle qui existe entre ce fruit et les autres espèces ; qu'il leur faut pour cela de l'eau, de l'air, de la chaleur, et un levain de fermentation ; que celles qui abondent le plus en sucre, sont les plus propres à subir la fermentation vineuse, etc. ; il restera donc peu de choses à dire ici avant de faire l'application des préceptes généraux à la préparation des vins factices les plus usités.

On doit entendre par vins factices, tous ceux qui ne sont pas le résultat de la fermentation pure et simple du fruit de la vigne opérée par les procédés habituels : d'après cela, on considérera comme factices non seulement tous les vins qui ont été ultérieurement travaillés ; mais encore les vins préparés avec toute matière végétale sucrée, autre que le raisin, quelque naturelles que puissent d'ailleurs être ces liqueurs. C'est de celles-là seules qu'il sera spécialement question dans ce chapitre.

Il y a deux manières principales de faire les vins de fruits : 1°. par la fermentation pure et

23

simple ; 2°. par addition d'eau-de-vie et de sucre. Le premier procédé seulement donne de véritables vins ; ceux qui résultent du second, ne sont que des ratafias proprement dits, et n'ont pas subi comme les premiers la fermentation tumultueuse. Enfin, quelques personnes, pour économiser les fruits, en font fermenter quelques livres avec beaucoup d'eau et assez de cassonade ou de miel pour donner du corps à la liqueur. On sent aisément que la première de ces trois méthodes est la seule bonne pour obtenir des vins proprement dits.

Les fruits destinés à cet usage doivent avoir atteint leur plus haut point de maturité sans être gâtés : on les écrase le plus exactement possible ; on ajoute du sucre à ceux qui n'en ont pas assez ; de l'eau, à ceux qui sont trop sucrés ; du levain, à ceux qui ont besoin de cet agent ; on met en fermentation tout à la fois le suc, le parenchyme, la pellicule et le noyau, et on laisse la matière en repos jusqu'à ce que la fermentation tumultueuse ait cessé ; on soutire alors la liqueur en exprimant légèrement le marc, et on la laisse achever dans les barils.

L'expérience a prouvé que les vins obtenus par la fermentation du suc seul, sont plus gracieux. Mais outre que les autres portions du fruit fournissent elles-mêmes un peu de matière fermentescible, il est certain que le principe colorant et l'arome résident presque uniquement dans la peau, et que le bois des noyaux possède en outre un parfum particulier indépendant de celui du fruit. Dans les pays où l'on traite en grand ce genre de fabrication, on est généralement dans l'usage de piler le noyau avec le fruit ; mais alors l'amande donne un goût fort désagréable, soit au vin, soit à l'eau-de-vie que l'on en retire ; goût qui paraît provenir principalement de l'huile de cette amande. Il est bon de mêler quelques fruits un peu austères à ceux qui sont trop sucrés, afin de n'avoir pas un vin fade et doucereux ; et réciproquement d'adoucir par le mélange de quelques fruits sucrés, ceux qui sont trop âcres.

On prépare les vins de fruits, ou pour en retirer l'eau-de-vie par la distillation, ou pour les boire en nature. Dans le premier cas, il convient de délayer leur pulpe avec une certaine quantité d'eau pour rendre la décomposition du sucre plus complète et plus prompte, et de les distiller immédiatement après la seconde fermentation : dans le second, on doit n'ajouter de l'eau qu'aux fruits pâteux qui fermenteraient mal sans cette addition, et les garder le plus longtemps possible avant de les boire. Les esprits de fruits sont ordinairement connus sous des noms particuliers, ainsi qu'on le verra plus loin.

Les vins de fruits du second procédé, se préparent en faisant fermenter ou plutôt digérer pendant deux mois, plus ou moins, parties égales de suc de fruit et d'eau-de-vie, avec un peu de sucre : c'est à peu près le procédé que j'ai indiqué pour la plupart des ratafias. Les vins de fruits, proprement dits, se conservent fort bien quand ils sont bien faits, ils ont seulement moins de force que ceux où l'on a ajouté de l'eau-de-vie.

Je ne parlerai point ici des diverses manipulations employées par certains marchands pour falsifier ou imiter à peu de frais les vins de prix. Outre que ces manœuvres sont au moins illicites, la plupart sont dangereuses, et je croirais me rendre complice de la fraude, en faisant connaître les procédés à l'aide desquels on la commet. Mais je dirai un mot d'une autre espèce de vins factices que l'on prépare en mêlant un parfum quelconque à du vin naturel, et qui, étant bien faits, peuvent remplacer avec économie tous les vins de liqueur.

Ces préparations, qui paraissent avoir dans le principe fait partie du domaine de la pharmacie, sont désignées vulgairement sous le nom générique de vins d'*Hypocras* ou d'*Hypocrates*. Les recettes de ce genre ne sont pas nombreuses, mais on peut les varier à l'infini, puisqu'il suffit d'associer à de bon vin généreux et bien naturel le parfum que l'on juge à propos. On emploie de préférence les bons vins de Bourgogne rouges ou blancs, et l'on y ajoute un peu de sucre et d'eau-de-vie pour les rendre plus liquoreux : le mérite de ces compositions est d'être peu chargées en parfum et très limpides.

La grande facilité avec laquelle le vin tourne à l'aigre, ne permet pas de soumettre ceux-ci à la chaleur ni à une digestion trop longue.

Vin de genièvre.

Délayez cent livres de baies de genièvre écrasées, bien fraîches et bien mûres, avec dix livres de cassonade ou de miel, une ou deux livres de levain de farine de seigle, décrit page 83, et environ cent pintes d'eau chaude. Ajoutez-y un peu de coriandre concassée ou quelques tiges d'angélique ; versez le mélange dans une futaille défoncée ou dans un grand baquet, où vous continuerez de l'agiter pendant quelques minutes ; couvrez hermétiquement le vaisseau avec des planches, et donnez au local une température d'environ 25 degrés Réaumur.

Tous les phénomènes de la fermentation ne tarderont pas à s'établir ; et vous reconnaîtrez qu'elle est achevée, à l'éclaircissement de la liqueur, à la rupture de la croûte qui la recouvre et aux autres signes décrits en leur lieu. (*Voyez Fermentation.*) Profitez de ce moment pour mettre le vin en barils ; laissez-lui subir la fermentation insensible dans un lieu dont la température ne dépasse pas douze à quinze degrés : soutirez la liqueur une seconde fois après cette époque, et conservez-la à la cave dans des barils exactement pleins et bien bouchés, jusqu'au moment où vous voudrez la mettre en bouteilles.

Le vin de genièvre préparé par ce procédé est fort agréable à boire quand il a au moins un an de garde en barils, et quelques mois de bouteilles. Quelques personnes font bouillir les baies dans l'eau pendant une demi-heure, et ajoutent dans cette décoction tirée au clair les substances qu'ils jugent les plus propres à hâter la fermentation : je ne vois pas l'avantage de cette méthode.

Vin de Cerises.

On prend la quantité que l'on veut, de guignes ou autres cerises douces bien mûres, avec lesquelles on peut mêler un quart ou un cinquième de merises et un peu de framboises. Après avoir séparé ces fruits de leurs queues, on les écrase dans un grand panier placé au-dessus d'un cuvier, et on les pétrit jusqu'à ce qu'il ne reste plus dans le panier que les peaux et les noyaux, que l'on réunit au reste. On brasse le tout pendant quelques instans pour délayer parfaitement la pulpe avec le suc, et l'on termine l'opération comme dans le cas précédent.

Le suc de la cerise contient ordinairement, en proportions convenables, tous les élémens de la fermentation : on est cependant obligé de le délayer quelquefois avec un peu d'eau, ou d'y ajouter un peu de sucre, ce qui est plus rare surtout si les fruits sont bien mûrs et de bonne qualité. Mais on peut, dans tous les cas, y mélanger un peu de levain. On peut remplacer la framboise par une très petite quantité d'iris en poudre.

Vin de Fruits rouges.

On prend à peu près les mêmes fruits et en même proportion que pour le ratafia de ce nom, et l'on se comporte en tous points comme pour le vin de cerises. Le vin de fruits rouges quand il est bien fait et vieux, est comparable aux meilleurs vins de liqueur.

Vin de Prunes.

La prune de reine-claude, la mirabelle, et celle de Monsieur, sont les meilleures que l'on puisse employer pour cet usage : comme ce fruit est extrêmement sucré et très pulpeux, il faut le délayer avec un peu d'eau chaude, et y ajouter quelque peu de levain si l'on veut rendre la fermentation plus active ; mais cette addition n'est pas absolument nécessaire. Du reste, le vin de prunes se prépare absolument de la même manière que celui de cerises : on peut y ajouter quelques aromates, et même quelques feuilles de l'arbre pour corriger sa trop grande douceur. Ce vin est l'un de ceux qui ont le plus besoin d'être perfectionnés par la fermentation insensible.

L'amande de la prune paraît contenir un principe vireux très énergique, qui communique ses propriétés dangereuses au vin et même à l'eau-de-vie que l'on peut en retirer. Mais cet inconvénient n'a lieu que lorsque l'on casse les noyaux.

Vin de Pêches.

On choisit de préférence la pêche de vigne quoiqu'elle soit peu agréable à manger et peu parfumée ; mais on y ajoute un sixième ou un huitième de pêches fines. Après avoir essuyé ces fruits pour en enlever le duvet, on les ouvre en deux pour en séparer le noyau, et on les jette dans un cuvier en les écrasant à mesure. Après avoir laissé reposer cette pâte pendant quelques heures sans lui donner le temps d'entrer en fermentation, on y ajoute environ une livre de levain artificiel par quintal de fruit ; on la pétrit soit avec les mains, soit avec des billots de bois ; on la délaie en consistance de bouillie claire, avec de l'eau chaude ; enfin on ajoute les noyaux sans les casser, très peu de cannelle ou de gérofle si on le juge à propos ; et l'on met le tout en fermentation comme pour le vin de cerises, après avoir couvert le cuvier avec des planches ou toute autre chose capable d'intercepter l'air extérieur.

Lorsque la pâte a été bien préparée et délayée ni trop ni pas assez, la fermentation est vive et prompte. Le vin de pêche est l'un des plus agréables que l'on puisse boire : quelques personnes y ajoutent après le premier soutirage un peu de vanille triturée avec du sucre ou quelques gouttes d'ambre ; mais le parfum naturel du fruit et celui du noyau suffisent selon moi. Ce vin étant très liquoreux, a besoin d'être gardé pendant un an en futaille : il se fabrique en grand dans les cantons où la pêche de vigne est commune.

Quelques recueils de recettes prescrivent encore aujourd'hui, de brasser la masse lorsque la croûte qui la recouvre commence à crevasser, et de continuer cette opération jusqu'à ce que la fermentation soit achevée. J'ai dit, en parlant du chapeau de la cuve, ce que l'on doit penser de ce conseil qui n'est fondé que sur l'ignorance la plus complète des lois de la fermentation, et qui, dans tous les cas, ne tend qu'à la troubler.

Vin d'Abricots.

Ce vin se fabrique exactement comme celui de pêches, et lui cède peu en qualité quand il est bien préparé : on choisit de préférence des abricots de plein vent. Il est inutile de rappeler que ces fruits et tous ceux que l'on destine au même usage, doivent être aussi mûrs que possible. On peut parfumer le vin d'abricots avec un peu de framboises blanches.

Vin de Coings.

Ce fruit, malgré le peu de matière sucrée qu'il semble contenir, fournit une liqueur vineuse très bonne et qui n'est point assez connue. On extrait le suc du fruit comme pour le ratafia, et l'on met fermenter ce suc avec environ huit à dix livres de cassonade ou de miel, et deux livres de levain, pour cent pintes de liqueur. Cette méthode est sans contredit la meilleure, mais fort dispendieuse.

Ou bien on coupe les coings par quartiers, on enlève la peau pour la mettre à part, et l'on rejette les pepins : on fait ensuite cuire les fruits dans l'eau jusqu'à ce qu'ils s'écrasent aisément ; on les jette dans un fort tamis de crin ou dans un crible de fil de laiton pour les réduire en pulpe. On ajoute le sucre et le levain ; on délaie le tout avec le produit de la décoction, et ensuite avec de l'eau chaude si la matière est trop pâteuse : on ajoute alors la peau des fruits, un ou deux clous de gérofle par pinte, et l'on se conduit du reste en tous points comme pour le vin de pêche. Ce vin conserve encore de l'âpreté ; mais il s'en dépouille en vieillissant, et devient très gracieux.

Vin de Poires et de Pommes.

On prépare par les mêmes procédés que pour le coing, et avec les poires de rousselet, ou les pommes de fenouillette, des vins qui diffèrent un peu du cidre et du poiré préparés par les procédés ordinaires.

Vin de Groseilles.

La rareté du vin dans les États-Unis d'Amérique, et l'abondance des groseillers, donna l'idée de substituer le fruit de cet arbrisseau à celui de la vigne, et l'on a depuis reconnu en Europe que ce fruit pouvait fournir un vin de liqueur fort gracieux. La groseille rouge étant ordinairement plus sucrée que la blanche, c'est celle-là ou celle à maquereau que l'on prend de préférence.

Les Américains mélangeaient le suc de la groseille avec environ deux parties d'eau contre une, une quantité considérable de sucre, et laissaient le vin sur sa lie pendant fort long-temps. La méthode conseillée par l'abbé Rozier me paraît préférable. Voici à peu près en quoi elle consiste :

Il faut cueillir les groseilles sur la fin de la matinée, et les exposer à l'ardeur du soleil pendant quelques heures ; ensuite les égrener sur un crible, et les fouler à mesure pour faire tomber le suc et les peaux dans le cuvier destiné à l'opération. Cela fait, ajoutez un peu de sucre et la quantité d'eau nécessaire pour diminuer un peu la viscosité du suc de groseille. Brassez le mélange pendant quelques instans ; couvrez le cuvier d'une toile par-dessus laquelle vous poserez son couvercle, et placez-le dans un lieu tempéré, afin que la fermentation ne soit pas trop tumultueuse. Elle s'annoncera au bout de quelques heures, par un sifflement qui ira bientôt en augmentant : aussitôt que la liqueur commencera à baisser, soutirez-la dans des barils que vous porterez sur-le-champ à la cave.

Laissez ces barils débouchés pendant quelques jours, et à mesure qu'ils dégorgeront, vous les remplirez avec du vin de groseilles réservé à cet effet : bouchez les barils petit à petit à mesure que la fermentation diminuera, sans cesser cependant de les remplir quand il en sera besoin, et n'enfoncez tout-à-fait le bouchon que lorsque toute fermentation aura cessé. Ce vin sera soutiré au bout de deux mois seulement, en ayant soin de ne pas le remuer jusque-là ; après quoi il sera excellent.

Vins de Fraises, Framboises, Mûres, etc.

Ces vins se préparent tous de la même manière : on écrase les fruits, et on les pétrit avec une livre ou deux de levain par quintal ; ensuite on délaie la masse avec de l'eau chaude pour la réduire en bouillie, et l'on termine l'opération comme pour le vin de groseilles.

Les vins de fraises et de framboises deviennent délicieux avec le temps ; celui de mûres lui-même leur cède peu en qualité, et a d'ailleurs le grand avantage de ne coûter presque rien. On peut ajouter à son bouquet naturel le parfum de quelque aromate ou celui de la framboise. Quant à ce dernier fruit, il n'est pas inutile de le mélanger avec de la groseille ou avec du raisin de bonne qualité, pour diminuer un peu la force de son parfum.

Vins d'Orange, Citron, Grenade, etc.

Ces fruits pourraient donner des vins de fantaisie dans les pays où ils sont très abondans. Il suffirait, pour cela, d'y ajouter une suffisante quantité de cassonade (environ six à huit livres par quintal de suc), et de faire fermenter ce mélange comme le suc de coing. Il ne faudrait mettre, avec les sucs de citron ou d'orange, que fort peu du zeste. Si l'on voulait s'amuser à exécuter cette opération en petit, il faudrait une température d'au moins vingt-cinq à vingt-huit degrés.

Hydromel.

Délayez peu à peu une quantité quelconque de bon miel blanc avec de l'eau chaude, jusqu'à ce qu'un œuf frais enfonce à peu près à moitié dans la liqueur. Continuez à remuer jusqu'à ce que le miel soit parfaitement dissout ; donnez au mélange et à l'atmosphère du lieu une température de vingt à vingt-cinq degrés ; couvrez le cuvier et abandonnez la liqueur à elle-même. La fermentation s'établira avec force au bout de quelques heures, et durera pendant plusieurs jours. Lorsque vous la verrez tombée, vous soutirerez la liqueur ; mais comme elle contient encore beaucoup de sucre non décomposé, vous placerez le tonneau dans un lieu tempéré, en ayant soin de ne couvrir la bonde que très légèrement.

On reconnaîtra bientôt, à une quantité considérable d'écume qui s'en échappera, que la fermentation est rétablie ; il faudra avoir soin de reverser à mesure dans le tonneau du nouvel hydromel, ou si l'on en manque, un peu de bon vin blanc jeune, ou un mélange d'eau et de miel ; enfin, remplir le tonneau pour la dernière fois, et le boucher avec soin, quand l'écume cessera de monter. La fermentation continuera néanmoins sourdement pendant deux ou trois mois : il faudra retirer alors la liqueur de dessus sa lie, la coller, la soutirer une seconde fois, et la garder le plus long-temps possible avant de la mettre en bouteilles, afin de lui faire perdre un goût de miel qu'elle conserve pendant long-temps. Il faudra opérer le soutirage plus tôt, si l'on était obligé de transporter le tonneau ailleurs.

Presque tous les auteurs prescrivent de faire bouillir et de clarifier le miel ; mais il est reconnu que la fermentation qui, par le procédé ci-dessus, s'établit en quelques heures, demande plusieurs jours dans le second cas, parce que la coction paraît sinon détruire, du moins suspendre l'action des levains fermentescibles, tant dans le miel que dans toutes les substances végétales : je pense donc qu'il est plus avantageux de délayer le miel à l'eau un peu plus que tiède, sans le faire cuire, la liqueur en est d'ailleurs tout aussi bonne. On peut la rendre beaucoup plus agréable, en ajoutant à la dissolution mielleuse un peu d'angélique fraîche, de genièvre, de coriandre, de suc de framboise ou d'orange, ou tel autre parfum que l'on préférera.

Le bon hydromel, vieux et bien fait, ressemble beaucoup aux meilleurs vins d'Espagne. Son usage, très répandu encore aujourd'hui chez les peuples du Nord, est fort ancien ; et l'on sait que les belliqueux Scandinaves, leurs ancêtres, étaient tellement passionnés pour cette liqueur, qu'ils ne connaissaient d'autre bonheur dans la vie future, que celui de boire l'hydromel à la table d'Odin.

Les formules que l'on vient de lire, jointes à ce que j'ai dit sur la fabrication des vins artificiels, et sur la fermentation en général, suffiront pour indiquer la marche à suivre toutes les fois que l'on voudra retirer une liqueur vineuse d'un liquide sucré quelconque. Il n'y a pas une de ces formules qui, étant bien exécutée, ne puisse donner à peu de frais un fort joli vin de liqueur.

Hypocras.

Mettez dans une grande bouteille un gros de cannelle, deux ou trois clous de géroñe et une petite pincée de macis, le tout en poudre, avec une ou deux onces d'esprit de vin : ajoutez, après deux jours de digestion à froid, une pinte de bon vin rouge ou blanc, deux ou trois gouttes d'essence d'ambre, et deux ou trois onces de su-

cre en poudre : agitez ce mélange pendant quelques secondes; filtrez au bout de vingt-quatre
heures.

Hypocras à la vanille.

Triturez quatre à six grains de bonne vanille
avec deux onces de sucre; versez une pinte de
vin par-dessus, avec une ou deux onces d'esprit;
filtrez le surlendemain.

Hypocras au Cédrat.

Versez sur les zestes d'un beau cédrat enlevés
bien finement une pinte de bon vin et un peu
d'esprit. Faites fondre, après vingt-quatre ou
trente-six heures d'infusion à froid, deux ou
trois onces de sucre en poudre dans la liqueur,
et filtrez.

Ou bien, frottez deux onces de sucre en gros
morceaux sur l'écorce d'un cédrat, jusqu'à ce
que le sucre soit bien imprégné de l'huile essentielle du fruit; faites-le fondre dans le vin, et
filtrez.

Hypocras à l'Angélique.

Faites infuser à froid pendant deux jours,
dans une pinte de vin rouge ou blanc, deux gros
d'angélique fraîche, avec une pincée de muscade
en poudre, ou demi-once de la même plante
confite; ajoutez le sucre et l'esprit, et filtrez.

Bischop.

Faites infuser, comme ci-dessus, dans une
pinte de vin rouge, une poignée de feuilles fraîches de cassis, quelques zestes de citron, une

bonne pincée de cannelle en poudre, un peu de muscade; ajoutez, quand il en sera temps, le sucre et l'esprit de vin, et filtrez. On fait à chaud ou à froid un autre vin de bischop auquel on ajoute le jus d'un ou deux citrons ou oranges, beaucoup plus de sucre que dans cette recette-ci, et quelquefois un peu d'eau : mais il doit alors être bu de suite.

Hypocras au Genièvre.

Faites macérer à froid, pendant vingt-quatre heures, une once de baies de genièvre concassées, bien mûres et bien fraîches, avec une pinte de vin et une à deux onces d'esprit ; ajoutez tant soit peu de vanille ou d'ambre, deux ou trois onces de sucre en poudre, et filtrez.

Hypocras framboisé.

Remplissez de framboises fraîchement cueillies et point écrasées un entonnoir à grille : faites filtrer au travers une pinte de vin rouge ; ajoutez deux onces d'esprit, le sucre nécessaire, et filtrez.

La grande quantité de principe mucilagineux contenu dans la framboise ferait promptement tourner le vin, si on le laissait en digestion avec le fruit. On peut préparer de la même manière un fort joli vin de fraises.

Hypocras à la Violette.

Faites digérer, pendant un jour ou deux, un gros et demi d'iris de Florence, et douze grains de gérofle en poudre, avec une pinte de vin rouge ou blanc ; ajoutez le sucre et l'esprit, une goutte d'ambre et de musc, et filtrez.

Hypocras aux Noyaux.

Cassez douze noyaux d'abricot et six noyaux de pêche, sans endommager les amandes ; faites infuser celles-ci, avec leur bois, pendant deux jours, dans une pinte de vin blanc ; ajoutez six grains de vanille triturée avec deux onces de sucre, un peu d'esprit : filtrez.

Hypocras ou vin d'Absinthe.

Faites infuser pendant douze heures, dans une pinte de vin blanc, une poignée d'absinthe fraîche, deux ou trois onces de sucre en morceaux frotté sur l'écorce d'un citron ou d'un petit cédrat, un gros d'anis concassé, cinq à six clous de gérofle en poudre : passez en exprimant légèrement le marc ; ajoutez un peu d'esprit de vin, et filtrez.

Les recettes ci-dessus suffiront pour toutes les préparations de ce genre que l'on voudra faire ; et l'on voit que le nombre peut en être très considérable.

Marasquins.

Ce nom appartenait, dans l'origine, à un esprit de cerises sauvages que l'on fabriquait en grand dans les environs de Zara en Dalmatie, et qui jouit encore aujourd'hui d'une réputation méritée. Mais on l'a étendu depuis à tous les esprits que l'on retire de la distillation des vins de fruits ; et l'on fait des marasquins de pêches, de framboises, de groseilles, etc. Quand ces liqueurs

sont bien faites, elles ont un goût de fruit fort
agréable ; mais il faut, pour cela, choisir des
fruits de bonne qualité, les faire fermenter avec
soin, et conduire la distillation selon les principes de l'art ; précautions qu'observent rarement les habitans des campagnes dans les pays
où l'on exploite ce genre d'industrie.

On trouve, à l'article des vins de fruits en général, les règles à observer dans leur fermentation, selon l'usage auquel on les destine. Quant
à la manière de les distiller, il serait à désirer
que l'on soutirât le vin en exprimant fortement
le marc, et qu'on lui donnât le temps de s'é-
claircir, et d'acquérir son plus haut degré de
spirituosité par la fermentation insensible : en
agissant de cette manière, on retirerait une plus
grande quantité de produit, et l'on ne risquerait
pas de le voir infecté d'empyreume. Mais, comme
l'on recherche moins la perfection que l'économie
de main-d'œuvre, on est généralement dans l'habitude de verser dans l'alambic tout le contenu
de la cuve, et de distiller le marc en même temps
que le vin. Il faut alors avoir au moins l'attention
de se servir d'un alambic à grillage, afin d'éviter
que la matière ne brûle.

Les marasquins provenant le plus souvent des
fruits à noyaux, doivent leur parfum à la peau
du fruit, et ont en outre un goût de noyau très
prononcé. Ces liqueurs ont rarement assez de
force dès la première distillation : on est obligé
de les rectifier, soit à feu nu, soit au bain marie
si on en a la facilité ; et quelques personnes ajoutent, dans ce moment, dans l'alambic, des feuilles
de l'arbre ou des noyaux du fruit pour augmenter le parfum. Ces esprits gagnent beaucoup à
être sur le champ frappés de glace. Il ne faut

attribuer qu'à une mauvaise manipulation la saveur caustique et désagréable de la plupart des
esprits de fruits répandus dans le commerce.

La fermentation des fruits doit se faire autant
que possible sur de grandes masses, et dans des
vaisseaux de bois, que l'on aura eu soin de bien
ébouillanter pour leur ôter toute espèce de goût.
Il est inutile d'insister sur la nécessité de conduire la fermentation et la distillation avec tous
les soins imaginables : ces deux objets ont été
traités en leur lieu avec assez de détail. Il est bon
de faire toujours fermenter quelques poignées
des feuilles avec le fruit.

On donne à la liqueur distillée le degré que
l'on juge convenable, et on la mélange ordinairement avec un sirop simple parfaitement clarifié, dans lequel on fait entrer environ six
onces de sucre par pinte de liqueur et une quantité d'eau proportionnée à la force de l'esprit.
On filtre si on le juge à propos, précaution à
peu près inutile quand le sirop est bien fait.

Marasquin de Zara.

Comme l'on fabrique aujourd'hui du marasquin à l'imitation de celui de Zara, dans tous les
endroits où cette fabrication peut offrir quelques
avantages, les procédés varient non seulement
selon les lieux, mais encore selon les personnes
qui s'en occupent. Voici néanmoins la méthode
qui me paraît la meilleure et la plus simple.

On fait fermenter selon la manière accoutumée, quatre-vingt-dix livres de merises, dix à
quinze livres de framboises, et cinq à six livres
de feuilles de l'arbre : lorsque l'on juge la fermentation arrivée au point convenable, on distille

la liqueur avec quelques poignées de noyaux de pêche, et huit onces d'iris de Florence concassée.

Ou bien, on fait macérer pendant deux ou trois jours les fruits écrasés et les autres ingrédiens, avec quarante ou cinquante pintes d'esprit de vin, et l'on distille dans l'alambic à double fond pour retirer tout le spiritueux. Si la liqueur n'est pas assez forte, on la rectifiera, et si on ne la trouve pas assez parfumée, on pourra remettre dans l'alambic ou quelques poignées de noyaux ou un peu d'iris. On frappe la liqueur de glace pendant quelques heures, et l'on ajoute le sirop.

On peut aussi *improviser* une sorte de marasquin, en mélangeant dans les proportions convenables, des esprits de merises, de framboises, de fraises, etc., avec un peu d'esprit de vin.

Marasquin de Pêches.

On fait fermenter les pêches comme si l'on voulait en faire un vin à boire, sauf que l'on y peut mettre un peu plus d'eau, et on distille le contenu de la cuve dans l'alambic à grillage. Ou ce qui serait infiniment préférable, on sépare le vin de son marc ; on le laisse achever pendant quelques jours par la fermentation insensible, et on le distille avec quelques poignées de noyaux lorsqu'il est suffisamment éclairci. (Cette addition est inutile quand on distille le marc.) La liqueur se termine comme la précédente. Le marasquin de pêches prend ordinairement le nom de persicot.

Marasquin de Groseilles.

On préfère la groseille rouge comme plus parfumée. On la fait fermenter avec quelques poignées de feuilles de groseillier, de cerisier ou de cassis, et l'on se conduit en tous points comme pour le marasquin de pêches. On peut même jeter dans l'alambic quelques poignées de noyaux de ce fruit.

Marasquins de Fraises et de Framboises.

Ils se préparent de la même manière que celui de groseilles : mais j'ai cru remarquer que les vins de framboises et de fraises ont, plus que tous autres, besoin d'être perfectionnés par la fermentation insensible ; que l'esprit que l'on en retire gagne beaucoup à être frappé de glace et à vieillir un peu.

Marasquins d'Abricots et de Prunes.

L'un et l'autre se préparent absolument de la même manière que celui de pêche. Mais à l'égard du marasquin de prunes, il ne faut pas perdre de vue ce qui a été dit ailleurs (chap. II, *Distillation des vins de fruits*), sur le danger qu'il y aurait de casser les noyaux de ce fruit pour les mettre en fermentation. L'expérience a prouvé que l'huile de l'amande de prune devient par la distillation un véritable poison.

Marasquin de Coings.

Le vin de coings traité et distillé comme les autres vins de fruits, peut fournir par la distillation un fort bon marasquin, surtout si l'on jette dans l'alambic quelques poignées de noyaux de pêches.

Kirschen-Wasser.

On récolte dans plusieurs parties de l'Allemagne, dans notre Franche-Comté, et dans quelques autres cantons de France, une grande quantité de cerises sauvages, d'un goût trop austère pour servir d'aliment ; mais qui fournissent par la fermentation et la distillation, une excellente liqueur nommée par les Allemands, kirschen-wasser, *eau ou esprit de cerises.*

Quand ces fruits sont parvenus en parfaite maturité, on les abat à coups de gaule comme les normands abattent les pommes à cidre. On ramasse pêle-mêle, fruits bons ou mauvais, feuilles, etc.; on foule le tout ensemble dans de grands paniers d'osier, et l'on jette ensuite le marc dans la cuve pour le faire fermenter avec le suc. Lorsque l'on juge le vin suffisamment fait, c'est-à-dire aussitôt que la fermentation tumultueuse a cessé, on jette le contenu de la cuve dans un alambic; on le distille tant bien que mal, et l'on rectifie ce premier produit, soit avec de nouveaux noyaux de cerises ou de pêches, soit sans aucune addition.

Le kirsch fabriqué de cette manière ne peut qu'être d'une qualité fort inférieure, et sent presque toujours l'empyreume : pour l'avoir parfait, il faut rejeter tous les fruits gâtés et non mûrs ; écraser les autres avec soin, y ajouter quelques poignées de feuilles froissées ; conduire la fermentation comme pour le vin de cerises ; enfin tirer la liqueur au clair et la distiller à feu nn mais modéré, sans réfrigérant, sauf à rafraîchir fréquemment le serpentin. Enfin soumettre pendant quelque temps le produit à l'action du froid.

On avait dans quelques cantons l'habitude de

piler les noyaux : cette pratique n'a d'autre résultat que de mettre en liberté une portion considérable d'huile qui brûle quand on distille le
marc avec le vin, ce qui donne un goût détestable
au produit. Dans tous les cas, c'est le bois et non
l'amande qui doit parfumer la liqueur spiritueuse. Monsieur Frémy, auteur d'un mémoire
sur ce sujet, conseille d'entasser les cerises entières dans des tonneaux jusqu'à ce qu'elles
s'échauffent, et de piler les noyaux. J'ai fait
sentir l'inconvénient de cette dernière pratique :
quant à celle qui consiste à laisser échauffer le
fruit avant de l'écraser, je ne la crois pas mauvaise.

Les exemples ci-dessus pourront s'appliquer à
toutes les distillations de vins de fruits que l'on
voudra tenter.

CHAPITRE XVIII.

DES FRUITS A L'EAU-DE-VIE.

Choix et Blanchiment des fruits.

LA fabrication des fruits à l'eau-de-vie est l'une
des branches principales de l'art du liquoriste,
et n'intéresse pas moins le particulier qui ne dé-
daigne pas de descendre dans les détails de l'économie domestique. Ces préparations sont essentiellement du ressort du premier, puisqu'elles
peuvent être regardées comme des variétés des
ratafias ; et le second y trouve à peu de frais,
des ressources précieuses pour suppléer en hiver

aux fruits que la saison ne produit plus, varier ses desserts, et remplacer même au besoin cette foule de liqueurs de table que sa fortune ne lui permettrait peut-être pas d'avoir.

Pour que ces fruits soient parfaits, il faut : 1°. les cueillir au point de maturité convenable; 2°. leur faire subir avec soin les diverses opérations préparatoires par lesquelles ils doivent passer; 3°. observer dans leur confection les règles voulues pour les dénaturer le moins possible, et pour assurer leur conservation. Je vais examiner successivement ces trois points principaux.

On peut confire à l'eau-de-vie tous les fruits doués d'une certaine fermeté, et plusieurs portions charnues de végétaux. Mais on prépare le plus souvent ainsi la plupart des fruits à noyaux, quelques poires, le coing, de jeunes citrons, des noix nouvelles, quelques qualités de raisins; on peut encore employer les tiges d'angélique, les côtes de melon, les écorces de cédrat; en un mot, tous les végétaux dont on croit pouvoir retirer un parti utile et agréable. Ces préparations ont moins pour objet la conservation du fruit en nature, que sa transformation en un mets nouveau et délicat.

Les fruits destinés à l'eau-de-vie doivent être bien sains et charnus. On les cueille un instant avant leur parfaite maturité, afin qu'ils conservent un certain degré de fermeté et d'élasticité, surtout s'ils sont de nature molle et fondante. Ceux que l'on cueillerait parfaitement mûrs, ayant la chair trop pulpeuse, ne pourraient supporter un certain degré de chaleur ni une macération un peu prolongée, sans se déformer, se briser, se réduire même en marmelade; et, selon le procédé employé dans leur confection, plusieurs de ces fruits pourriraient avant que d'avoir pu s'imprégner suffisamment de sucre et d'alcool. Les fruits trop mûrs se pénètrent d'ailleurs prodigieusement d'eau-de-vie aux dépens de leur propre suc : ils deviennent spongieux et peu agréables à manger.

Toutes les variétés de fruits de chaque espèce ne sont pas également propres à être mis à l'eau-de-vie. On choisit en général les variétés qui ont le plus de parfum et le plus de saveur, ainsi qu'on le verra dans le cours de ce chapitre. Il en est des fruits que l'on destine à cet usage, comme de tous les autres : ils sont rarement bons dans les années pluvieuses. On doit également rejeter ceux qui sont rabougris, tachés, meurtris, fanés, piqués des vers, en un mot, frappés d'une défectuosité quelconque. Il est inutile de dire par conséquent, qu'ils doivent être cueillis avec tout le ménagement possible, et peu maniés.

Avant d'être mis dans l'eau-de-vie, ils doivent généralement recevoir plusieurs préparations préliminaires, dont le but est, soit de les dépouiller d'une portion de saveur trop prononcée, soit de les disposer à se pénétrer de la liqueur conservatrice, soit enfin de favoriser d'autant leur conservation. Ces opérations, qui sont toutes comprises sous le nom de blanchîment, se partagent en trois temps : dans le premier, on nettoie les fruits, et on les dispose à la seconde préparation; celle-ci consiste à les soumettre pendant quelques instans à la chaleur de l'eau bouillante; dans la troisième, on les rafraîchit et on les égoutte avant de les confire.

Du Blanchîment.

Au moment où les fruits viennent d'être cueil-

lis, et sans leur donner le temps de se faner ni
de se ramollir, on les essuie avec un linge pour
en enlever la poussière; ou bien on les frotte avec
une brosse s'ils sont couverts de duvet, en prenant garde dans l'un comme dans l'autre cas, de
les endommager : on les pique à mesure jusqu'au
cœur, dans plusieurs endroits, tant pour éviter
que la peau ne crève qu'afin qu'ils se pénètrent
plus promptement, et on les jette aussitôt dans
un grand baquet d'eau de puits très-froide.

Cette première opération finie, on les retire
du baquet avec une grande écumoire pour les jeter
tous ensemble dans un chaudron d'eau bouillante, assez grand pour qu'ils puissent tremper
tous également et recevoir à peu près le même
degré de chaleur. On les laisse frémir jusqu'à
ce qu'ils tombent d'eux-mêmes au fond de l'eau ;
on couvre alors le chaudron et l'on étouffe le feu
petit à petit, sans cependant laisser refroidir entièrement.

Après avoir laissé les choses en cet état pendant quelques heures, on ranime graduellement
le feu jusqu'à ce que les fruits reviennent sur
l'eau. On enlève doucement avec l'écumoire les
premiers qui se présentent, comme étant les plus
cuits; on les jette à mesure dans l'eau froide, et
l'on continue ainsi jusqu'à ce que tous les fruits
soient venus se présenter d'eux-mêmes. On est
quelquefois obligé de pousser un peu le feu pour
forcer les derniers à monter.

Cette méthode de blanchîment est celle que
l'on suit dans les meilleurs laboratoires. Dans
quelques autres, on se contente de retirer les
fruits du chaudron pour les plonger dans l'eau
froide, à mesure qu'ils commencent à fléchir
sous les doigts, sans leur donner le second coup

de feu. Ce dernier procédé généralement adopté par les particuliers, est plus expéditif; mais le premier me semble préférable.

Beaucoup de personnes jettent leurs fruits dans le chaudron un à un, à mesure qu'elles les apprêtent, sans les laisser séjourner préalablement dans l'eau froide : cette méthode, sans avoir aucun avantage, est défectueuse, en ce que les fruits n'étant pas jetés tous à la fois dans l'eau bouillante, blanchissent inégalement, ce qu'il faut éviter.

Aussitôt qu'on les jette dans l'eau bouillante, les fruits pâlissent; mais le second coup de feu leur restitue en grande partie leur couleur naturelle; l'immersion dans l'eau froide concourt au même but. C'est pour cela et pour leur redonner un peu de fermeté, que l'on doit employer l'eau la plus froide et la plus crue possible : il est même bon d'y faire fondre une ou deux onces d'alun par seau, surtout lorsque l'on travaille sur des fruits naturellement mous, pulpeux, ou dont la couleur tendre et délicate mérite d'être conservée, tels que la prune, la pêche, etc. Il est essentiel d'exécuter les divers temps du blanchîment vivement, afin que les fruits soient saisis en passant par les divers changemens de température qu'on leur fait subir.

Le commencement de coction que l'on fait subir aux fruits par le blanchîment enlève, du moins en grande partie, le principe acerbe, âcre ou trop aromatique contenu dans l'enveloppe de la plupart d'entre eux; supplée au degré de maturité qui leur manque, et concourt à conserver leur forme et leur couleur. Le succès des opérations subséquentes dépend beaucoup des soins apportés dans celle-ci, dont la durée doit être

proportionnée à la consistance plus ou moins
dure, et à la nature plus ou moins âpre du fruit.

Si l'eau du chaudron n'est pas assez chaude,
ou que les fruits la refroidissent trop, elle les
pénètre, les délave, les *mortifie* en quelque sorte;
les prive de leur couleur, de leur goût, en un
mot, de presque toutes leurs propriétés. Au
contraire, lorsqu'elle est bien à son point, elle
n'attaque presque que leur superficie; concentre leur suc, ne pénètre que très faiblement
dans l'intérieur, et ne leur ôte aucune de leurs
qualités.

Ces fruits n'étant et ne devant être qu'imparfaitement mûrs, si on les mettait dans l'eau-de-
vie au sortir de l'arbre ils seraient en général
trop durs pour s'en imprégner convenablement,
il faut donc recourir au blanchîment pour les
attendrir. Cet effet n'est pas identiquement le
même que celui de la maturation naturelle et
complète; celle-ci rend les fruits mous, fondans,
pulpeux, et les dispose à se dépecer promptement; tandis que cette espèce de demi-coction
les rend à la fois tendres, mais fermes, élastiques, et plus propres à soutenir l'effet de la
longue macération à laquelle ils doivent être
soumis, que s'ils étaient complétement mûrs.

Lorsque les fruits sont entièrement refroidis,
et qu'ils ont autant que possible recouvré leur
fermeté, leur fraîcheur et leur couleur, par l'effet
de l'eau froide, on les range avec ménagement
sur des tamis ou entre des linges très propres
pour les faire égoutter pendant que l'on prépare
tout ce qu'il faut pour les confire, et que l'on
dispose les bocaux.

Ceux-ci sont ordinairement de verre et plus
profonds que larges; mais, quelle que soit leur

forme, il faut que l'orifice soit d'une ouverture proportionnée à la grosseur des fruits afin que l'on puisse les ranger et les sortir avec aisance. Des vases trop larges d'orifice seraient cependant incommodes, si on ne pouvait les fermer hermétiquement.

De la Confection.

On peut désigner par ce mot la dernière opération qu'il reste à faire subir aux fruits, et la plus importante en même temps, puisque les précédentes n'ont eu d'autre objet que de les préparer à celle-ci : je veux parler de la mise en bocaux.

On suit, dans ce travail, trois ou quatre procédés différens, outre plusieurs autres qui méritent peu d'attention. Le premier, qui paraît appartenir plus spécialement aux confiseurs, consiste à faire cuire pendant quelques instans les fruits blanchis dans du sucre cuit à la plume, comme si l'on voulait les confire, et à les conserver dans un mélange d'eau-de-vie et de sirop.

Le second procédé, plus bourgeois, consiste à les mettre en bocaux au sortir de l'arbre, et à les faire macérer soit à froid, soit à la chaleur du soleil, dans l'eau-de-vie à laquelle on a ajouté un peu de sucre.

Les fruits préparés par le premier procédé sont plus délicats, plus fins que ceux du second; parce que, étant préalablement imprégnés de sucre jusque dans leur intérieur, ils aspirent beaucoup moins d'eau-de-vie : ils sont d'ailleurs bons à manger au bout de quelques jours, tandis que ceux que l'on prépare par la macération pure et simple, se dépouillant quelquefois en grande partie de leur propre suc, se remplissent d'eau-

de-vie au point qu'elle coule presque pure sous
la dent.

Ce second procédé n'est pourtant pas toujours
à mépriser, surtout pour les personnes qui, ne
préparant ces fruits que pour leur consommation, se soucient fort peu de prendre autant de
peine, et peuvent d'ailleurs attendre leurs fruits
deux ou trois mois; car il faut à peu près ce
temps-là pour la plupart, surtout si on ne les a
pas même blanchis. Les fruits préparés par le
premier procédé ont rarement besoin de plus
d'une quinzaine de jours de macération avant
d'être employés.

Les marchands qui travaillent en grand préparent d'avance, en quantité proportionnée à
leurs besoins, un mélange de deux parties d'eau-
de-vie à vingt-deux degrés, contre une de bon
sirop de sucre bien clarifié; ils le filtrent comme
s'ils en voulaient faire une liqueur, et attendent
le moment de l'employer. A mesure que la saison
des fruits qu'ils veulent confire arrive, ils les
blanchissent, les rangent dans les bocaux, achèvent de remplir ceux-ci avec leur eau-de-vie
sucrée, et laissent faire leurs fruits pendant un
ou deux mois, ou même plus selon la grosseur.

Les fruits préparés de cette manière, étant
moins pénétrés de sucre sans l'être trop d'eau-
de-vie, sont préférés par beaucoup de personnes:
ils ont aussi l'avantage d'être moins mous, et
presque aussi vermeils que s'ils venaient d'être
cueillis; la liqueur elle-même est aussi limpide
que possible, ce qui ne contribue pas peu à
flatter l'œil autant que le goût.

Quel que soit le procédé suivi, l'arome du
fruit se dissout dans l'eau-de-vie; et comme il
réside spécialement dans l'enveloppe, ainsi que

l'on aura plusieurs fois l'occasion de le remarquer, il convient de ne pas peler les fruits, à moins que leur peau ne soit dure et coriace.

D'un autre côté, le fruit cède plus ou moins facilement une portion de son suc pour aspirer l'eau-de-vie; en sorte que, tandis qu'il s'imbibe jusqu'au cœur, du liquide dans lequel il baigne, celui-ci se combine avec le suc rendu, de manière à former un véritable ratafia.

Cet échange est plus complet et plus prompt quand l'eau-de-vie n'est pas chargée de sucre: on remarque, en pareil cas, que la liqueur a presque entièrement épuisé le fruit qui, à son tour, s'est rempli d'eau-de-vie. Ceci s'accorde parfaitement avec ce qui a été dit à l'article des ratafias, et explique pourquoi on prescrit de n'ajouter le sucre qu'après la macération des substances dont on veut extraire le parfum et la saveur, tandis que, dans la préparation des fruits à l'eau-de-vie, il convient d'*émousser* la force de cette liqueur au moyen du sucre, avant de soumettre les fruits à son action. Je conseillerai même aux personnes qui voudront obtenir en ce genre des produits plus parfaits, d'y employer, au lieu d'eau-de-vie, de l'esprit de vin coupé avec du suc de fruit préparé à part.

L'exposition au soleil pendant une quinzaine de jours ne peut que faire du bien aux fruits à l'eau-de-vie, surtout lorsqu'ils n'ont pas cuit dans le sucre; mais elle concourt à détruire leurs couleurs déjà rongées par l'esprit.

On ne peut assigner au juste les proportions respectives de fruits, de sucre et d'eau-de-vie qu'il convient d'observer, ni le degré de celle-ci. Il suffit de savoir que le fruit doit être recouvert par la liqueur; qu'on emploie en général de quatre à six onces de sucre par pinte d'eau de-vie, et que l'on prend celle-ci à vingt ou vingt-deux degrés, en faisant fondre le sucre dans un peu d'eau. Mais l'on conçoit aisément que ces données sont très variables, la force de l'eau-de-vie et la dose du sucre devant augmenter ou diminuer selon que le fruit est plus ou moins aqueux, plus ou moins sucré. Si son eau de végétation n'était pas saturée suffisamment par le sucre et l'eau-de-vie, il entrerait promptement en fermentation et ne se conserverait pas.

Les fruits bien préparés peuvent se garder en bon état pendant un an ou deux ; mais, en supposant même que la fermentation les respecte, la macération continue finit par les ramollir au bout de ce temps, au point de les réduire en marmelade. Les bocaux doivent être bien bouchés, exactement remplis, et rangés dans un lieu plutôt frais que chaud. Ces fruits se conservent aussi moins bien dans de grands vases que dans de petits où la fermentation s'établit moins facilement, car c'est là l'agent de destruction qu'ils ont le plus à craindre.

Pêches à l'eau-de-vie.

On prend de belles pêches d'espalier cueillies un peu avant leur parfaite maturité ; on enlève le duvet en les frottant doucement avec un linge ; on les pique jusqu'au noyau, en plusieurs endroits, et on les jette à mesure dans l'eau froide. On place en même temps sur le feu, dans une bassine proportionnée à la quantité de fruits, suffisante quantité de sucre clarifié cuit en demi-sirop ; et, pendant qu'il est bouillant, on y jette les pêches, que l'on a soin d'enfoncer doucement

avec l'écumoire jusqu'à ce qu'elles cessent de remonter.

A mesure que les fruits commencent à fléchir
sous les doigts, on les enlève un à un avec l'écumoire et on les pose délicatement sur un tamis
pour les égoutter. Lorsqu'ils ont tous été passés
au sirop, on verse dans celui-ci un peu d'eau de
blanc d'œuf pour le clarifier ; on le fait cuire en
bonne consistance, et on le jette bouillant sur
les pêches rangées dans une terrine : il faut qu'il
reste assez de sirop pour que le fruit en soit recouvert. Au bout de vingt-quatre heures, on
range les pêches une à une dans des bocaux à
large ouverture, en ayant soin de laisser peu de
vide, sans cependant les tasser : on clarifie de
nouveau le sirop restant, s'il n'est pas parfaitement limpide ; enfin, lorsqu'il est cuit à son
point et refroidi, on le mêle avec trois parties
en poids d'esprit à vingt-deux degrés ; on filtre
la liqueur s'il est nécessaire, et on la verse dans
les bocaux ; on bouche ceux-ci avec un bouchon
de liége recouvert d'un parchemin mouillé. Les
fruits sont bons à manger au bout d'une quinzaine de jours. La méthode suivante est moins
embarrassante et tout aussi bonne.

Au lieu de passer les pêches au sirop, on les
blanchit en leur donnant les deux coups de feu
prescrits à l'article du blanchîment ; après les
avoir retirées de l'eau froide et bien égouttées
sur des linges propres, on les range une à une
dans les bocaux ; on remplit ceux-ci avec un
mélange de sirop de sucre sur deux parties d'eau-
de-vie à vingt-deux degrés, et on les couvre avec
le bouchon de liége coiffé de parchemin.

Enfin, les particuliers qui trouveront ce procédé encore trop compliqué, se contenteront de

piquer leurs fruits et de les mettre à mesure dans des bocaux, avec de l'eau-de-vie chargée de trois à quatre onces de sucre par pinte. Ils boucheront leurs bocaux avec soin, et les exposeront au soleil pendant un ou deux mois. On ajoute rarement un autre parfum à celui de la pêche; mais ceux qui s'y allieraient le mieux sont la vanille et le macis. Dans cette opération comme dans celles qui vont suivre, il faut faire attention que les fruits baignent entièrement soit dans l'eau, soit dans le sirop, sans quoi les portions qui resteraient exposées à l'air prendraient une couleur noire que l'on ne pourrait leur faire perdre.

Abricots.

On choisit de beaux abricots de plein vent, et on les prépare absolument de la même manière que les pêches, selon l'un ou l'autre des trois procédés indiqués pour ce fruit.

Prunes.

On emploie de préférence la reine-claude blanche ou violette, et on la traite de la même manière que la pêche et l'abricot. Mais comme la prune est extrêmement délicate, il faut la blanchir avec beaucoup de précaution, quoique en lui donnant deux coups de feu comme à la pêche. On la passe rarement au sucre.

Cerises.

Les cerises les plus agréables à manger et les plus grosses sont les plus estimées pour être mises à l'eau-de-vie. On les cueille, comme les autres fruits destinés à cet usage, au moment où elles vont acquérir leur parfaite maturité ; on coupe la moitié de la queue ; on fait un trou d'épingle au côté opposé, et on les jette à mesure dans l'eau froide. Après les avoir bien égouttées, on les met dans une terrine, et l'on verse par-dessus un sirop bien cuit et bouillant, dans lequel on les laisse tremper pendant une journée : on retire alors et on égoutte les fruits, on les range dans les bocaux ; on rapproche le sirop, on le mêle avec deux parties d'eau-de-vie, et on le verse sur les cerises.

Ou bien, sans passer les cerises au sirop, on les range de suite dans leurs bocaux ; on fait un mélange de deux tiers d'esprit à vingt-six ou vingt-huit degrés, avec un tiers de suc de cerises, et trois ou quatre onces de sucre par pinte, et l'on verse cette liqueur sur les fruits. Dans tous les cas, on ajoute un peu de cannelle, de macis, et quelques clous de gérofle, le tout enfermé dans un petit linge fin et propre : on bouche le bocal avec soin, et on l'expose au soleil pendant un mois ou six semaines. On retire alors les aromates, on agite un peu le bocal, pour que toute la masse soit également parfumée, et l'on a soin de le boucher exactement chaque fois que l'on prend des cerises.

Raisin.

On cueille au point convenable, de beaux raisins muscats dont on détache un à un sans les froisser, les grains les plus gros et les plus sains ; on jette ces grains dans un baquet d'eau fraîche pour les laver, et l'on donne deux ou trois coups d'épingle à la peau. D'un autre côté, on exprime le suc des autres grains pour le mêler à l'eau-de-vie. Cela fait, on égoutte avec soin les grains réservés, ou on les essuie doucement avec un linge fin; on les met en bocaux, et l'on achève de remplir ceux-ci avec le mélange ci-dessus, auquel on a ajouté la quantité de sucre ou de sirop jugée nécessaire. Si l'on veut ajouter un parfum étranger à celui du muscat, on peut employer un petit morceau d'angélique, ou tel autre aromate que l'on préférera.

Mirabelle.

On la choisit grosse et point tachée; on fait un trou d'épingle à l'endroit de la queue, un autre au côté opposé, et on se conduit en tous points comme pour la cerise.

Poires de Rousselet.

On choisit de préférence une petite poire très parfumée, connue sous le nom de rousselet de Reims; on la pèle très proprement sans endommager la queue, dont on ne coupe que l'extrémité; et l'on jette le fruit à mesure dans l'eau froide alunée, afin qu'il ne noircisse pas. Après avoir laissé tremper les poires pendant une demi-heure ou une heure dans cette eau, on les en retire pour les blanchir d'un seul coup de feu; et à mesure qu'elles fléchissent sous le doigt, on les jette dans une nouvelle eau froide à laquelle on a ajouté le suc de quelques citrons, et que l'on change une fois ou deux si elle s'échauffe. Enfin, après les avoir laissé bien refroidir dans cette eau, on les range une à une dans leurs bocaux de manière à laisser le moins de vide possible et à ne pas briser la queue. D'autre part, et pendant que les fruits blanchissent, on jette du sirop de sucre bouillant sur les peaux ; on ajoute deux parties d'eau-de-vie à vingt-deux ou vingt-trois degrés, lorsqu'il est froid ; on passe le mélange à la chausse pour l'avoir parfaitement clair, et on le verse par-dessus les fruits. Les bocaux, bouchés au liége et au parchemin, peuvent être exposés au soleil pendant six semaines ou deux mois ; après quoi les fruits seront excellens.

On peut encore, après avoir retiré les poires de l'eau alunée, les passer au sucre comme les pêches ou les abricots, et terminer l'opération de la même manière que pour ces fruits. Le premier procédé me paraît préférable ; mais quel que soit celui dont on fasse usage, il est bon de ne pas oublier de peler d'abord les poires, et de faire infuser les peaux dans le sirop afin d'utiliser le parfum qu'elles contiennent. Il est inutile d'ajouter que l'on doit rejeter tous les fruits qui seraient ou verreux, ou meurtris, ou endommagés d'une manière quelconque.

Coings.

Après avoir dépouillé les coings de leur duvet, on en enlève délicatement la peau, que l'on fait tomber à mesure dans de l'eau-de-vie ; ou les coupe par quartiers pour ôter le cœur, et on les fait tremper dans l'eau alunée comme les poires. On les fait cuire ensuite à petit feu dans un bon sirop, on retire les quartiers un à un avec l'écumoire à mesure qu'ils fléchissent, on les range dans une terrine ; on clarifie et fait recuire le sirop, et on le verse ensuite bouillant sur les fruits. Enfin on les range au bout de vingt-quatre heures dans les bocaux; on mélange le sirop avec l'eau-de-vie dans laquelle ont infusé les peaux, dans la proportion de deux parties de celle-ci contre une de celui-là; on filtre le mélange, et on le verse sur les fruits. Le coing doit être, par exception aux autres fruits, choisi très mûr pour cette préparation.

Angélique.

On choisit des tiges d'angélique, grosses, charnues, fraîchement cueillies, et mondées de leurs feuilles; on les essuie, les coupe en morceaux de la longueur d'un pouce à dix-huit lignes, et on les jette à mesure dans l'eau fraîche pour les laver. On les retire de là pour leur donner quelques bouillons dans un chaudron d'eau bouillante; on apaise ensuite le feu, et l'on couvre le chaudron pour les laisser infuser très chaudement pendant une heure; après quoi on les enlève avec une écumoire pour les jeter dans un baquet d'eau froide. En les retirant du baquet, on les égoutte entre des linges en pressant un peu fortement dessus pour leur faire rendre toute l'eau; on les passe ensuite dans un fort sirop jusqu'à ce qu'elles soient suffisamment cuites. Enfin, on les laisse égoutter pendant vingt-quatre heures sur des tamis; on réunit le sirop qu'elles rendent avec celui dans lequel elles ont cuit; on le clarifie et on le fait réduire en consistance convenable; on range les morceaux d'angélique dans les bocaux, et on y verse ce sirop coupé avec deux parties de bonne eau-de-vie.

Cédrat.

Choisissez des cédrats dont l'écorce soit très
26

épaisse ; à l'aide d'un couteau qui coupe bien, vous enleverez délicatement la partie la plus superficielle du zeste, sans mettre la partie blanche à découvert : ces zestes contenant une grande quantité d'huile essentielle, seront mis de côté pour être utilisés de telle manière que l'on jugera à propos. Fendez ensuite l'écorce en quatre pour l'enlever sans entamer le fruit, et traitez vos quartiers d'écorce comme ceux de coing.

Côtes de Melon.

Toutes les qualités de melons bonnes à manger, peuvent être confites à l'eau-de-vie. Après avoir enlevé la portion succulente de la chair et la partie superficielle et coriace de l'écorce, on coupe la côte proprement dite, en morceaux carrés que l'on jette à mesure dans une bassine contenant de l'eau froide avec un peu de jus de citron. On place la bassine sur le feu pour donner deux ou trois légers bouillons ; on laisse infuser chaudement pendant une heure ; on jette alors les morceaux de melon dans une nouvelle eau citronnée pour les faire refroidir, et on les traite ensuite absolument comme les quartiers de coing, en ayant seulement soin de mettre dans le sirop un peu d'angélique fraîche et un très petit nouet de cannelle, gérofle et macis mélangés, ou l'un de ces aromates seul.

La partie la moins mangeable du melon apprêtée ainsi avec les soins convenables, ne le cède en rien à la plupart des autres fruits à l'eau-de-vie. Il est inutile de dire que le melon doit être mûr à point, de bonne qualité, et les côtes bien saines.

Chinois.

On donnait ce nom à de petits citrons verts confits qui nous arrivaient de l'étranger; mais on peut fort bien se servir de ceux que fournissent nos provinces méridionales. On choisit, bien avant leur maturité, de petits citrons ou de petites oranges; après leur avoir donné trois ou quatre coups d'épingle, on les jette dans un chaudron contenant de l'eau et une ou plusieurs poignées de cendre enfermée dans un linge. On place le tout sur le feu, et on laisse bouillotter pendant quelques instans; on apaise alors le feu pour prolonger l'infusion, sans donner cependant aux fruits le temps de cuire; on les jette ensuite dans un grand baquet d'eau froide, que l'on renouvelle de quart-d'heure en quart-d'heure pendant trois ou quatre fois, en les lavant avec soin.

A la dernière fois, on les égoutte bien, et on les fait cuire dans un sirop léger jusqu'à ce que piquant quelques uns de ces fruits avec une épingle, leur propre poids suffise pour les faire retomber de suite. Il ne s'agit plus alors que de terminer l'opération comme pour les tiges d'angélique.

Abricots verts.

On choisit des abricots, des pêches ou autres fruits analogues, avant que le bois du noyau soit formé; on les essuie avec un linge rude, et on les traite absolument de la même manière que les citrons verts, auxquels d'ailleurs ces fruits ne sont pas à comparer. Ils ont besoin d'être parfumés à peu près de la même manière que les côtes de melon.

Noix vertes.

On cueille des noix de la plus belle espèce, un peu avant que le bois de la coquille ne soit formé, c'est-à-dire, tandis qu'une épingle les traverse encore facilement. On les pèle délicatement jusqu'à ce que la membrane blanche qui sert de coquille soit entièrement à découvert; on les pique et on les jette de suite dans une eau alunée où elles doivent baigner à l'aise afin d'éviter qu'elles ne noircissent, ce qu'elles feraient très promptement : après les avoir laissé tremper pendant quelques instans dans cette eau, en ayant soin de la changer dès qu'elle commencera à se colorer, on les lessivera de la même manière que les citrons verts, ou on les fera blanchir dans une nouvelle eau alunée, et l'on traitera du reste les noix absolument comme le fruit susdit, avec la seule différence que l'on mettra infuser un petit nouet d'aromates dans le sirop. On peut aussi confire à l'eau-de-vie les noix en vert, en ne les pelant pas : mais comme leur écorce extérieure est extrêmement amère, il vaudrait mieux les faire cuire dans l'eau de cendre légère jusqu'à ce que l'épingle, après les avoir traversées, ne pût les enlever; les faire ensuite tremper pendant vingt-quatre heures dans une eau de puits légèrement citronnée que l'on renouvellerait plusieurs fois, et les mettre en bocaux avec deux parties d'eau-de-vie à vingt-deux degrés, sur une partie de sirop très-rapproché, et un petit nouet d'aromates.

FIN.

TABLE DES MATIÈRES.

—

DEUXIÈME PARTIE.

TROISIÈME PARTIE.

FIN DE LA TABLE.

DE L'IMPRIMERIE DE CRAPELET,
rue de Vaugirard, n.º 9.

15 sous le Volume d'environ 150 pages.

SEULE ÉDITION COMPLÈTE

DES

SUITES A BUFFON,

FORMAT IN-18,

Formant, avec les OEuvres de cet auteur,

UN

COURS COMPLET D'HISTOIRE NATURELLE,

CONTENANT LES TROIS RÈGNES DE LA NATURE;

Par MM. Bosc, Brongniart, Bloch, Castel, Guérin, de La-
mark, Latreille, de Mirbel, Patrin, Sonnini et de Tigny,
la plupart Membres de l'Institut et Professeurs au Jardin du Roi.

Cette Collection, primitivement publiée par les soins de
M. Déterville, et qui est devenue la propriété de M. Roret, ne
peut être donnée par d'autres éditeurs, n'étant pas, comme les
OEuvres de Buffon, dans le domaine public.

Les personnes qui auraient les suites de Lacépède, contenant
seulement les Poissons et les Reptiles, auront la liberté de ne pas
les prendre dans cette Collection.

Cette Collection formera 108 volumes, ornés d'environ 600
planches dessinées d'après nature, par Desève, et précieusement
terminées au burin. Elle se composera des ouvrages suivans :

HISTOIRE NATURELLE DES INSECTES, composée d'après
Réaumur, Geoffroy, Degeer, Roeser, Linnée, Fabricius, et les
meilleurs ouvrages qui ont paru sur cette partie, rédigée suivant
les méthodes d'Olivier et de Latreille, avec des notes, plusieurs observations nouvelles, et des figures dessinées d'après nature ; par
F. M. G. de Tigny et Brongniart, pour les généralités. Edition
ornée de beaucoup de figures, augmentée et mise au niveau des
connaissances actuelles, par M. Guérin. 20 vol.

— NATURELLE DES VÉGÉTAUX, classée par famille, avec
la citation de la classe et de l'ordre de Linnée, et l'indication de
l'usage qu'on peut faire des plantes dans les arts, le commerce,

l'agriculture, le jardinage, la médecine, etc., des figures dessinées d'après nature, et un GENERA complet, selon le système de Linnée, avec des renvois aux familles naturelles de Jussieu; par J.-B. LAMARCK, membre de l'Institut, professeur au Muséum d'Histoire naturelle, et par C.-F.-B. MIRBEL, membre de l'Académie des Sciences, professeur de botanique. Edition ornée de 120 planches représentant plus de 1600 sujets. 30 vol.

HISTOIRE NATURELLE DES COQUILLES, contenant leur description, leurs mœurs et leurs usages; par M. BOSC, membre de l'Institut. 10 vol., ornés de planches.

— **NATURELLE DES VERS**, contenant leur description, leurs mœurs et leurs usages; par M. BOSC. 6 vol., ornés de planches.

— **NATURELLE DES CRUSTACÉES**, contenant leur description, leurs mœurs et leurs usages; par M. BOSC. 4 vol., ornés de planches.

— **NATURELLE DES MINÉRAUX**, par E.-M. PATRIN, membre de l'Institut. Ouvrage orné de 40 planches, représentant un grand nombre de sujets dessinés d'après nature. 16 vol.

— **NATURELLE DES POISSONS**, avec des figures dessinées d'après nature; par BLOCH. Ouvrage classé par ordres, genres et espèces, d'après le système de Linnée, avec les caractères génériques; par René-Richard CASTEL. Edition ornée de 160 planches, représentant environ 600 espèces de poissons, 20 vol.

— **NATURELLE DES REPTILES**, avec figures dessinées d'après nature; par SONNINI, homme de lettres et naturaliste, et LATREILLE, membre de l'Institut. Edition ornée de 54 planches, représentant environ 150 espèces différentes de serpens, vipères, couleuvres, lézards, grenouilles, tortues, etc. 8 vol.

Prix de chaque volume. . . . . 75 c.

Prix de chaque livraison de figures, composée d'environ 5 planches, pour les souscripteurs 35 cent. en noir, et 1 fr. fig. coloriées.

Il paraîtra régulièrement, le samedi de chaque semaine, 2 volumes et 2 livraisons de planches, à partir du 1er février 1830.

ON SOUSCRIT,

SANS RIEN PAYER D'AVANCE,

A LA LIBRAIRIE ENCYCLOPÉDIQUE DE BORET,

RUE HAUTEFEUILLE, AU COIN DE LA RUE DU BATTOIR.

COLLECTION DE MANUELS

FORMANT UNE

ENCYCLOPÉDIE

DES

SCIENCES ET DES ARTS,

FORMAT IN-DIX-HUIT,

PAR UNE RÉUNION DE SAVANS ET DE PRATICIENS;

MM. AMOROS, directeur du Gymnase; ARSENNE, peintre; BORY DE SAINT-VINCENT, corresp. de l'Institut; BOITARD, naturaliste; CHORON, dir. de l'instit. roy. de musique; FERDINAND DENIS; JULIA-FONTENELLE, professeur de chimie; HUOT, naturaliste; LACROIX, membre de l'Institut; LAUNAY, fondeur de la colonne de la place Vendôme; SÉBASTIEN LENORMAND, professeur de technologie; LESSON, naturaliste; PERROT, membre de la Société royale académique des sciences; PEUCHET; RIFFAULT, ancien directeur des poudres et salpêtres; TERQUEM, professeur aux Ecoles royales; TOUSSAINT, architecte; VERGNAUD, ancien élève de l'Ecole Polytechnique, etc., etc.

DEPUIS que les Sciences exactes ont, par leur application à l'Agriculture et aux Arts, contribué si puissamment au développement de l'Industrie agricole et de l'Industrie manufacturière, leur Etude est devenue un besoin pour toutes les classes de la Société; les Mathématiques, la Physique, la Chimie, sont des sciences qu'il n'est plus permis d'ignorer ; aussi les Traités de ce genre sont-ils aujourd'hui dans les mains des Artisans et dans celles des Gens du Monde. Mais on a généralement reconnu que la cherté de ces sortes de livres est un grand empêchement à leur propagation, et que la rédaction n'a pas toujours la clarté et la simplicité nécessaires pour faire pénétrer promptement dans l'esprit les principes qu'ils exposent. C'est pour remédier à ces deux inconvéniens que nous avons entrepris de publier, sous le titre de *Manuels*, des Traités vraiment élémentaires, dont la réunion formera une Encyclopédie portative des Sciences et des Arts, dans laquelle les Agriculteurs, les Fabricans, les Manufacturiers et les Ouvriers en tout genre, trouveront tout ce qui les concerne, et par là seront à même d'acquérir à peu de frais toutes les connaissances qu'ils doivent avoir pour exercer avec fruit leur profession.

Les Professeurs, les Elèves, les Amateurs et les Gens du Monde pourront y puiser des connaissances aussi solides qu'instructives.

Plusieurs de nos Manuels sont arrivés en peu de temps à plusieurs éditions; un si grand nombre est une preuve évidente de leur utilité : aussi sommes-nous décidés à en continuer la publication avec toute la célérité possible ; la rédaction des volumes à faire paraître est fort avancée, et nous croyons pouvoir promettre que cette intéressante Collection sera terminée avant peu.

La meilleur preuve que nous puissions donner de l'utilité et de la bonté de cette Encyclopédie populaire, c'est le succès prodigieux des divers traités parus et les éloges qu'en ont faits les journaux.

Cette entreprise étant toute philanthropique, les personnes qui auraient quelque chose à faire parvenir dans l'intérêt des Sciences et des Arts, sont priées de l'envoyer *franco* à M. le *Directeur de l'Encyclopédie in-18*, chez RORET, Libraire, rue Hautefeuille, au coin de celle du Battoir, à Paris.

Tous les Traités se vendent séparément. Un grand nombre est en vente; les autres paraîtront successivement. Pour les recevoir franc de port on ajoutera 50 centimes par volume in-18.

PARIS. — IMPRIMERIE DE COSSON,

Rue Saint-Germain-des-Prés, n° 9.

LIBRAIRIE DE RORET,

RUE HAUTEFEUILLE, AU COIN DE CELLE DU BATTOIR.

N. B. *Comme il y a à Paris deux Libraires du nom de* RORET *l'on est prié de bien indiquer l'adresse.*

MANUEL D'ALGÈBRE, ou Exposition élémentaire des principes de cette science, à l'usage des personnes privées des secours d'un maître; par M. TERQUEM, docteur ès sciences, officier de l'Université, professeur aux Écoles royales, etc. Un gros volume. 3 fr. 50 c.

— **DE L'AMIDONNIER ET DU VERMICELLIER**, auquel on a joint tout ce qui est relatif à la fabrication des produits obtenus avec la pomme de terre, les marrons d'Inde, les châtaignes, et toutes les autres plantes connues pour contenir quelque substance amilacée ou féculente, par M. MORIN. Un vol. orné de figures. 3 fr.

— **D'ARCHITECTURE**, ou Traité général de l'art de bâtir; par M. TOUSSAINT, architecte. Deux gros volumes ornés d'un grand nombre de planches. 7 fr.

— **D'ARPENTAGE**, ou Instruction sur cet art et sur celui de lever les plans; par M. LACROIX, membre de l'Institut. *Nouvelle édition.* Un volume orné de planches. 2 fr. 50 c.

— **D'ARITHMÉTIQUE DÉMONTRÉE**, à l'usage des jeunes gens qui se destinent au commerce, et de tous ceux qui désirent se bien pénétrer de cette science; par M. COLLIN, et revu par M. R...., ancien élève de l'École polytechnique. Un volume. *Septième édition.* 2 fr. 50 c.

— **DE L'ARTIFICIER**, ou l'Art de faire toutes sortes de feux d'artifice à peu de frais, et d'après les meilleurs procédés, contenant les Élémens de la Pyrotechnie civile et militaire, leur application pratique à tous les artifices connus jusqu'à ce jour, et à de nouvelles combinaisons fulminantes; par M. VERGNAUD, capitaine d'artillerie. *Deuxième édition.* Un volume orné de planches. 3 fr.

— **D'ASTRONOMIE**, ou Traité élémentaire de cette science, d'après l'état actuel de nos connaissances, contenant l'Exposé complet du Système du Monde, basé sur les travaux les plus récens et les résultats qui dérivent des recherches de M. Pouillet, sur la température du soleil, et de celles de M. ARAGO sur la densité de la partie extérieure de cet astre; par M. BAILLY, membre de plusieurs sociétés savantes. *Deuxième édition.* Un volume orné de planches. 2 fr. 50 c.

— **DU BANQUIER, DE L'AGENT DE CHANGE ET DU COURTIER**, contenant les lois et règlemens qui s'y rapportent, les diverses opérations de change, courtage et négociations des effets à la Bourse ; par M. Peuchet. Un vol. 2 fr. 50 c.

MANUEL DE BOTANIQUE, contenant les principes élémentaires de cette science, la Glossologie, l'Organographie et la Physiologie végétale, la Phytothérosie, l'Analyse de tous les systèmes, tant naturels qu'artificiels, faits sur la distribution des plantes, depuis Aristote jusqu'à ce jour ; et le développement du système des familles naturelles ; par M. Boitard. *Deuxième édit.* Un vol. orné de planch. 3 fr. 50 c.

— DE BOTANIQUE, deuxième partie, FLORE FRANÇAISE, ou Description synoptique de toutes les plantes phanérogames et cryptogames qui croissent naturellement sur le sol français, avec les caractères des genres des agames et l'indication des principales espèces ; par M. Boisduval. Trois gros vol. 10 fr. 50 c.

ATLAS DE BOTANIQUE, composé de 120 planches, représentant la plupart des plantes décrites dans l'ouvrage ci-dessus.

Prix, figures noires, 18 fr.

Figures coloriées, 36 fr.

— BIOGRAPHIQUE, ou Dictionnaire historique abrégé des Grands Hommes, depuis les temps les plus reculés jusqu'à nos jours, composé sur le plan du Dictionnaire de la fable de Chompré ; par M. Jacquelin, et revu par M. Noel, inspecteur général des études. Deux vol. 6 fr.

— DU BOULANGER, DU NÉGOCIANT EN GRAINS, DU MEUNIER ET DU CONSTRUCTEUR DE MOULINS, *Deuxième édition*, entièrement refondue par MM. Julia de Fontenelle et Benoist. Un gros volume orné de planches. 3 fr. 50 c.

— DU BRASSEUR, ou l'Art de faire toutes sortes de bières, contenant tous les procédés de cet art ; suivi d'un exposé des altérations frauduleuses de la bière, et des moyens de les découvrir ; traduit de l'anglais de Accum, par M. Biffaut. *Deuxième édition*, revue, corrigée et augmentée. Un volume. 2 fr. 50 c.

— DE CALLIGRAPHIE, Méthode complète de Carstairs, dite Américaine, ou l'Art d'écrire en peu de leçons par des moyens prompts et faciles, renfermant un grand nombre d'observations sur les obstacles qui retardent les progrès des élèves ; des principes sur la taille de la plume ; les moyens d'acquérir une belle expédiée, etc. Trad. de l'anglais par M. Tramery, accompagné d'un Atlas renfermant un grand nombre de modèles mis en français. *Nouvelle édition.* 3 fr.

— DU CARTONNIER, DU CARTIER ET DU FABRICANT DE CARTONNAGE, ou l'Art de faire toutes sortes de cartons, de cartonnages et de cartes à jouer, contenant les meilleurs procédés pour gauffrer, colorier, vernir, dorer, couvrir en paille, en soie, etc., les ouvrages en carton ; suivi des lois et règlemens relatifs à l'art du cartier, par M. Lebrun, de plusieurs sociétés savantes. Un vol. orné d'un grand nombre de figures.   3 fr.

MANUEL DU CHARPENTIER, ou Traité complet et simplifié de cet Art; par MM. HANUS ET BISTON (VALENTIN). 2ᵉ édition. Un vol. orné de 12 planches.   3 fr. 5o c.

— DU CHAMOISEUR, MAROQUINIER, PEAUSSIER ET PARCHEMINIER, contenant les procédés les plus nouveaux, toutes les découvertes faites jusqu'à ce jour, et toutes les connaissances nécessaires à ceux qui veulent pratiquer ces Arts, par M. DESSABLES. Un vol. orné de planches.   3 fr.

— DU CHANDELIER ET DU CIRIER, suivi de l'Art du fabricant de cire à cacheter; par M. SÉBASTIEN LENORMAND, professeur de technologie, etc. Un gros vol. orné de planch.   3 fr.

— DU CHARCUTIER, ou l'Art de préparer et de conserver les différentes parties du cochon, d'après les plus nouveaux procédés, précédé de l'art d'élever les porcs, de les engraisser et de les guérir; par une réunion de Charcutiers, et rédigé par madame CELNART. Un vol.   2 fr. 5o c.

— DU CHASSEUR, contenant un Traité sur toutes les chasses; un vocabulaire des termes de vénerie, de fauconnerie et de chasse; les lois, ordonnances de police, etc., sur le port d'armes, la chasse, la pêche, la louveterie. *Quatrième édition.* Un volume, avec figures et musique.   3 fr.

— DU CHAUFOURNIER, contenant l'Art de calciner la pierre à chaux et à plâtre, de composer toutes sortes de mortiers ordinaires et hydrauliques, cimens, pouzzolanes artificielles, bétons, mastics, briques crues, pierres et stucs, ou marbres factices propres aux constructions : par M. BISTON. Un gros vol.   3 fr.

— DE CHIMIE, ou Précis élémentaire de cette science, dans l'état actuel de nos connaissances; par M. RIFFAULT. *Troisième édition*, revue, corrigée et très-augmentée, par M. VERGNAUD. Un gros vol. orné de figures.   3 fr. 5o c.

— DE CHIMIE AMUSANTE, ou nouvelles Récréations chimiques, contenant une suite d'expériences curieuses et instructives en chimie, d'une exécution facile, et ne présentant aucun danger; par FRÉDÉRIC ACCUM; suivi de notes intéressantes sur la Physique, la Chimie, la Minéralogie, etc., par SAMUEL PARKES. Traduit de l'anglais, par M. RIFFAULT. *Troisième édition*, revue par M. VERGNAUD. Un vol. orné de figures.   3 fr.

ART DE SE COIFFER SOI-MÊME, enseigné aux dames, suivi du MANUEL DU COIFFEUR, précédé de préceptes sur l'entretien, la beauté et la conservation de la chevelure, etc., etc., par M. VILLARET. Un joli volume.   2 fr. 5o c.

MANUEL DE LA BONNE COMPAGNIE, ou Guide de la politesse, des égards, du bon ton et de la bienséance. *Cinquième édition.* Un volume.   2 fr. 5o c.

— DU CONSTRUCTEUR DE MACHINES A VAPEUR,

par M. JANVIER, officier au corps royal de la marine. Un volume orné de planches. 2 fr. 50 c.

MANUEL DES CONTRIBUTIONS DIRECTES, à l'usage des contribuables, des receveurs, des employés des contributions et du cadastre, ou Recueil des lois, ordonnances, décisions et instructions ministérielles, en matière de contributions directes et du cadastre, indiquant d'une manière précise la base des impôts et leur répartition, et ce que chacun doit payer selon la loi, suivi du mode des réclamations, et la marche à suivre pour obtenir une juste et prompte décision, etc., par M. DELONCLE, ex-contrôleur. Un volume. 2 fr. 50 c.

— **DE L'HISTOIRE NATURELLE DES CRUSTACÉES**, contenant leur description et leurs mœurs, avec figures dessinées d'après nature par feu M. BOSC, de l'Institut; édition mise au niveau des connaissances actuelles, par M. DESMAREST, correspondant de l'Académie royale des Sciences. Deux vol. 6 fr.

— **DU CUISINIER ET DE LA CUISINIÈRE**, à l'usage de la ville et de la campagne, contenant toutes les recettes les plus simples pour faire bonne chère avec économie, ainsi que les meilleurs procédés pour la pâtisserie et l'office, précédé d'un Traité sur la dissection des viandes, suivi de la manière de conserver les substances alimentaires, et d'un Traité sur les vins; par M. CARDELLI, ancien chef d'office. *Septième édition.* Un gros vol. orné de figures. 2 fr. 50 c.

— **DU CULTIVATEUR FRANÇAIS**, ou l'Art de bien cultiver les terres, de soigner les bestiaux et de retirer des unes et des autres le plus de bénéfices possible; par M. THIÉBAUT DE BERNEAUD. Deux vol. 5 fr.

— **DES DAMES**, ou l'Art de la Toilette, suivi de l'Art du Modiste et du Mercier-Passementier, contenant les procédés les plus convenables pour la conservation des cheveux, des dents et du teint; l'Art des gestes et du maintien; celui de guérir les petits accidens qui nuisent à la beauté, le choix des bons cosmétiques, celui des vêtemens et parures; la manière de se coiffer, lacer et chausser agréablement; de faire les corsets et les gants; de conserver et raccommoder les fourrures; de préparer les bracelets, jarretières élastiques, ceintures, chapeaux, fichus, toques, berrets, bonnets parés, etc., par mad. CELNART. Un vol. orné de figures. 3 fr.

— **DES DEMOISELLES**, ou Arts et Métiers qui leur conviennent, tels que la couture, la broderie, le tricot, la dentelle, la tapisserie, les bourses, les ouvrages en filets, en chenille, en ganse, en perle, en cheveux, etc., etc.; enfin tous les arts dont les demoiselles peuvent s'occuper avec agrément, par madame ELISABETH CELNART. *Troisième édition.* Un volume orné de planches. 3 fr.

MANUEL DU DESSINATEUR, ou Traité complet de cet art ; contenant le dessin linéaire à vue, le dessin linéaire géométrique, le dessin de l'ornement, le dessin de la figure, le dessin du paysage, le dessin et lavis de la topographie ; par M. PERROT, membre de la Société royale des Sciences, etc. *Deuxième édition.* Un vol. orné d'un grand nombre de planches.   3 fr.

— **DU DESSINATEUR ET DE L'IMPRIMEUR LITHO-GRAPHE**, par M. BRÉGEAUT, lithographe breveté de S. A. R. Mgr le Dauphin. *Seconde édition.* Un volume orné de 12 lithographies.   3 fr.

— **DU DESTRUCTEUR DES ANIMAUX NUISIBLES**, ou l'Art de prendre et de détruire tous les animaux nuisibles à l'agriculture, au jardinage, à l'économie domestique, à la conservation des chasses, des étangs, etc., etc. ; par M. VÉRARDI, propriétaire-cultivateur, membre de plusieurs Sociétés savantes. Un vol. orné de planches.   3 fr.

— **DU DISTILLATEUR LIQUORISTE**, ou Traité de la Distillation en général ; suivi de l'Art de fabriquer des liqueurs à peu de frais et d'après les meilleurs procédés ; par M. LEBEAUD. *Deuxième édition.* Un vol.   3 fr.

— **D'ÉCONOMIE DOMESTIQUE**, contenant toutes les recettes les plus simples et les plus efficaces sur l'économie rurale et domestique, à l'usage de la ville et de la campagne ; par madame CELNART. *Deux. édit.* Un vol. orné de figures. 2 fr. 50 c.

— **D'ENTOMOLOGIE** ou Histoire naturelle des Insectes ; contenant la synonymie et la description de la plus grande partie des espèces d'Europe et des espèces exotiques les plus remarquables ; par M. BOITARD. Deux gros vol.   7 fr.

ATLAS D'ENTOMOLOGIE, composé de 110 planches représentant les insectes décrits dans l'ouvrage ci-dessus.

Figures noires.   17 fr.
Figures coloriées.   34 fr.

— **DU STYLE ÉPISTOLAIRE**, ou Choix de Lettres puisées dans nos meilleurs auteurs, précédé d'instructions sur l'Art Épistolaire et de Notices Biographiques ; par M. BISCARRAT, professeur. Un gros vol.   3 fr.

— **DU FABRICANT D'ÉTOFFES IMPRIMÉES ET DU FABRICANT DE PAPIERS PEINTS**, contenant les procédés les plus nouveaux pour imprimer les étoffes de coton, de lin, de laine et de soie, et pour colorer la surface de toutes sortes de papiers ; par M. Sébastien LENORMAND. Un vol. orné de planches.   3 fr.

— **DU FABRICANT DE DRAPS**, ou Traité général de la fabrication des draps ; par M. BONNET, ancien fabricant à Lodève. Un volume.   3 fr.

— **DU FABRICANT ET DE L'ÉPURATEUR D'HUILES**,

suivi d'un Aperçu sur l'éclairage par le gaz ; par M. JULIA-
FONTENELLE, professeur de chimie. Un volume orné de planches.   3 fr.

MANUEL DU FABRICANT DE PRODUITS CHIMIQUES, ou
Formules et Procédés usuels relatifs aux matières que la chimie
fournit aux arts industriels, à la médecine et à la pharmacie, en
renfermant la description des opérations et des principaux ustensiles en usage dans les laboratoires ; par M. THILLAYE, professeur de chimie manufacturière, chef des travaux chimiques
de l'ancienne fabrique de M. Vauquelin. Deux volumes ornés
de planches.   7 fr.

— DU FABRICANT DE SUCRE ET DU RAFFINEUR, ou
Essai sur les différens moyens d'extraire le Sucre et de le raffiner ;
par MM. BLACHETTE et ZOËGA. Un vol.   3 fr.

— DU FLEURISTE ARTIFICIEL, ou l'Art d'imiter d'après
nature toute espèce de fleurs, en papier, batiste, mousseline et autres étoffes de coton ; en gaze, taffetas, satin, velours ; de faire des
fleurs en or, argent, chenille, plumes, paille, baleine, cire, co-
quillages, les autres fleurs de fantaisie ; les fruits artificiels ; et contenant tout ce qui est relatif au commerce de fleurs ; suivi de l'ART
DU PLUMASSIER, par Madame CELNART. Un vol., orné de figures.   2 fr. 50 c.

— DU FONDEUR SUR TOUS MÉTAUX, ou Traité de
toutes les opérations de la fonderie, contenant tout ce qui a rapport à la fonte et au moulage du cuivre, à la fabrication des
pompes à incendie et des machines hydrauliques ; la manière de
construire toutes sortes d'établissemens pour fondre le cuivre et le
fer ; la fabrication des bouches à feu et des projectiles pour l'Artillerie de terre et de mer ; la fonte des cloches, des statues, des
ponts, etc., etc. ; avec des exemples de grands travaux propres à
aplanir les difficultés du moulage et de la fonte ; par M. LAUNAY,
fondeur de la colonne de la place Vendôme, directeur de la fonte
des ponts de Paris, etc., etc. Deux vol. ornés d'un grand nombre
de planches.   7 fr.

— THÉORIQUE ET PRATIQUE DU MAITRE DE FORGES,
ou l'Art de travailler le fer ; par M. LANDRIN, ingénieur civil.
Deux vol. ornés de planches.   6 fr.

— DES GARDES-CHAMPÊTRES, FORESTIERS, GARDES-
PÊCHES, contenant l'exposé méthodique des lois, décrets, ordonnances du roi, circulaires et instructions ministérielles, et arrêts
de la cour de cassation, depuis 1791 jusqu'en 1829, sur leurs attributions, fonctions, droits et devoirs en matière d'administration
et de police judiciaire, avec les formules et modèles des rapports
et des procès-verbaux qui sont de leur compétence ; par M. ROU-
DONNEAU. Un vol.   2 fr. 50 c.

— DES GARDES-MALADES, et des personnes qui veulent se sui-

ner elles-mêmes, ou l'Ami de la santé, contenant un exposé
clair et précis des soins à donner aux malades de tout genre, la
manière de gouverner les femmes pendant leurs couches, les enfans
au moment de la naissance, et généralement de ce qu'il importe
le plus de connaître à tous ceux qui veulent se livrer au soula-
gement de l'humanité souffrante ; par M. MONIN, docteur en
médecine. Un volume. *Troisième édition.* 2 fr. 50 c.

MANUEL GÉOGRAPHIQUE, ou le nouveau Géographe manuel,
contenant la Description statistique et histor. de toutes les parties
du monde, leurs climats, leurs productions, leurs gouvernemens,
le caractère de leurs habitans ; la Description des principales villes,
et leurs distances de Paris ; les routes et distances de ces villes
entre elles ; une Notice sur les départemens de la France, leurs
chefs-lieux ; la Concordance des calendriers ; une Notice sur les
lettres de change, bons aux porteurs, billets à ordre, etc. ; le Système métrique, la Concordance des mesures anciennes et nouvelles ; les Changes et monnaies étrangères évaluées en francs et centimes ; les hauteurs des lieux, les places les plus élevées du globe,
les lieux originaires des principales productions de la terre, etc. ;
ouvrage indispensable à tous les voyageurs, négocians, et utile à
toutes les personnes qui veulent avoir une idée générale de la
terre, de ses divisions, de ses produits et de son commerce ; par
ALEXANDRE DEVILLIERS. Un gros vol. de plus de 400 pages, orné
de 7 jolies cartes. *Troisième édition.* 3 fr. 50 c.

— DE GÉOMÉTRIE, ou Exposition élémentaire des prin-
cipes de cette science, comprenant les deux trigonométries, la théorie
des projections, et les principales propriétés des lignes et surfaces
du second degré, à l'usage des personnes privées des secours d'un
maître ; par M. TERQUEM. Un gros volume orné de pl. 3 fr. 50 c.

— DU GRAVEUR, ou Traité complet de l'Art de la Gravure en tous genres, d'après les renseignemens fournis par plusieurs artistes et rédigé par M. PERROT. Un vol. orné de planches. 3 fr.

— DE L'HERBORISTE, DE L'ÉPICIER-DROGUISTE ET
DU GRAINIER-PÉPINIÉRISTE, contenant la description des
végétaux, les lieux de leur naissance, leur analyse chimique et
leurs propriétés médicales ; par MM. JULIA FONTENELLE et TOL-
LARD. Deux gros volumes. 7 fr.

— D'HISTOIRE NATURELLE, comprenant les trois
règnes de la Nature, ou *Genera* complet des animaux, des végétaux et des minéraux ; par M. BOITARD. Deux gros volumes. 7 fr.
Atlas des *différentes parties de l'Histoire naturelle, et qui se
vendent séparément.*

ATLAS POUR LA BOTANIQUE, composé de 120 planches,
figures noires. 18 fr.
Figures coloriées, 36 fr.

ATLAS POUR LES MOLLUSQUES, représentant les mol-
lusques nus et les coquilles, 51 planches, figures noires. 7 fr.
  Figures coloriées. 14 fr.
— POUR LES CRUSTACÉS, 18 planches, figures noires.
  3 fr.
  Figures coloriées. 6 fr.
— POUR LES INSECTES, 110 planches, figures noires.
  17 fr.
  Figures coloriées. 34 fr.
— POUR LES MAMMIFÈRES, 80 planches, figures noires.
  12 fr.
  Figures coloriées. 24 fr.
ATLAS POUR LES MINÉRAUX, 40 planches, figures noires.
  6 fr.
  Figures coloriées. 12 fr.
— POUR LES OISEAUX, 129 planches, figures noires. 20 fr.
  Figures coloriées. 40 fr.
— POUR LES POISSONS, 155 planches, figures noires.
  24 fr.
  Figures coloriées. 48 fr.
— POUR LES REPTILES, 54 planches, figures noires. 9 fr.
  Figures coloriées. 18 fr.
— POUR LES ZOOPHYTES, représentant la plupart des
vers et des animaux-plantes, 25 planches, figures noires. 6 fr.
  Figures coloriées. 12 fr.
MANUEL D'HYGIÈNE, ou l'Art de conserver sa santé, par
M. MORIN, docteur-médecin. 3 fr.
— DE L'IMPRIMEUR, ou Traité simplifié de la typographie,
par M. AUDOUIN DE GÉRONVAL, et revu par M. CRAPELET, imprimeur. Un volume orné de planches. 3 fr.
— DU JARDINIER, ou l'Art de cultiver et de composer toutes
sortes de jardins ; ouvrage divisé en deux parties : la première contient la culture des jardins potagers et fruitiers ; la seconde, la
culture des fleurs, et tout ce qui a rapport aux jardins d'agrément ; dédié à M. THOUIN, ex-professeur de culture au Muséum
d'histoire naturelle, membre de l'Institut, etc. ; par M. BAILLY
son élève. *Quatrième édition*, revue, corrigée et considérablement
augmentée. Deux gros volumes ornés de planches. 5 fr.
— DU JAUGEAGE ET DES DÉBITANS DE BOISSONS,
contenant les tarifs très-simplifiés en anciennes et nouvelles mesures, relatifs à l'art de jauger ; toutes les lois, ordonnances, règlemens sur les boissons, avec les arrêts des cours faisant connaître
tous les droits auxquels les débitans de boissons sont assujettis,
etc., etc. ; ouvrage utile à tous les marchands de vins, aubergis-
tes, traiteurs, maître-d'hôtels, limonadiers, distillateurs, débitans
d'eau-de-vie, brasseurs, et à tous ceux qui se livrent à la vente

au détail des vins, bières, cidres, poirés, hydromels, etc.; par M. LAUDIER, membre de la Légion-d'Honneur, et par M. D...., avocat à la Cour royale de Paris. Un volume orné de figures. 3 fr.

MANUEL DES JEUX DE CALCUL ET DE HASARD, ou Nouvelle Académie des jeux, contenant, tous les jeux préparés simples, tels que les Jeux de Mots, de l'Oie, de Loto, de Domino, les Jeux préparés composés, comme Dames, Trictrac, Echecs, Billard, etc. 2° Tous les Jeux de Cartes, soit simples, soit composés : 1° les jeux d'enfans, comme la Bataille, la Brisque, la Freluche, etc.; les Jeux communs, tels que la Bête, la Mouche, le Lenturlu, la Triomphe, etc.; 3° les Jeux de salon, comme le Boston, le Reversis, le Whiste; 4° les Jeux d'application, comme l'Hombre, le Piquet, etc.; 5° les Jeux de distraction, comme le Commerce, le Vingt-et-Un, etc.; 6° enfin les Jeux spécialement dits de *Hasard*, tels que le Pharaon, le Trente et Quarante, la Roulette, etc.; un Appendice contenant les Jeux étrangers, comme les Tarots suisses et les Jeux de combinaisons gymnastiques, comme la Paume, le Mail, etc.; par M. LEBRUN. Un volume.   3 fr.

— **DES JEUX DE SOCIÉTÉ**, renfermant tous les Jeux qui conviennent aux jeunes gens des deux sexes; tels que Jeux de jardin, Rondes, Jeux-Rondes, Jeux publics, Montagnes russes et autres, Jeux de Salon, Jeux préparés, Jeux-Gages, Jeux d'Attrape, d'Action, Charades en action : Jeux de Mémoire, Jeux d'Esprit, Jeux de Mots, Jeux-Proverbes, Jeux-Pénitences, et toutes les Pénitences appropriées à ces diverses sortes de Jeux, avec des Chansons, Romances, Fables, Enigmes, Charades, Narrations, Exemples d'Improvisation et de Déclamation, la plupart inédits, et suivi d'un Appendice contenant tous les Jeux d'enfans; par madame CELNART. Un gros vol.   3 fr.

— **DU LIMONADIER ET DU CONFISEUR**, contenant les meilleurs procédés pour préparer le café, le chocolat, le punch, les glaces, boissons rafraîchissantes, liqueurs, fruits à l'eau-de-vie, confitures, pâtes, esprits, essences, vins artificiels, pâtisserie légère, bière, cidre, eaux, pommades et poudres cosmétiques, vinaigres de ménage et de toilette, etc., etc.; par M. CARDELLI. Un gros vol. *Quatrième édition.*   2 fr. 50 c.

— **DE LA MAITRESSE DE MAISON, ET DE LA PARFAITE MÉNAGERE**, ou Guide pratique pour la gestion d'une maison à la ville et à la campagne, contenant les moyens d'y maintenir le bon ordre et d'y établir l'abondance, de soigner les enfans, de conserver les substances alimentaires, etc., etc., par madame GACON-DUFOUR. *Deuxième édit.*, revue par madame CELNART. Un vol.   2 fr. 50 c.

— **DE MAMMALOGIE**, ou l'Histoire Naturelle des Mammifères; par M. LESSON, membre de plusieurs Sociétés savantes. Un gros vol.   3 fr. 50 c.

ATLAS DE MAMMALOGIE, composé de 80 planches représentant la plupart des animaux décrits dans l'ouvrage ci-dessus.

Figures noires. 12 fr.
Figures coloriées. 24 fr.

MANUEL COMPLET DES MARCHANDS DE BOIS ET DE CHARBONS, ou Traité de ce commerce en général; contenant tout ce qu'il est utile de savoir depuis l'ouverture des adjudications des coupes jusques et y compris l'arrivée et le débit des bois et charbons, ainsi que le précis des lois, ordonnances, réglemens, etc., sur cette matière; suivi de *Nouveaux Tarifs* pour le cubage et le mesurage des bois de toute espèce, en anciennes et nouvelles mesures; par M. MARIÉ DE L'ISLE, ancien agent du flottage des bois. Un vol. 3 fr.

— DU MÉCANICIEN-FONTAINIER, POMPIER, PLOMBIER, contenant la théorie des pompes ordinaires, des machines hydrauliques les plus usitées, et celle des pompes relatives, leurs applications à la navigation sous-marine, à un mode de nouveau réfrigérant; l'Art du plombier, et la description des appareils les plus nouveaux, relatifs à cette branche d'industrie; par MM. JANVIER et BISTON. Un vol. orné de planches. 3 fr.

— D'APPLICATIONS MATHÉMATIQUES USUELLES ET AMUSANTES, contenant des problèmes de Statique, de Dynamique, d'Hydrostatique et d'Hydrodynamique, de pneumatique, d'Acoustique, d'Optique, etc., avec leurs solutions; des notions de Chronologie, de Gnomonique, de Levée des Plans, de Nivellement, de Géométrie pratique, etc., avec les formules y relatives; plus un grand nombre de tables usuelles, et terminé par un Vocabulaire renfermant la substance d'un Cours de Mathématiques Élémentaires; par M. RICHARD. Un gros vol. 3 fr.

— DE MÉCANIQUE, ou Exposition élémentaire des lois de l'équilibre et du mouvement des corps solides, à l'usage des personnes privées des secours d'un maître; par M. TERQUEM. Un gros vol. orné de planches. 3 fr. 50 c.

— DE MÉDECINE ET CHIRURGIE DOMESTIQUES, contenant un choix des remèdes les plus simples et les plus efficaces pour la guérison de toutes les maladies internes et externes qui affligent le corps humain. *Seconde édition* entièrement refondue et considérablement augmentée; par M. MORIN, doct.-médec. Un vol. 3 fr. 50 c.

— DU MENUISIER EN MEUBLES ET EN BATIMENS, de l'Art de l'ébéniste, contenant tous les détails utiles sur la nature des bois indigènes et exotiques, la manière de les teindre, de les travailler, d'en faire toutes espèces d'ouvrages et de meubles, de les polir et vernir, d'exécuter toutes sortes de placages et de marqueterie; par M. NOSBAN, menuisier-ébéniste. *Deuxième édition.* Deux volumes ornés de planches. 6 fr.

MANUEL DE MÉTÉOROLOGIE, ou Explication théorique et démonstrative des phénomènes connus sous le nom de météores ; par M. FELLENS. Un vol. orné de planches.   3 fr. 50 c.

— **DE MINÉRALOGIE**, ou Traité élémentaire de cette science d'après l'état actuel de nos connaissances, contenant la description des minéraux et leur classification, basées sur les découvertes les plus récentes; par M. BLONDEAU. *Seconde édition*, revue par M. D., professeur, et JULIA-FONTENELLE. Un gros volume orné de figures.   3 fr. 50 c.

ATLAS DE MINÉRALOGIE, composé de 40 planches représentant la plupart des minéraux décrits dans l'ouvrage ci-dessus.
Prix : Figures noires.   6 fr.
Figures coloriées   12 fr.

— **DE MINIATURE ET DE GOUACHE**, par M. CONSTANT-VIGUIER; suivi du **MANUEL DU LAVIS A LA SEPPIA ET DE L'AQUARELLE**, par M. LANGLOIS DE LONGUEVILLE. Un gros volume orné de planches. *Deuxième édition.*   3 fr.

— **DE L'HISTOIRE NATURELLE DES MOLLUSQUES ET DE LEURS COQUILLES**, ayant pour base de classification celle de M. Cuvier; par M. RANG, officier au corps royal de la marine. Un gros vol. orné de planches.   3 fr. 50 c.

ATLAS POUR LES MOLLUSQUES, représentant les mollusques et les coquilles, 51 planches, figures noires.   7 fr.
Figures coloriées.   14 fr.

— **DU MOULEUR**, ou l'Art de mouler en plâtre, carton, carton-pierre, carton-cuir, cire, plomb, argile, bois, écaille, corne, etc., etc., contenant tout ce qui est relatif au moulage sur nature morte et vivante, au moulage de l'argile, du ciment romain, de la chaux hydraulique, des cimens composés, des matières plastiques nouvellement inventées ; par M. LEBRUN. Un vol. orné de fig.   2 fr. 50 c.

— **DU NATURALISTE PRÉPARATEUR**, ou l'Art d'empailler les animaux, de conserver les végétaux et les minéraux ; par M. BOITARD. Un volume. *Deuxième édition.*   2 fr. 50 c.

— **DU NÉGOCIANT ET DU MANUFACTURIER**, contenant les Lois et Réglemens relatifs au commerce, aux fabriques et à l'industrie ; la connaissance des marchandises ; les usages dans les ventes et achats ; les poids, mesures, monnaies étrangères ; les douanes et les tarifs des droits ; par M. PEUCHET. Un vol.   2 fr. 50 c.

— **D'ORNITHOLOGIE**, ou Description des genres et des principales espèces d'oiseaux ; par M. LESSON. Deux gros vol.   7 fr.

ATLAS D'ORNITHOLOGIE, composé de 129 planches représentant les oiseaux décrits dans l'ouvrage ci-dessus.
Figures noires.   20 fr.
Figures coloriées.   40 fr.

MANUEL DU PARFUMEUR, contenant les moyens de perfectionner les pâtes odorantes, les poudres de diverses sortes, les pommades, les savons de toilette, les eaux de senteur, les vinaigres, élixirs, etc., etc., et où se trouvent indiquées un grand nombre de compositions nouvelles ; par madame GACON-DUFOUR. Un volume. 2 fr. 50 c.

— **DU MARCHAND PAPETIER ET DU RÉGLEUR**, contenant la connaissance des papiers divers, la fabrication des crayons naturels et factices gris, noirs et colorés ; celle des encres à écrire, ordinaires et indélébiles, des encres d'imprimerie, de lithographie, d'autographie et de la Chine, des encres de couleur et de sympathie ; la préparation des plumes, des pains et de la cire à cacheter, de la colle à bouche, des sables, etc. ; par M. JULIA-FONTENELLE et M. POISSON. Un gros volume orné de planches. 3 fr.

— **DU PATISSIER ET DE LA PATISSIÈRE**, à l'usage de la ville et de la campagne, contenant les moyens de composer toutes sortes de pâtisseries, soit fortes, soit légères, ainsi que la conservation des viandes, des poissons, des fruits et légumes qui doivent y entrer ; par madame GACON-DUFOUR. Un vol. 2 fr. 50 c.

— **DU PÊCHEUR FRANÇAIS**, ou Traité général de toutes sortes de Pêches, contenant l'Histoire naturelle des Poissons, la manière de pêcher chaque espèce en particulier ; l'Art de fabriquer les filets ; un Traité sur les Etangs ; un Précis des Lois, Ordonnances et Réglemens sur la pêche ; un modèle de rapport, ouprocès-verbaux qui doivent être dressés par les gardes-pêches, etc., etc., par M. PESSON-MAISONNEUVE. Un volume. 3 fr.

— **DU PEINTRE EN BATIMENS, DU DOREUR ET DU VERNISSEUR**, ouvrage utile tant à ceux qui exercent ces arts qu'aux fabricans de couleurs, et à toutes les personnes qui voudraient décorer elles-mêmes leurs habitations, leurs appartemens, etc. ; par M. RIFFAULT. *Quatrième édition*, revue et augmentée. Un volume. 2 fr. 50 c.

— **DE PERSPECTIVE, DU DESSINATEUR ET DU PEINTRE**, contenant les Élémens de géométrie indispensables au tracé de la perspective, la perspective linéaire et aérienne, et l'étude du dessin et de la peinture, spécialement appliquée au paysage ; par M. VERGNAUD, ancien élève de l'Ecole Polytechnique. *Troisième édition*. Un volume orné d'un grand nombre de planches. 3 fr.

— **DE PHILOSOPHIE EXPÉRIMENTALE**, ou Recueil de dissertations sur les questions fondamentales de la métaphysique, extraites de LOCKE, CONDILLAC, DESTUTT-TRACY, DEGERANDO, LA ROMIGUIÈRE, JOUFFROY, REID, DUGALD-STEWART, KANT, COURIER, etc. *Ouvrage conçu sur le plan des leçons de M. Noël, par*

M. AMICE, régent de rhétorique dans l'Académie de Paris. Un gros vol.
3 fr. 5o c.

MANUEL DE PHYSIOLOGIE VÉGÉTALE, DE PHYSIQUE, DE CHIMIE ET DE MINÉRALOGIE, APPLIQUÉES A LA CULTURE; par M. BOITARD. Un vol., orné de planches. 3 fr.

— **DE PHYSIQUE**, ou Elémens abrégés de cette science, mis à la portée des gens du monde et des étudians; contenant l'exposé complet et méthodique des propriétés générales des corps solides, liquides et aériformes, ainsi que des phénomènes du son; suivi de la nouvelle Théorie de la lumière dans le système des ondulations, et de celles de l'électricité et du magnétisme réunis; par M. BAILLY, élève de MM. Arago et Biot. *Quatrième édition.* Un volume orné de planches. 2 fr. 5o c.

— **DE PHYSIQUE AMUSANTE**, ou nouvelles Récréations physiques, contenant une suite d'expériences curieuses, instructives et d'une exécution facile, ainsi que diverses applications aux arts et à l'industrie; suivi d'un Vocabulaire de physique; par M. JULIA-FONTENELLE. *Troisième édition.* Un volume orné de planches. 3 fr.

— **DU POÊLIER-FUMISTE**, ou Traité complet de cet art, indiquant les moyens d'empêcher les cheminées de fumer, l'art de chauffer économiquement et d'aérer les habitations, les manufactures, les ateliers, etc.; par M. ARDENNI. Un volume orné de planches. 3 fr.

— **DES POIDS ET MESURES**, des Monnaies et du Calcul décimal; par M. TARBÉ. *Treizième édition.* Un vol. 3 fr.

— **DU PORCELAINIER, DU FAIENCIER ET DU POTIER DE TERRE**, suivi de l'Art de fabriquer les terres anglaises et de pipe, ainsi que les poêles, les pipes, les carreaux, les briques et les tuiles; par M. BOYER, ancien fabricant et pensionnaire du Roi. Deux volumes. 6 fr.

— **DU PRATICIEN**, ou Traité complet de la science du Droit mise à la portée de tout le monde, où sont présentées les instructions sur la manière de conduire toutes les affaires, tant civiles que judiciaires, commerciales et criminelles qui peuvent se rencontrer dans le cours de la vie, avec les formules de tous les actes, et suivi d'un Dictionnaire administratif abrégé; par M. D***, avocat à la Cour royale de Paris. *Deuxième édition.* Un gros volume. 3 fr. 5o c.

— **DES PROPRIÉTAIRES D'ABEILLES**, contenant: 1o la ruche villageoise et lombarde, et les ruches à hausses, perfectionnées au moyen de petits grillages en bois, très-faciles à exécuter; 2o des procédés pour réunir ensemble plusieurs ruches faibles, afin d'être dispensé de les nourrir; 3o une méthode très-avantageuse de gouverner les abeilles, de quelque forme que soient leurs ruches, pour en tirer de grands profits; par J. RADOUAN. *Troisième édi*-

tion, corrigée et suivie de l'ART D'ÉLEVER LES VERS A SOIE et de cultiver le mûrier; par M. MORIN. Un gros vol. orné de planches.								3 fr.

MANUEL DU PROPRIÉTAIRE ET DU LOCATAIRE, OU SOUS-LOCATAIRE, tant de biens de ville que de biens ruraux; par M. SERGENT. *Troisième édition*. Un volume.		2 fr. 50 c.

— DU RELIEUR DANS TOUTES SES PARTIES, précédé des Arts de l'assembleur, du brocheur, du marbreur, du doreur et du satineur; par M. SÉBASTIEN LENORMAND. Un gros volume orné de planches.								3 fr.

—DU SAVONNIER, ou l'Art de faire toutes sortes de savons, par une réunion de fabricans, et rédigé par madame GACON-DUFOUR et un professeur de chimie. Un volume.				3 fr.

— DU SERRURIER, ou Traité complet et simplifié de cet art, d'après les notes fournies par plusieurs Serruriers distingués de la capitale, et rédigé par M. le comte DE GRANDPRÉ. Un volume orné de planches.								3 fr.

— COMPLET DES SORCIERS, ou la Magie blanche dévoilée par les découvertes de la chimie, de la physique et de la mécanique; contenant un grand nombre de tours dus à l'électricité, au calorique, à la lumière, à l'air, aux nombres, aux cartes, à l'escamotage, etc., etc. Ainsi que les scènes de ventriloquie, exécutées et communiquées par M. COMTE, physicien du Roi, précédé d'une Notice sur les sciences occultes, par M. JULIA-FONTENELLE. Un gros vol. orné de planches.						3 fr.

— DU TAPISSIER, DÉCORATEUR ET MARCHAND DE MEUBLES, contenant les principes de l'Art du tapissier, les instructions nécessaires pour choisir et employer les matières premières, décorer et meubler les appartemens, composer un ameublement complet, conserver les mobiliers, etc.; par M. GARNIER-AUDIGER, ancien vérificateur du Garde-Meuble de la couronne. Un vol. orné de figures.						2 fr. 50 c.

— COMPLET DU TENEUR DE LIVRES, ou l'Art de tenir les livres en peu de leçons, par des moyens prompts et faciles; renfermant un cours de tenue de livres à partie simple et à partie double, une nouvelle méthode pour les tenir à partie double au moyen d'un seul registre, et les diverses manières d'établir les comptes courans avec ou sans nombres rouges, de calculer les époques communes, les intérêts, les escomptes, etc., etc.; ouvrage à l'aide duquel on peut apprendre sans maître; par M. TREMERY, professeur. Un gros vol.						3 fr.

—DU TEINTURIER, comprenant l'art de teindre la laine, le coton, la soie, le fil, etc., ainsi que tout ce qui concerne l'ART DU TEINTURIER-DÉGRAISSEUR, etc., etc., traité rédigé d'après les meilleurs ouvrages, et rendu d'une exécution facile pour toute personne qui désirerait s'occuper utilement de cet art; par M. RIFFAULT,

ex-régisseur des poudres et salpêtres, etc., etc. *Deuxième édition.*
Un gros volume.   3 fr.

MANUEL DU TOURNEUR, ou Traité complet et simplifié de
cet art, d'après les renseignemens fournis par plusieurs tour-
neurs de la capitale ; rédigé par M. Dessables. Deux volumes
ornés de planches.   6 fr.

— DU VERRIER et du Fabricant de glaces, cristaux, pierres
précieuses, factices, vers colorés, yeux artificiels, etc. ; par
M. Julia-Fontenelle. Un gros volume orné de planches. 3 fr.

— DU VÉTÉRINAIRE, contenant la connaissance générale
des chevaux, la manière de les élever, de les dresser et de les
conduire, la description de leurs maladies et les meilleurs modes
de traitement, des préceptes sur la ferrure, suivi de l'Art de l'é-
quitation ; par M. Lebeaud. *Deuxième édition.* Un volume. 3 fr.

— DU VIGNERON FRANÇAIS, ou l'Art de cultiver
la vigne, de faire les vins, les eaux-de-vie et vinaigres, contenant les différentes espèces et variétés de la vigne, ses
maladies et les moyens de les prévenir, les meilleurs procédés
pour gouverner, perfectionner et conserver les vins, les eaux-de-
vie et vinaigres, ainsi que la manière de faire avec ces substances
toutes les liqueurs, de gouverner une cave, mettre en bouteilles,
etc., etc. ; enfin de profiter avec avantage de tout ce qui nous vient
de la vigne ; suivi d'un coup d'œil sur les maladies particulières
aux vignerons ; par M. Thiébaud de Berneaud. Un gros volume
orné de planches. *Troisième édition.*   3 fr.

—DU VINAIGRIER ET DU MOUTARDIER, suivi de nouvelles
Recherches sur la fermentation vineuse, présentées à l'Académie
royale des Sciences ; par M. Julia-Fontenelle. Un vol.   3 fr.

— DU VOYAGEUR DANS PARIS, ou Nouveau Guide de
l'étranger dans cette capitale, soit pour la visiter ou s'y établir, contenant la Description historique, géographique et statistique de Paris, son tableau politique, sa description intérieure,
tout ce qui concerne à Paris les besoins, les habitudes de la vie, les
amusemens, etc., etc., orné de plans et de planches représentant
ses monumens ; par M. Lebrun. Un gros volume.   3 fr. 50 c.

— DU ZOOPHILE, ou l'Art d'élever et de soigner les animaux domestiques ; par un propriétaire cultivateur, et rédigé par
madame Celnart. Un volume.   2 fr. 50 c.

Ouvrages sous presse.

MANUEL COMPLÉMENTAIRE D'ALGÈBRE, comprenant la
théorie et la résolution des équations ; la théorie des dérivées directes et inverses, avec les principales applications à la Géométrie, à la mécanique et au calcul des probabilités.

— DU BIJOUTIER ET DE L'ORFÉVRE.

— DU BOURRELIER ET DU SELLIER.

MANUEL DU BONNETIER ET DU FABRICANT DE BAS.
— DU BIBLIOPHILE ET DE L'AMATEUR DE LIVRES, par M. F. DENIS.
— DU COUTELIER.
— DU CHARRON ET DU CAROSSIER.
— DU CHAPELIER.
— D'ÉCONOMIE POLITIQUE.
— DU FILATEUR EN GÉNÉRAL.
— DU FERBLANTIER LAMPISTE.
— DU FACTEUR D'ORGUES.
— DE GÉOLOGIE, par M. HUOT.
— DE GÉOGRAPHIE-PHYSIQUE, par M. BORY DE SAINT-VINCENT.
— COMPLÉMENTAIRE DE GÉOMÉTRIE, comprenant la géométrie descriptive, et ses applications principales à la stéréotomie, à la stéréographie et à la topographie.
— DE GYMNASTIQUE, par M. AMOROS.
— DE L'HORLOGER.
— DU LAYETIER ET DE L'EMBALLEUR.
— COMPLÉMENTAIRE DE MÉCANIQUE, ou Mécanique physique, comprenant les frottemens, les adhésions, les engrenages; la théorie des lignes, surfaces et corps élastiques et vibrans; la résistance des solides et des fluides; l'équilibre et le mouvement des fluides pondérables et impondérés.
— DU MAÇON, PLATRIER, FAVEUR, CARRELEUR, COUVREUR.
— DE MUSIQUE VOCALE ET INSTRUMENTALE, par M. Choron.
— DE MNÉMONIE.
— DE L'ART MILITAIRE, par M. VERGNAUD.
— DE MÉTALLURGIE.
— DE L'OPTICIEN.
— DE PHARMACIE POPULAIRE.
— DU PEINTRE ET DU SCULPTEUR, par M. ARSENNE.
— DU FABRICANT DE PAPIERS.
— DU TAILLEUR.
— DU TONNELIER BOISSELIER.
— DU TRÉFILEUR.

BUFFON

AVEC SES SUITES,

Ou COURS COMPLET D'HISTOIRE NATURELLE CONTENANT LES TROIS RÈGNES DE LA NATURE, par BUFFON, CASTEL, PATRIN, BLOCH, SONNINI, BOSC, LATREILLE, BRONGNIART, DE TIGNY, LAMARC et MIRBEL. 80 vol. in-18, imprimés avec soin sur carré fin, ornés de 785 planches représentant chacune plusieurs figures dessinées d'après nature par M. DESÈVE, et précieusement terminées au burin.

DIVISION DE L'OUVRAGE.

ŒUVRES DE BUFFON, comprenant : *Théorie de la terre.* — *Discours sur l'Histoire naturelle.* — *Histoire naturelle de l'homme.* — *Histoire naturelle des quadrupèdes.* — *Histoire naturelle des oiseaux*, classés par ordres, genres et espèces, d'après le système de Linnée, avec les caractères génériques et la nomenclature linnéenne; par RENÉ RICHARD CASTEL, (26 vol.) Nouvelle édition, ornée de 205 planches représentant environ 600 sujets.   65 fr.

Avec les figures coloriées,   90 fr.

HISTOIRE NATURELLE DES MINÉRAUX, par E.-M. PATRIN, membre de l'Institut (5 volumes). Ouvrage orné de 40 planches représentant un grand nombre de sujets dessinés d'après nature.   15 fr.

Avec figures coloriées,   22 fr. 50 c.

— NATURELLE DES POISSONS, avec des figures dessinées d'après nature, par BLOCH; ouvrage classé par ordres, genres et espèces, d'après le système de Linnée, avec les caractères génériques; par RENÉ-RICHARD CASTEL. Édition ornée de 160 planches représentant environ 600 espèces de poissons (10 volumes). 30 fr.

Avec figures coloriées,   45 fr.

— NATURELLE DES REPTILES, avec figures dessinées d'après nature; par SONNINI. homme de lettres et naturaliste, et LATREILLE, membre de l'Institut. Édition ornée de 54 planches représentant environ 150 espèces différentes de serpens, vipères couleuvres, lézards, grenouilles, tortues, etc. (4 volumes).

                                                12 fr.
Avec figures coloriées,   18 fr.

HISTOIRE NATURELLE DES INSECTES, composée d'après Réaumur, Geoffroy, Degeer, Roeser, Linnée, Fabricius, et les meilleurs ouvrages qui ont paru sur cette partie; rédigée suivant la méthode d'Olivier avec des notes, plusieurs observations nouvelles, et des figures dessinées d'après nature; par F. M. G. de TIGNY, et BRONGNIARD pour les généralités. Troisième édition en 10 volumes, ornée de beaucoup de figures, augmentée et mise au niveau des connaissances actuelles.   30 fr.

Avec figures coloriées.   45 fr.

— **NATURELLE DES COQUILLES**, contenant leur description, leurs mœurs et leurs usages, par M. Bosc. Cinq vol. ornés de planches. Prix : fig. noires, 15 fr., et fig. col.,   22 fr. 50 c.

— **NATURELLE DES VERS**, contenant leur description, leurs mœurs et leurs usages ; par M. Bosc. Trois vol. ornés de planches. Prix : fig. noires, 9 fr., et fig. coloriées,   13 fr. 50 c.

— **NATURELLE DES CRUSTACÉES**, contenant leur description, leurs mœurs et leurs usages ; par M. Bosc. Deux vol. ornés de planches. Prix : 6 fr., et fig. coloriées,   9 fr.

— **NATURELLE DES VÉGÉTAUX**, classés par famille, avec la citation de la classe et de l'ordre de Linnée, et l'indication de l'usage qu'on peut faire des plantes dans les arts, le commerce, l'agriculture, le jardinage, la médecine, etc., des figures dessinées d'après nature, et un GENERA complet, selon le système de Linnée, avec des renvois aux familles naturelles de Jussieu (15 volumes) ; par J.-B. LAMARCK, membre de l'Institut, professeur au Muséum d'Histoire naturelle, et par C. F. B. MIRBEL, membre de la Société des sciences, lettres et arts de Paris, professeur de botanique à l'Athénée de Paris. Édition ornée de 120 planches représentant plus de 1,600 sujets.   45 fr.

Avec figures coloriées,   67 fr. 50 c.

Ces différentes parties se vendent séparément, et peuvent compléter toute autre édition de Buffon. Les personnes qui prendront en même temps les 80 volumes, paieront chacun d'eux à raison de 2 fr. 20 c., figures noires, et 3 fr. 50 c. coloriées.

ABUS (des) **EN MATIÈRE ECCLÉSIASTIQUE**, ou des Causes, de l'Origine et de l'Utilité des appels comme d'abus, et des Modifications dont les lois existantes sont susceptibles, suivi d'un Dialogue sur les Causes des Misères de la France, publié en 1590 par Guy Coquille, seigneur de Romenay; par M. BOYARD, conseiller à la cour royale de Nancy. Un vol. in-8°.   2 fr. 5o c.

ANNUAIRE DU BON JARDINIER ET DE L'AGRONOME, pour 183o, renfermant la description et la culture de toutes les plantes utiles ou d'agrément qui ont paru pour la première fois en 1829; contenant en outre les nouvelles d'horticulture, des considérations sur l'acclimatation et la naturalisation des plantes, les principes généraux de la greffe, la description de toutes les plantes herbacées, etc.; par un JARDINIER AGRONOME. Un volume in-18.   3 fr.

La première année, pour 1826, 1 fr. 5o c.

La deuxième année, pour 1827, *même prix.*

La troisième année, pour 1828, *même prix.*

La quatrième année, pour 1829, 3 fr.

ARITHMÉTIQUE DES DEMOISELLES, ou Cours élémentaire d'arithmétique, théorique et pratique, en douze leçons; par M. VENTENAC. Un vol.   2 fr. 5o c.

Cahier de Questions pour le même ouvrage.   5o c.

ART DE BRODER, ou Recueil de Modèles coloriés analogues aux différentes parties de cet art, à l'usage des demoiselles; par M. AUGUSTIN LEGRAND. Un vol. oblong. Prix :   7 fr.

ART DE CULTIVER LA VIGNE et de faire du bon vin malgré le climat et l'intempérie des saisons; par M. SALMON. Un volume in-12.   3 fr. 5o c.

— (L') DE CHOISIR UNE FEMME ET D'ÊTRE HEUREUX AVEC ELLE, ou Conseils aux hommes à marier; par M. LAMI. Un volume in-18, orné de figures.   3 fr.

— (L') DE CONSERVER ET D'AUGMENTER LA BEAUTÉ, de corriger et déguiser les imperfections de la nature; par LAMI. Deux jolis volumes in-18, ornés de gravures.   6 fr.

BARÊME (LE) PORTATIF DES ENTREPRENEURS DE CONSTRUCTIONS ET DES OUVRIERS EN BATIMENS, ou Tarif de la conversion des pieds en toises et pieds carrés, en mètres, décimètres et centimètres carrés, suivi de la Conversion des mètres carrés en toises, pieds, pouces et lignes carrés, etc., par M. BARBIER. Un vol. in-24.   6o c.

BEAUTÉS (LES) DE LA NATURE, ou Description des arbres, plantes, cataractes, fontaines, volcans, montagnes, mines, etc., les plus extraordinaires et les plus admirables, qui se trouvent dans les quatre parties du monde; par M. ANTOINE. Un volume, orné de six gravures.   2 fr. 5o c.

BOTANIQUE (LA) DE J.-J. ROUSSEAU, contenant tout ce qu'il a écrit sur cette science, augmentée de l'exposition de la méthode de Tournefort et de Linnée, suivie d'un Dictionnaire de botanique et de notes historiques; par M. DEVILLE. *Deuxième édition.* Un gros volume orné de 8 planches, 4 fr.; fig. col.   5 fr.

CALLIPÉDIE (LA), ou la Manière d'avoir de beaux enfans, extrait du poème de Quillet. Brochure in-8.   1 fr. 5o c.

CHIENS (LES) CÉLÈBRES. *Troisième édition*, augmentée de traits nouveaux et curieux sur l'instinct, les services, le courage, la reconnaissance et la fidélité de ces animaux ; par M. FRÉVILLE. Un gros volume in-12, orné de planches.　　　3 fr.

CHOIX (NOUVEAU) D'ANECDOTES ANCIENNES ET MODERNES, tirées des meilleurs auteurs, contenant les faits les plus intéressans de l'histoire en général, les exploits des héros, traits d'esprit, saillies ingénieuses, bons mots, etc., etc.; suivi d'un précis sur la Révolution française ; par M. BAILLY. *Cinquième édition*, revue, corrigée et augmentée, par madame CELNART. 4 vol. in-18, ornés de jolies vignettes.　　　7 fr.

CODE DES MAÎTRES DE POSTE, DES ENTREPRENEURS DE DILIGENCE ET DE ROULAGE, ET DES VOITURIERS EN GÉNÉRAL PAR TERRE ET PAR EAU, ou Recueil général des Arrêts du Conseil, Arrêts de règlement, Lois, Décrets, Arrêtés, Ordonnances du Roi, Avis du Conseil d'Etat, Réglemens, Instructions, Ordonnances de police, et autres Actes de l'autorité publique, concernant les Maîtres de Poste, les Entrepreneurs de Diligences et Voitures publiques en général, les Entrepreneurs et Commissionnaires de Roulage, les Maîtres de Coches et de Bateaux, etc., avec des Commentaires et un Résumé des décisions de la Jurisprudence sous chaque article, suivi d'un Traité de la Responsabilité des Voituriers en général ; par M. LANOE, avocat à la Cour royale de Paris. 2 vol. in-8.　　　12 fr.

DESCRIPTION DES MOEURS, USAGES ET COUTUMES de tous les peuples du monde ; contenant une foule d'Anecdotes sur les sauvages d'Afrique, d'Amérique, les Anthropophages, Hottentots, Caraïbes, Patagons, etc., etc. *Seconde édition*, très-augmentée. 2 vol. in-18, ornés de douze gravures.　　　5 fr.

ÉPILEPSIE (DE L') EN GÉNÉRAL, et particulièrement de celle qui est déterminée par des causes morales, par M. DOUSSIN-DUBREUIL. Un vol. in-12. *Deuxième édition*.　　　3 fr.

ESPAGNE (DE L') et de ses relations commerciales, par F.-A. DE CH., in-8.　　　2 fr. 50 c.

ÉTUDES ANALYTIQUES SUR LES DIVERSES ACCEPTIONS DES MOTS FRANÇAIS, par mademoiselle FAURE. Un vol. in-12.　　　2 fr. 50 c.

EXAMEN DU SALON DE 1827, avec cette épigraphe : *Rien n'est beau que le vrai.* Deux broch. in-8.　　　3 fr.

GALERIE DE RUBENS, dite du Luxembourg, faisant suite aux galeries de Florence et du Palais Royal, par MM. MATHEI et CASTEL. Treize livraisons contenant vingt-cinq planches ; un gros vol. in-folio (ouvrage terminé).

Prix de chaque livraison : figures noires,　　　6 fr.

Avec figures coloriées,　　　10 fr.

GRAISSINET (M.); ou Qu'est-il donc? Histoire comique,

satirique et véridique, publiée par DUVAL, 4 vol. in-12. 10 fr.

Ce roman, écrit dans le genre de ceux de Pigault, est un des plus amusans que nous ayons.

GUIDE (NOUVEAU) DE LA POLITESSE, ouvrage critique et moral ; par EMERIC. *Seconde édition.* Un vol. in-8   5 fr.

Cet ouvrage, le plus complet dans ce genre, devrait être entre les mains de tous les jeunes gens.

HISTOIRE D'ANGLETERRE, de HUME. Vingt volumes in-12, ornés de figures et tableaux généalogiques, tirés de l'Atlas de Lepage.   60 fr.

INFLUENCE (DE L') DES ÉRUPTIONS ARTIFICIELLES DANS CERTAINES MALADIES, par JENNER, auteur de la Découverte de la vaccine. Brochure in-8.   2 fr. 50 c.

LETTRES SUR LES DANGERS DE L'ONANISME, et Conseils relatifs au traitement des maladies qui en résultent ; ouvrage utile aux pères de famille et aux instituteurs ; par M. DOUSSIN-DUBREUIL. Un vol. in-12. *Troisième édition,*   1 fr. 50 c.

— SUR LA MINIATURE, par MANSION. Un vol. in-12.   4 fr.

MANUEL DES JUSTICES DE PAIX, ou Traité des fonctions et des attributions des Juges de paix, des Greffiers et Huissiers attachés à leur tribunal, avec les formules et modèles de tous les actes qui dépendent de leur ministère, auquel on a joint un recueil chronologique des lois, des décrets, des ordonnances du roi, et des circulaires et instructions officielles, depuis 1790, et un extrait des cinq Codes, contenant les dispositions relatives à la compétence des justices de paix ; par M. LEVASSEUR, ancien jurisconsulte. *Huitième édition*, entièrement refondue par M. RONDONNEAU. Un gros vol. in-8.   7 fr.

MANUEL DES ENGAGISTES ET DES ÉCHANGISTES, ou Recueil Complet et Méthodique des lois, décrets, ordonnances, arrêts de cassation, avis du conseil d'état, décisions et instructions ministérielles ou administratives concernant les domaines de l'état concédés, engagés ou échangés ; précédé de l'Histoire de la Législation du Domaine, et suivi d'un tableau indiquant la date de la publication de la loi du 14 ventôse an VII dans chaque département et d'une table analytique des matières ; par M. SERGENT, auteur du *Manuel du Propriétaire et du Locataire.* Un vol. in-12. Prix :   4 fr.

— DE LITTÉRATURE A L'USAGE DES DEUX SEXES, contenant un précis de rhétorique, un traité de la versification française, la définition de tous les différens genres de compositions en prose et en vers, avec des exemples tirés des prosateurs et des poëtes les plus célèbres, et des préceptes sur l'art de lire à haute voix ; par M. VIGÉE. *Deuxième édition,* revue par madame d'HAUTPOUL. Un vol. in-12.   2 fr. 50 c.

— COMPLET DES MAIRES, DE LEURS ADJOINTS

ET DES COMMISSAIRES DE POLICE, contenant, par ordre alphabétique, le texte ou l'analyse des lois, ordonnances, réglemens et instructions ministérielles, relatifs à leurs fonctions et à celles des membres des conseils municipaux, des officiers de gendarmerie, des bureaux de bienfaisance, des commissions d'hospices, etc., avec les formules des actes de leur compétence, par M. Ch. DUMONT, ancien chef de division au Ministère de la Justice. *Huitième édition*, corrigée et considérablement augmentée. Deux vol. in-8. 14 fr.

MANUEL DES POIDS ET MESURES, des Monnaies et du Calcul décimal ; par M. TARBÉ DES SABLONS. Édition, avec un supplément contenant les additions faites à l'édition in-18. Un gros vol. in-8. 3 fr. 50 c.

— RAISONNÉ DES OFFICIERS DE L'ÉTAT CIVIL ou Recueil des lois, décrets, avis, décisions ministérielles, etc., etc. *Deuxième édition* ; par DE LA FONTENELLE DE VAUDORÉ. Un gros vol. in-12, 1813. 3 fr.

— COMPLET DU VOYAGEUR AUX ENVIRONS DE PARIS, ou Tableau actuel des environs de cette capitale. Un gros vol. in-18, orné d'un grand nombre de vues et d'une carte très-détaillée des environs de Paris ; par M. DE PATY. 3 fr.

— COMPLET DU VOYAGEUR DANS PARIS, ou Nouveau Guide de l'étranger dans cette capitale ; par M. LEBRUN. Un gros vol. in-18, orné d'un grand nombre de vues et de trois cartes. 3 fr. 50 c.

MÉMOIRES HISTORIQUES ET ANECDOTIQUES SUR LES REINES ET RÉGENTES DE FRANCE ; par DREUX-DU-RADIER, avec la continuation jusqu'à nos jours, par un professeur de l'Académie de Paris ; ouvrage orné d'un grand nombre de portraits et de *fac simile*. Six vol. in-8. 36 fr.

— SUR LA GUERRE DE 1809 EN ALLEMAGNE, avec les opérations particulières des corps d'Italie, de Pologne, de Saxe, de Naples et de Walcheren ; par le général PELET, d'après son journal fort détaillé de la campagne d'Allemagne, ses reconnaissances et ses divers travaux, la correspondance de Napoléon avec le major-général, les maréchaux, les commandans en chef, etc., accompagnés de pièces justificatives et inédites. Quatre volumes in-8. 28 fr.

MÉNESTREL (LE), poëme en deux chants, par JAMES BEATTIE, avec un Essai sur la vie de l'auteur, une Notice sur Macbeth, suivie de la ballade intitulée les Enfans dans la forêt, trad. de l'anglais avec le texte en regard par M. LOUËT. *Seconde édition*. Un vol. in-18. 3 fr. 50 c.

MÉTHODE COMPLÈTE DE CARSTAIRS, DITE AMÉRICAINE ; ou l'Art d'écrire en peu de leçons par des moyens prompts et faciles, traduit de l'anglais sur la dernière édition, par

M. TRÉMERY, professeur. Un vol. oblong, accompagné d'un grand nombre de modèles mis en français.　　　3 fr.

MINISTRE (LE) DE WAKEFIELD. Deux vol. in-12. Nouvelle édition.　　　4 f.

MORALE DE L'ÉVANGILE COMPARÉE A LA MORALE DES PHILOSOPHES ANCIENS ET MODERNES; Discours auquel une médaille d'or a été décernée par la Société de Châlons, par madame Celnart, in-8.　　　75 c.

NOSOGRAPHIE GÉNÉRALE ÉLÉMENTAIRE, ou Descript. et traitement rationnel de toutes les maladies; par M. SEIGNEUR-GENS, doct. de la Fac. de Paris. Nouv. éd. 4 vol. in-8.　　　25 fr.

NOUVEAU COURS DE THÈMES pour les sixième, cinquième, quatrième, troisième et deuxième classes, à l'usage des colléges; par M. PLANCHE, professeur de rhétorique au collége royal de Bourbon, et M. CARPENTIER; ouvrage recommandé pour les colléges par le Conseil royal de l'Université. *Seconde édition*, entièrement refondue et augmentée. Cinq volumes in-12.　　　10 fr.

Les mêmes avec les corrigés à l'usage des maîtres.　22 fr. 50 c.

On vend séparément :

Cours de sixième à l'usage des élèves,	2 fr.
Le corrigé à l'usage des maîtres,	2 fr. 50 c.
Cours de cinquième à l'usage des élèves,	2 fr.
Le corrigé,	2 fr. 50 c.
Cours de quatrième à l'usage des élèves,	2 fr.
Le corrigé,	2 fr. 50 c.
Cours de troisième à l'usage des élèves,	2 fr.
Le corrigé,	2 fr. 50 c.
Cours de seconde à l'usage des élèves,	2 fr.
Le corrigé,	2 fr. 50 c.

ŒUVRES POÉTIQUES DE BOILEAU, nouvelle édition, accompagnée de notes faites sur Boileau par les commentateurs ou littérateurs les plus distingués; par M. J. PLANCHE, professeur de rhétorique au collége royal de Bourbon, et M. NOEL, inspecteur général de l'Université. Un gros vol. in-12.　　　3 fr.

PENSÉES ET MAXIMES DE FÉNÉLON. Deux volumes in-8, portrait.　　　3 f.

— DE J.-J. ROUSSEAU. Deux volumes in-18, portrait.　　　3 fr.

— DE VOLTAIRE. Deux volumes in-18, portrait.　　　3 fr.

PRÉCIS HISTORIQUE SUR LES RÉVOLUTIONS DES ROYAUMES DE NAPLES ET DU PIÉMONT EN 1820 ET 1821, suivi de documens authentiques sur ces événemens; par M. le comte D.... *Seconde édition*. Un volume in-8.　　　4 fr. 50 c.

ROMAN COMIQUE DE SCARRON. Quatre vol. in-12, fig. 8 fr.

SERMONS DU PÈRE L'ENFANT, PRÉDICATEUR DU ROI LOUIS XVI. Huit gros volumes in-12, ornés de son portrait. *Deuxième édition*.　　　20 fr.

SYNONYMES (NOUVEAUX) FRANÇAIS à l'usage des demoiselles, par mademoiselle FAURE. Un vol. in-12. 3 fr.

DE LA POUDRE LA PLUS CONVENABLE AUX ARMES A PISTON, par M. C. F. VERGNAUD aîné. Un volume in-18. 75 c.

VOYAGE MÉDICAL AUTOUR DU MONDE, exécuté sur la corvette du roi *la Coquille*, commandée par le capitaine Duperrey, pendant les années 1822, 1823, 1824 et 1825, ou Rapport sur l'état sanitaire de l'équipage pendant la durée de la campagne, avec quelques renseignemens sur des pratiques empiriques locales en usage dans plusieurs des contrées visitées par l'expédition, suivi d'un mémoire *sur les Races Humaines* répandues dans l'Océanie, la Malaisie et l'Australie; par M. LESSON. Un vol. in-8o. Prix : 4 fr. 50 c.

———

ABRÉGÉ DE LA GRAMMAIRE FRANÇAISE, par MM. NOEL et CHAPSAL. Un volume in-12. 90 c.

ALBUM TOPOGRAPHIQUE, par PERROT. Un cahier oblong contenant 6 planches coloriées. 7 fr.

ART DE LEVER LES PLANS, et Nouveau Traité d'arpentage et du nivellement; par MASTAING. Un volume in-12. 4 fr.

ATLAS DE LESAGE. Nouv. édit., in-fol. cartonné, 130 fr.

BOTANOGRAPHIE BELGIQUE, ou Flore du nord de la France et de la Belgique proprement dite; par THÉM. LESTIBOUDOIS. Deux volumes in-8. 14 fr.

— **ÉLÉMENTAIRE**, ou Principes de botanique, d'anatomie et de physiologie végétale; par THÉM. LESTIBOUDOIS. Un volume in-8. 7 fr.

— **UNIVERSELLE**, ou Tableau général des végétaux; ouvrage faisant suite à la Botanographie belgique de THÉM. LESTIBOUDOIS. Deux volumes in-8. 10 fr.

CARTE TOPOGRAPHIQUE DE SAINTE-HÉLÈNE, très-bien gravée. 1 fr. 50 c.

CONSIDÉRATIONS SUR LES TROIS SYSTÈMES DE COMMUNICATIONS INTÉRIEURES, au moyen des routes, des chemins de fer et des canaux; par M. NADAULT, ingénieur des ponts et chaussées. Un vol. in-4o. Prix : 6 fr.

ÉLECTIONS (DES) SELON LA CHARTE ET LES LOIS DU ROYAUME, ou Examen des droits, privilèges et obligations attachés à la qualité d'électeur, par M. BOYARD. Un vol. in-8. 6 fr.

ÉLÉMENS (NOUVEAUX) DE GRAMMAIRE FRANÇAISE, par M. FELLENS. Un vol. in-12. 1 fr. 25 c.

DE L'EMPLOI DU REMÈDE CONTRE LES GLAIRES, et Observations sur ses effets, in-8, par M. DOUSSIN-DUBREUIL. 75 c.

DESCRIPTION DE NOTRE-DAME DE REIMS, par M. GILBERT. in-8. 75 c.

DESCRIPTION DE LA VILLE DE REIMS, par M. Gérard Jacob K. 1 vol. in-8 orné d'un grand nombre de planches.
3 fr. 50 c.

Le même ouvrage, sans les planches. 1 fr. 75 c.

DES DROITS ET DES DEVOIRS DE LA MAGISTRATURE FRANÇAISE ET DU JURY, par M. Boyard, conseiller à la Cour Royale de Nancy. Un vol. in-8. 6 fr.

DICTIONNAIRE (NOUVEAU) DE LA LANGUE FRANÇAISE, par MM. Noel et Chapsal. Un vol. in-8, grand papier. 8 fr.

ESPRIT DU MÉMORIAL DE SAINTE-HÉLÈNE, par le comte de Las Cases. Trois vol. in-12. 12 fr.

ESSAI HISTORIQUE ET CRITIQUE SUR LA SUPRÉMATIE TEMPORELLE DU PAPE ET DE L'ÉGLISE; par M. l'abbé Affre. Un vol. in-8°. Prix : 6 fr.

EXTRAIT ou ABRÉGÉ DE L'ATLAS DE LESAGE, renfermant les huit cartes les plus élémentaires. 12 fr. 50 c.

La Mappemonde. 2 fr.

FABLES DE LA FONTAINE, avec 75 gravures sur bois. Edition publiée par M. Crapelet. Deux vol. in-32. 7 fr.

FONCTIONS (LES) DE LA PEAU et des maladies graves qui résultent de leur dérangement, par M. Doussin-Dubreuil. Un vol. in-12. 2 fr. 50 c.

GLAIRES (DES), de leurs causes, de leurs effets et des indications à remplir pour les combattre. *Neuvième édition*; par M. Doussin Dubreuil. in-8. 4 fr.

GRAMMAIRE FRANÇAISE (NOUVELLE) sur un plan très-méthodique, avec de nombreux exercices d'Orthographe, de Syntaxe et de Ponctuation tirés de nos meilleurs auteurs, et distribués dans l'ordre des Règles; par MM. Noel et Chapsal. Trois volumes in-12 qui se vendent séparément, savoir :

— La Grammaire, 1 vol. 1 fr. 50 c.
— Les Exercices, 1 vol. 1 fr. 50 c.
— Le Corrigé des Exercices. 2 fr.

GRAMMAIRE NOUVELLE DES COMMENÇANS, contenant les dix parties du discours, développées et mises à la portée des enfans; par M. Brand, élève de M. Jacotot. 1 fr.

GONORRHÉE (DE LA) BÉNIGNE et des Fleurs blanches, par M. Doussin-Dubreuil. Un vol. in-12. 3 fr.

GUIDE GÉNÉRAL EN AFFAIRES, ou Recueil des modèles de tous les actes. *Troisième édition*. Un vol. in-12. 4 fr.

GYMNASE NORMAL MILITAIRE ET CIVIL, par M. Amoros.
Etat de cette institution en 1821. 6 fr.
Etat au mois d'avril 1828. 3 fr.

HEPTAMERON, ou les Sept premiers jours de la Création du monde, et les Sept Ages de l'Église chrétienne. Un vol. grand in-8. 10 fr.

2.

INTRODUCTION A L'ÉTUDE DE L'HARMONIE, ou Exposition d'une nouvelle Théorie de cette science; par VICTOR DERODE. Un vol. in-8.　　　　　　　　　　9 fr.

JEUX DE CARTES HISTORIQUES, par M. JOUY, de l'Académie française. A 2 fr. le jeu.

Le premier jeu, contenant un abrégé de l'Histoire romaine, orné des portraits des principaux personnages; 48 cartes.

Le deuxième, contenant un abrégé de l'Histoire de la monarchie française, depuis Pharamond jusqu'à Louis XVIII, orné des portraits de 67 rois; 50 cartes.

Le troisième, contenant un abrégé de l'Histoire grecque, précédé d'un aperçu général sur l'Histoire ancienne, orné des portraits des plus illustres personnages; 48 cartes.

Le quatrième, mythologique, contenant un abrégé élémentaire de la Fable, orné des figures et des attributs des dieux et demi dieux; 48 cartes.

Le cinquième, contenant un abrégé de l'Histoire sainte, depuis la création du monde jusqu'à la naissance de Jésus-Christ, orné des figures des principaux personnages analogues au sujet; 48 cartes.

Le sixième, géographie, orné de figures représentant les différens peuples de la terre dans le costume particulier à chacun d'eux, contenant un tableau géographique des latitudes et longitudes, avec un planisphère gravé par TARDIEU. Quarante-huit cartes.

Celui-ci se vend 50 cent. de plus, à cause du planisphère.

Le septième, contenant un abrégé de l'Histoire du Nouveau Testament pour faire suite à l'Histoire sainte, orné des figures des principaux personnages analogues au sujet. Quarante-huit cartes.

Le huitième, contenant un abrégé de l'Histoire d'Angleterre, avec gravures. Quarante-huit cartes.

Le neuvième, contenant un abrégé de l'Histoire des animaux, avec gravures. Quarante-huit cartes.

Le dixième, contenant un abrégé de l'Histoire des empereurs, avec gravures. Quarante-huit cartes.

Le onzième, instructif, contenant la lecture. Quarante-huit cartes.

Le douzième, instructif, contenant la musique. Quarante-huit cartes.

Le treizième, contenant la chronologie ancienne et moderne, avec gravures.

JOURNAL D'AGRICULTURE, d'Economie rurale et des Manufactures du royaume des Pays-Bas. La collection complète jusqu'à la fin de 1823 se compose de seize vol. in-8. Prix, à Paris.　　　　　　　　　　75 fr.

L'année 1824.   18 fr.
Celles de 1825, 1826, 1827 et 1828 sont au même prix.

LIBERTÉS (LES) GARANTIES PAR LA CHARTE, ou de la Magistrature dans ses rapports avec la liberté des cultes, la liberté de la presse et la liberté individuelle ; par M. BOYARD. Un vol. in-8.   6 fr.

LEÇONS D'ANALYSE GRAMMATICALE, contenant, 1° des préceptes sur l'art d'analyser, 2° des Exercices et des Sujets d'analyse grammaticale, gradués et calqués sur les préceptes ; par MM. NOEL et CHAPSAL. Un vol. in-12.   1 fr. 80 c.

LEÇONS D'ANALYSE LOGIQUE, contenant, 1° des Préceptes sur l'art d'analyser, 2° des Exercices et des Sujets d'analyse logique, gradués et calqués sur les Préceptes ; par MM. NOEL et CHAPSAL. Un vol. in-12.   1 fr. 80 c.

LEÇONS D'ARCHITECTURE ; par DURAND. Deux vol. in-4.
                           40 fr.

La partie graphique, ou tome troisième du même ouvrage. 20 fr.

LETTRES INÉDITES DE BUFFON, J.-J. ROUSSEAU, VOLTAIRE, PIRON, DE LALANDE, LARCHER, ETC. Un vol. in-12.   3 fr.

MANIÈRE TOUT-A-FAIT NOUVELLE D'ENSEIGNER ET D'ÉTUDIER LA LANGUE LATINE, ou Exposition d'une méthode d'enseignement préparatoire pratiqués avec succès pendant plus de vingt ans ; par M CHOMPRÉ, ancien professeur. In-8.   1 fr.

MANUEL DES BAINS DE MER, leurs avantages et leurs inconvéniens, par M. BLOT. Un vol. in-18.   2 fr.

MÉLANGES TIRÉS D'UNE PETITE BIBLIOTHÈQUE, ou Variétés littéraires et philosophiques ; par M. CHARLES NODIER, chevalier de la Légion-d'Honneur, bibliothécaire du roi à l'Arsenal. Un vol. in-8°. Prix :   7 fr.

MÉMORIAL DE SAINTE-HÉLÈNE ; par M. DE LAS-CASES. Huit vol. in 8.   56 fr.

Le même ouvrage. Huit vol. in-12.   28 fr.

MOIS (NOUVEAU) DE MARIE, par DEBUSSI. Un vol. in-18.
                           1 fr. 50 c.

NOUVEAUX APERÇUS SUR LES CAUSES ET LES EFFETS DES GLAIRES, par M. DOUSSIN-DUBREUIL. In-8.   2 fr.

ŒUVRES DE STANISLAS, roi de Pologne, duc de Lorraine, de Bar, etc., précédées d'une Notice historique, par madame DE SAINT-OUEN. Un vol. in-8.   7 fr. 50 c.

ORDONNANCES DE LOUIS XIV, concernant la juridiction des prevôts et échevins de la ville de Paris, 1 vol. in-18.   3 f.

OMNIBUS DE L'HISTOIRE, ou Petit Atlas chronologique universel. in-32.   60 c.

PARFAIT NOTAIRE, par MASSE, *Sixième édition*, 3 vol. in-4.   45 fr.

CHAPITRE III.

DISTILLATION DES DIVERSES SUBSTANCES PROPRES A FOURNIR DE L'EAU-DE-VIE.

Des substances les plus aptes à la fermentation.

Nous avons pris dans le chapitre précédent la distillation du vin pour servir d'exemple à l'application des principes généraux de l'art, parce que ce liquide a été pendant long-temps à peu près le seul employé à cet usage, et que c'est encore aujourd'hui celui de tous ceux de ce genre dont les produits sont le plus recherchés ; cependant, le nombre des substances propres à être converties en alcool ou eau-de-vie est infiniment plus considérable, puisqu'il comprend toutes celles qui sont susceptibles de subir la fermentation vineuse, et l'on verra dans l'un des chapitres suivans combien ces substances sont nombreuses, puisque la plupart de celles que fournit le règne végétal se trouvent dans ce cas.

A la vérité, beaucoup de végétaux ou portions de végétaux, fourniraient si peu d'alcool ou exigeraient des manipulations si multipliées, que le produit ne paierait pas les frais, et il n'entre pas dans le cadre d'un ouvrage de la nature de celui-ci d'en parler ; mais il en est d'autres, et le nombre en est encore considérable, sur lesquelles l'art du distillateur peut s'exercer avec avantage, surtout dans les campagnes où l'on ne trouve pas toujours l'emploi de certaines récoltes, c'est de celles-là seulement que nous nous occuperons dans le cours de ce chapitre; renvoyant aux traités complets sur la matière pour celles qui intéressent moins l'économie domestique que les curieux et les savans.

Les substances les plus ferment scibles après le raisin, et les plus avantageuses à la distillation, tant sous le rapport de l'abondance du produit que sous celui de la qualité, sont les cerises, prunes et autres fruits ou portions de végétaux contenant beaucoup de sucre; le miel, les mélasses; et dans un autre ordre la pomme de terre en nature ou sa fécule; les graines céréales, les légumineuses, les marrons, en un mot tous les végétaux farineux c'est-à-dire riches en fécules.

Distillation des fruits et autres végétaux sucrés.

Les fruits les plus propres à fournir de l'eau-de-vie, sont les cerises, prunes, groseilles, pommes, poires; en général tous ceux qui sont sucrés, juteux et dont le bas prix ne permet pas d'en tirer un emploi plus avantageux. Après les avoir préalablement disposés de la manière la plus convenable, en se conformant à ce qui sera dit plus loin sur la fermentation en général et en particulier sur les vins de fruits considérés comme vins de liqueurs, on saisit le point où la fermentation vineuse est parvenue à son terme, pour distiller, et on se comporte du reste comme si l'on opérait sur du vin de raisin.

La plupart des fruits que l'on destine à la distillation, n'ont besoin d'autre préparation que

LE BEAU SOIR DE LA VIE, ou Petit Traité sur l'amour divin, précédé des lettres d'Ariste à Philémon. *Deuxième édit.* Un vol. in-18, orné d'une jol. grav. représentant sainte Thérèse.

2 fr.

L'ECCLÉSIASTIQUE ACCOMPLI, ou Plan d'une vie vraiment sacerdotale. *Cinquième édition*, revue, corrigée et augmentée de maximes ecclésiastiques, précédée d'une notice sur la vie de l'auteur. Un vol. in-18, orné de son portrait. 2 fr.

LES ÉCOLIERS VERTUEUX, ou Vies édifiantes de plusieurs jeunes gens proposés pour modèles. *Cinquième édition*, deux vol. in-18, revue, corrigée avec soin et augmentée d'une vie inédite, ornée de deux jolies gravures. 4 fr.

L'HEUREUX MATIN DE LA VIE, ou Petit Traité sur l'humilité. *Deuxième édition.* Un vol. in-18, orné d'une jolie gravure représentant Thomas à Kempis. 2 fr.

NOUVELLES HÉROÏNES CHRÉTIENNES, ou Vies édifiantes de dix-sept jeunes personnes. *Dixième édition*, revue et corrigée. Deux vol. in-18, ornés de deux jolies gravures. 4 fr.

PENSÉES CHRÉTIENNES, ou Entretiens de l'âme fidèle avec le Seigneur, pour tous les jours de l'année. *Quatrième édition.* Douze vol. in-18, ornés de douze jolies gravures et d'un beau portrait de madame Élisabeth. 21 fr.

— **ECCLÉSIASTIQUES** pour tous les jours de l'année. *Sixième édition*, revue, corrigée et considérablement augmentée par l'auteur. Douze volumes in-18, ornés de douze gravures.

21 f

RECUEIL DE CANTIQUES ANCIENS ET NOUVEAUX. *Huitième édition.* Un vol. in-18, orné d'une jolie gravure représentant le roi David pinçant de la harpe. 1 fr. 50 c.

ABRÉGÉ DE LA FABLE ou de l'Histoire poétique, par JOUVENCY, traduit en français et rangé suivant la méthode de DUMARSAIS, in-18 1 fr. 50 c.

ABRÉGÉ DE LA GRAMMAIRE FRANÇAISE, par M. de WAILLY, dernière édition, 1 vol. in-12. 75 c.

ANNÉE AFFECTIVE, par AVRILLON, in-12. 2 fr. 50 c.

ABRÉGÉ DE L'HISTOIRE SAINTE, par demandes et par réponses, 1 vol. in-12. 75 c.

— **DU COURS DE LITTÉRATURE DE LAHARPE**, par PERRIN. *Deuxième édition.* Deux volumes in-12. 7 fr.

ARITHMÉTIQUE DE BEZOUT, revue par PEYRARD. In-8, 3 fr.

AVENTURES DE ROBINSON CRUSOÉ. Quatre vol. in-18. 6 fr.

AME (L') CONTEMPLANT LES GRANDEURS DE DIEU, in-12. 2 fr. 50 c.

AME (L') AFFERMIE DANS LA FOI, et prémunie contre la séduction de l'erreur. 1 vol. in-12. 2 fr. 50 c.

AMÉLIE MANSFIELD, par madame COTTIN, 3 vol. in-18.
4 fr.

AVIS AUX PARENS sur la nouvelle méthode de l'enseignement mutuel, par G. C. HERPIN, 1 vol. in-12. 2 fr. 50 c.

BEAUX TRAITS DU JEUNE AGE, par FRÉVILLE. *Troisième édition*. Un volume in-12. 3 fr.

BUFFON (LE NOUVEAU) DE LA JEUNESSE. *Quatrième édition*, 134 fig. Quatre volumes in-18. 9 fr.

CABARETS (LES) DE PARIS, ou l'Homme peint d'après nature ; petits tableaux de mœurs, philosophiques, galans, comiques, etc. Un volume in-18, orné de 4 gravures. 1 fr. 50 c.

CATÉCHISME HISTORIQUE de FLEURY, 1 vol. 50 c.

CATÉCHISME HISTORIQUE, contenant en abrégé l'Histoire sainte et la doctrine chrétienne; par FLEURY, 1 vol. in-12. 2 fr.

CÆSARIS COMMENTARII, ad usum collegiorum, 1 vol. in-18. 1 fr. 40 c.

CÉVENOL (le vieux), par RABAUT SAINT-ETIENNE, 1 vol. in-18. 3 fr.

CHARLES ET EUGÉNIE, ou la Bénédiction paternelle ; par madame DE RENNEVILLE. Deux volumes in-18. 3 fr.

CICERONIS ORATOR, in-18. 75 c.

CICERO in Verrem, de signis, in-12. 60 c.

COLLECTION MAÇONNIQUE, 6 vol. in-18, fig. 6 fr.

COMMENTAIRES DE CÉSAR (LES), nouvelle édition retouchée avec soin ; par M. de WAILLY. Deux vol. in-12. 6 fr.

CONDUITE POUR L'AVENT, par AVRILLON, 1 vol. in-12, édit. stéréotype d'Herhan. 2 fr. 50 c.

CONDUITE POUR LA PENTECOTE, par AVRILLON, 1 vol.
2 fr. 50 c.

CONDUITE POUR LE CARÊME, par AVRILLON, édition stéréotype d'Herhan, 1 vol. in-12. 2 fr. 50 c.

CONTES DES FÉES, par PERRAULT, in-18 ; fig. 1 fr. 25 c.

CONTES MORAUX ANCIENS ET NOUVEAUX, par MARMONTEL. 6 vol. in-18, orné de 6 figures. 12 fr.

CONTES ET HISTORIETTES de BERQUIN, 1 vol. in-18, orné de fig. 1 fr. 50 c.

CORNELII NEPOTIS Vitæ excellentium imperatorum, 1 vol. in-18. 1 fr.

CORRESPONDANCE DE PROSPER ET DE JULIETTE, pour faire suite aux Etrennes d'une mère ; par madame de V***. 2 vol. in-18, ornés de 8 jolies figures. Paris. 3 fr.

CURTII RUFI de Rebus gestis Alexandri Magni Libri decem, ad usum scholarum, 1 vol. in-18. 1 fr. 50 c.

DICTIONNAIRE (NOUVEAU) DE POCHE FRANÇAIS-ANGLAIS ET ANGLAIS-FRANÇAIS, par M. NUGENT, *Dix-huitième édition*, revue par M. FAIN, 2 vol. in-16. 6 fr.

DICTIONARIUM UNIVERSALE LATINO-GALLICUM, etc., seu BOUDOT, in-8. 7 fr.

DISCOURS CHOISIS DE D'AGUESSEAU, in-12, nouvelle édition. 2 fr. 50 c.

DOCTRINE CHRÉTIENNE DE LHOMOND, in-12. 1 fr. 50 c.

ÉDUCATION DES FILLES, par FÉNÉLON, in-18, fig., jolie édition. 1 fr. 50 c.

ÉLÉMENS DE LA CONVERSATION ANGLAISE, par PERRIN, revus par FAIN. Un vol. in-12. 1 fr. 25 c.

ÉLÉMENS DE LITTÉRATURE, ou Analyse raisonnée des différens genres de compositions et des meilleurs ouvrages classiques anciens et modernes, français et étrangers ; par BERTON, etc. 6 volumes in-18. 9 f.

ELISABETH, par Mme. COTTIN, 1 vol. in-18. 1 f. 25 c

ÉPITRES ET ÉVANGILES DES DIMANCHES ET FÊTES DE L'ANNÉE, avec de courtes réflexions, édition augmentée des Prières de la Messe et des Vêpres du dimanche, in-12. 2 f. 50 c

ESPIÉGLERIES (LES) DE L'ENFANCE, ou l'Indulgence maternelle, contes et historiettes propres à être donnés aux enfans de l'âge de six à huit ans ; par madame DE RENNEVILLE. 1 vol. in-18, orné de 4 jolies fig. 1 fr. 50 c

ESPRIT DU CHRISTIANISME, ou la Conformité du Chrétien avec Jésus-Christ, par le père François NEPVEU, nouvelle édition. 1 vol. in-12. 2 f. 50 c

ESPRIT (DE L') DES LOIS, par MONTESQUIEU. Nouvelle édition, ornée du portrait de l'auteur. Quatre gros vol. in-12. 12 fr.

ESQUISSE D'UN TABLEAU HISTORIQUE DES PROGRÈS DE L'ESPRIT HUMAIN, par CONDORCET. Un gros vol. in-18. 3 f.

EXISTENCE DE DIEU, par CLARKE ; traduit de l'anglais par RECOTTIER. Nouvelle édition. 3 vol. in-12. 7 fr. 50 c

FABLIERS (LE PHÉNIX DES), ou Morceaux choisis de poëtes français qui ont excellé dans l'apologue depuis 1600 jusqu'à nos jours, par J. SAMSON, 2 vol. in-18. 4 f.

FÉE (LA) GRACIEUSE, ou la Bonne Amie des Enfans, par Mme de RENNEVILLE, 1 vol. in-18. 1 f. 25 c

FÊTES (LES) DES ENFANS, ou Recueil de petits Contes moraux, par DUCRAY-DUMINIL. Septième édition, 3 vol. in-18 ornés de figures. 4 fr. 50 c

FORMULAIRE DES PRIÈRES à l'usage des pensionnaires des religieuses Ursulines, nouvelle édition, in-12. 2 f. 50

GRAMMAIRE FRANÇAISE DE RESTAUT. Gros vol. in-12. 2 fr. 50

GRANDEUR (LA) DES ROMAINS, par MONTESQUIEU. 1 vol. in-12. 2 f.